高职高专“十二五”规划教材

CAM技术及应用

主编　苟在彦
主审　华建慧

北　京
冶　金　工　业　出　版　社
2015

内 容 提 要

本书共分6个项目，以完成项目任务的方式，介绍了典型零件的二维及三维绘图方法和车削、铣削、孔加工及电火花切割等加工方法，详细讲述了从二维及三维绘图到零件加工参数设置、仿真验证、后处理等工作过程。

本书既可作为高职院校机械类专业及近机类专业的教材，又可供相关工程技术人员参考使用。

图书在版编目(CIP)数据

CAM技术及应用/苟在彦主编. —北京：冶金工业出版社，2015.7

高职高专“十二五”规划教材

ISBN 978-7-5024-6982-5

Ⅰ.①C…　Ⅱ.①苟…　Ⅲ.①计算机辅助制造—高等职业教育—教材　Ⅳ.①TP391.73

中国版本图书馆CIP数据核字(2015)第155202号

出 版 人　谭学余
地　　址　北京市东城区嵩祝院北巷39号　邮编　100009　电话　(010)64027926
网　　址　www.cnmip.com.cn　电子信箱　yjcbs@cnmip.com.cn
责任编辑　俞跃春　陈慰萍　美术编辑　彭子赫　版式设计　葛新霞
责任校对　郑　娟　责任印制　牛晓波
ISBN 978-7-5024-6982-5
冶金工业出版社出版发行；各地新华书店经销；固安华明印业有限公司印刷
2015年7月第1版，2015年7月第1次印刷
787mm×1092mm　1/16；11.5印张；276千字；175页
28.00元

冶金工业出版社　投稿电话　(010)64027932　投稿信箱　tougao@cnmip.com.cn
冶金工业出版社营销中心　电话　(010)64044283　传真　(010)64027893
冶金书店　地址　北京市东四西大街46号(100010)　电话　(010)65289081(兼传真)
冶金工业出版社天猫旗舰店　yjgycbs.tmall.com

前言

本书以职业工作过程为纲，以项目零件设计及制造任务驱动为目，遵循由浅入深、由易到难的原则，按照“二维CAD→三维CAD→CAM”的顺序进行编写。

编写时，选取典型零件作为项目（任务），遵循项目驱动的思想，采用“典型零件图→提出能力目标→主要知识点介绍→实例示范→项目小结→习题”的脉络编排各项目内容，全书的编写既符合学生学习需求，又符合职业工作过程的要求，充分体现了二维CAD→三维CAD→CAM的职业工作过程导向。

因编排需要，本书将实体建模、曲面建模及加工分别单列一个项目，读者可根据需要，在学习项目1~3时穿插学习项目4、5，以充分体现二维CAD→三维CAD→CAM一体化的工作过程。

本书由四川机电职业技术学院苟在彦担任主编并统稿，华建慧担任主审。参加编写工作的有曹金龙、彭明涛、杨玻、张书民、刘登平、焦莉；攀钢矿业公司姚敏为本书的编写提供了大量的加工案例，并对书中的图片进行了处理；同时，编写过程中也参考了一些相关文献资料，在此一并表示感谢。

由于编者水平有限，书中不妥之处，衷心希望广大读者批评指正。

编　者

2015年3月

目　录

项目1　零件1的CAD/CAM ………… 1

1.1　零件图 ………… 1
1.2　能力目标 ………… 1
1.3　知识点 ………… 1
1.3.1　软件及界面认识 ………… 1
1.3.2　点、直线、多边形、文字命令 ………… 3
1.3.3　图素的修剪、延伸命令及图形的尺寸标注 ………… 8
1.3.4　图素状态及图层设置 ………… 10
1.3.5　二维加工之CAM界面认识 ………… 13
1.3.6　二维加工之外形铣削加工 ………… 23
1.4　实例 ………… 30
1.4.1　实例1 ………… 30
1.4.2　实例2 ………… 34
1.5　项目小结 ………… 43
习题 ………… 43

项目2　零件2的CAD/CAM ………… 44

2.1　零件图 ………… 44
2.2　能力目标 ………… 44
2.3　知识点 ………… 44
2.3.1　绘图命令 ………… 44
2.3.2　图素编辑命令 ………… 46
2.3.3　二维加工 ………… 50
2.4　实例 ………… 66
2.4.1　实例1 ………… 66
2.4.2　实例2 ………… 69
2.4.3　实例3 ………… 71
2.5　项目小结 ………… 82
习题 ………… 82

项目3　零件3的CAD/CAM ………… 87

3.1　零件图 ………… 87

3.2 能力目标 …… 87
3.3 知识点 …… 87
3.3.1 倒（圆）角、阵列命令 …… 87
3.3.2 二维综合绘图 …… 89
3.3.3 二维加工之车削加工 …… 90
3.3.4 二维加工之综合加工 …… 101
3.4 项目小结 …… 109
习题 …… 109

项目4 实体的CAD/CAM …… 111

4.1 能力目标 …… 111
4.2 知识点 …… 111
4.2.1 构建基本实体 …… 111
4.2.2 以挤出方式创建实体 …… 115
4.2.3 以旋转方式创建实体 …… 116
4.2.4 以扫描方式创建实体 …… 117
4.2.5 以举升方式创建实体 …… 117
4.2.6 实体的编辑及布尔运算 …… 118
4.3 创建实体方法的综合运用 …… 124
4.3.1 实例1 …… 124
4.3.2 实例2 …… 127
4.4 项目小结 …… 133
习题 …… 133

项目5 曲面的CAD/CAM …… 138

5.1 零件图 …… 138
5.2 能力目标 …… 138
5.3 知识点 …… 138
5.4 项目实施 …… 139
5.4.1 以直纹、举升、旋转、扫描、网格方式创建曲面 …… 139
5.4.2 曲面的编辑、曲面生成实体及创建复杂曲面 …… 141
5.4.3 曲面（模具）的CAM加工方法 …… 145
5.5 项目小结 …… 152
习题 …… 152

项目6 电火花线切割 …… 153

6.1 零件图 …… 153
6.2 能力目标 …… 153
6.3 知识点 …… 153

6.3.1　电火花线切割加工的基本原理与过程 …… 153
6.3.2　电火花线切割的加工特点 …… 154
6.3.3　电火花线切割的应用 …… 154
6.3.4　数控电火花线切割加工机床 …… 155
6.3.5　电火花线切割加工工艺及方法 …… 158
6.3.6　编程 …… 162
6.4　项目小结 …… 170
习题 …… 170

参考文献 …… 175

项目1　零件1的CAD/CAM

1.1　零件图

本项目要完成的零件如图1-1所示。

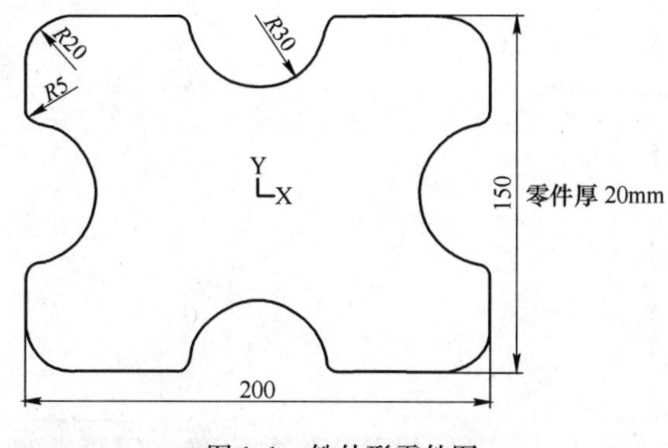

图1-1　铣外形零件图

1.2　能力目标

（1）认识软件及界面。
（2）掌握绘图命令之点、直线、多边形、文字命令。
（3）掌握图素编辑命令之修剪和延伸命令、图形的尺寸标注、图素状态及图层设置方法。
（4）掌握二维加工之外形铣削加工方法。

1.3　知识点

1.3.1　软件及界面认识

1.3.1.1　软件介绍

Mastercam软件是美国CNC Software公司开发的基于PC Windows的CAD/CAM系统。包括美国在内的各工业大国都采用该系统作为设计、加工制造的标准。Mastercam系统由于具有功能强大、操作灵活、易学易用的特点，深受广大用户的喜爱，被广泛应用于机械、电子和航空等领域。

本书所介绍的Mastercam X中，Design（设计）、Mill（铣削加工）、Wire（线切割加工）4个功能模块集成到一个平台中，操作更加方便。

1.3.1.2　界面介绍

Mastercam X的工作界面如图1-2所示。

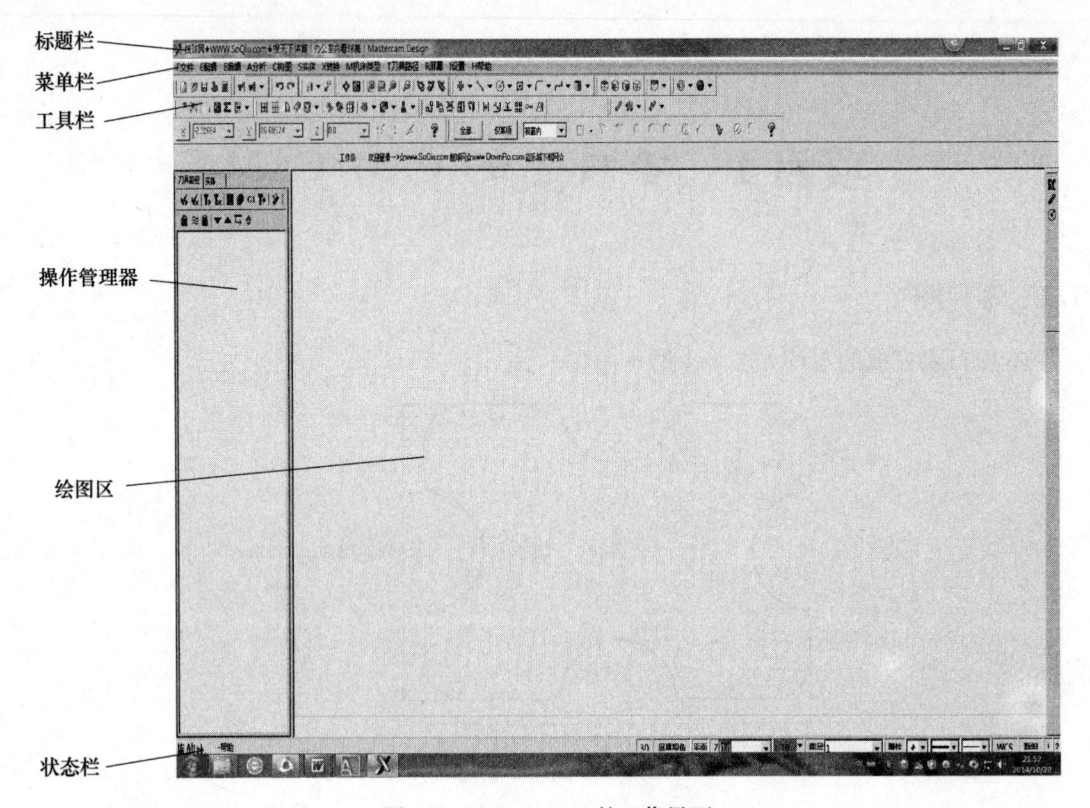

图1-2　Mastercam X的工作界面

（1）标题栏。Mastercam X不仅显示Mastercam X的图标和Mastercam X的名称，还显示当前所使用的功能模块。例如，当用户使用设计模块时，标题栏将显示Mastercam X Design；使用铣床模块时，标题栏显示Mastercam X Mill；等等。

用户可以通过选择“机床类型”菜单命令，进行功能模块的切换，对于铣削加工（Mill）、车削加工（Lathe）、木雕加工（Router）和激光线切割加工（Wire）等加工方式，可以选择对应的机床；而选择Machine Type/None命令，即可切换到设计模块（Design）。

（2）菜单栏。在Mastercam X中，系统不再使用屏蔽菜单，而是具有一个下拉菜单。下拉菜单中包含了绝大部分Mastercam命令，这些命令按照功能的不同被分别放置在不同的菜单组中。

（3）工具栏。工具栏上的一个图标就是一个命令，它是为了提高绘图效率，提高命令的输入速度而设定的命令按钮的集合。用鼠标单击这些图标按钮即可打开并执行相应的命令，比选择菜单命令更加快捷。

和菜单栏一样，工具栏同样是按功能来划分的，如文件工具栏、草图模式工具栏等等。

（4）绘图区。绘图区用来绘图、编辑、显示工件图形和刀具轨迹的区域，在执行命令时，系统给出的提示也显示在绘图区中。在绘图区左下角显示的图标，为工作坐标系图标，同时还显示当前的图形视角（Gview）、工作坐标系（WCS）、刀具平面/构图面坐标系（T/Cplane）的设置信息。

（5）状态栏。状态栏用于显示各种绘图状态，它是Mastercam的重要组成部分，如图

1-3 所示。通过状态栏可以设置刀具/构图平面、构图深度、图层、颜色、线型、线宽、坐标系等各种属性和参数。它主要包括以下项目：

图 1-3　Mastercam X 状态栏

1）3D：用于 3D/2D 切换。

2）屏幕视角（Gview）：用于选择、创建和设置视角。

3）平面（Planes）：用于选择、创建和设置构图平面。

4）Z：用于设置构图深度（Z 方向深度），单击该区域，即可在绘图区选择一点，将其构图深度作为当前构图深度；也可在其右侧的文本框中直接输入数据，作为新的构图深度。

5）颜色块：单击该区域，打开颜色设置对话框，用于设置当前颜色，此后所绘制的图形将使用这种颜色进行显示；也可以单击右侧的向下箭头，然后在绘图区选择一种图素，将其颜色作为当前颜色。

6）图层：单击该区域，打开图层管理器对话框，用于选择、创建、设置图层属性，也可以在其右侧的下拉列表中选择图层。

7）属性：用于设置点型、线型、线宽等属性。

8）点型：通过下拉列表选择点的类型。

9）线型：通过下拉列表选择线型。

10）线宽：通过下拉列表选择线宽。

11）WCS：用于选择、创建、设置工作坐标系。

12）群组：用于选择、创建和设置群组。

1.3.2　点、直线、多边形、文字命令

1.3.2.1　绘制点

在 Mastercam 中，点不仅有形状（类型），而且有大小。点的形状常常在状态栏的【点型】下拉列表中选择，也可以通过【设置】→【系统配置】→【CAD 绘图设置】的对话框中的【点的样式】下拉列表进行选择。点的大小是相对的，它在绘图区中所占的百分比是不变的，即不管视图比例如何改变，点的大小总是一定的。

可以通过单击菜单栏或工具栏上的快捷按钮来创建点，如图 1-4 所示。

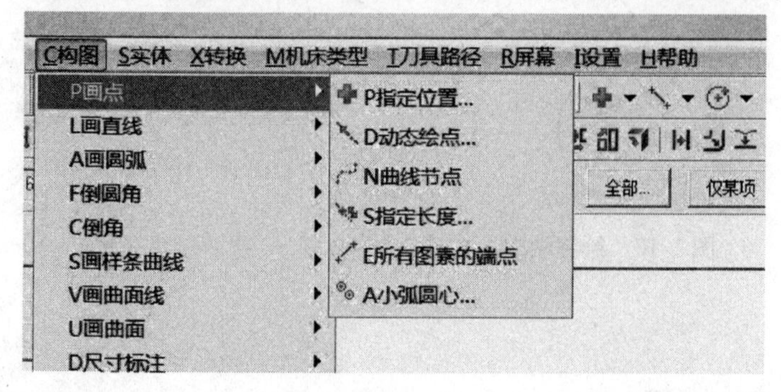

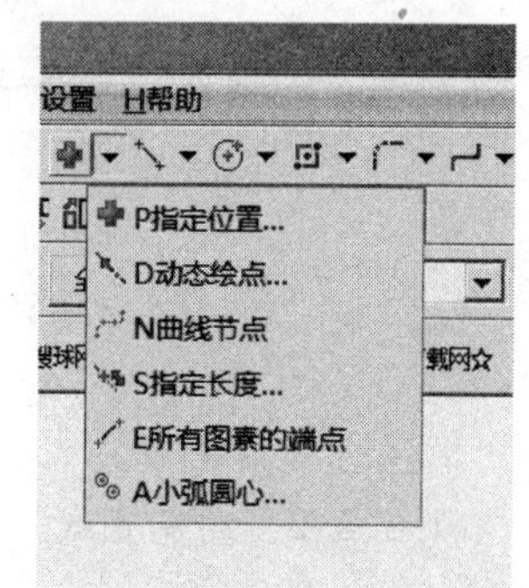

图 1-4　【画点】命令菜单和快捷按钮

（1）在指定位置绘制点。该命令是指通过单击图形的任意位置，或者捕捉已绘图素的特征点来创建点；也可以通过图1-5中的工具栏中的X、Y、Z坐标输入框中输入相应的坐标值，然后按回车键，从而绘制一个精确坐标位置的点。

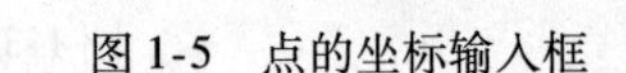

图1-5　点的坐标输入框

在绘制一个点之后，Mastercam X并没有自动结束命令，命令仍然处于激活状态，要结束命令，得单击点工具栏上的确定按钮，如图1-6所示。

图1-6　指定位置点工具栏

（2）绘制动态点。该命令是指在指定的直线或曲线上绘制点，如图1-7、图1-8所示。

图1-7　动态点工具栏

（3）在曲线节点绘制点。该命令是指在曲线（必须是样条曲线）节点处绘制点。

（4）指定长度绘制点。该命令用于等分已知直线或者曲线，如图1-9所示。

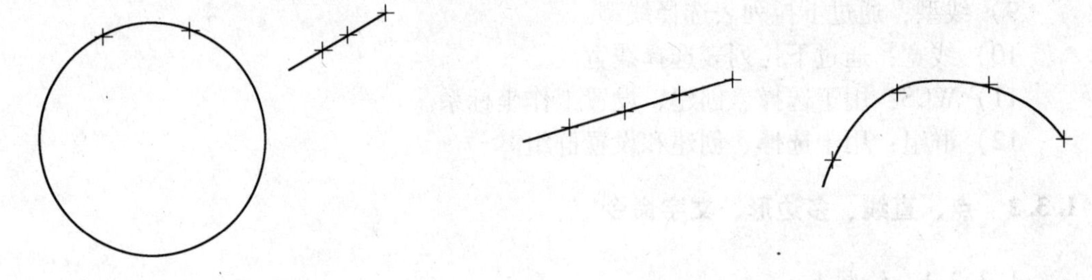

图1-8　在图素上绘制点　　　　图1-9　等分直线或者曲线

（5）在所有图素的端点绘制点。该命令是指在直线、曲线、圆弧等图素的端点处自动绘制点。在Mastercam X中，圆、椭圆是有始点和终点的，并非封闭图形，所以，在圆或者椭圆上绘制端点时即生成一个端点，如图1-10所示。

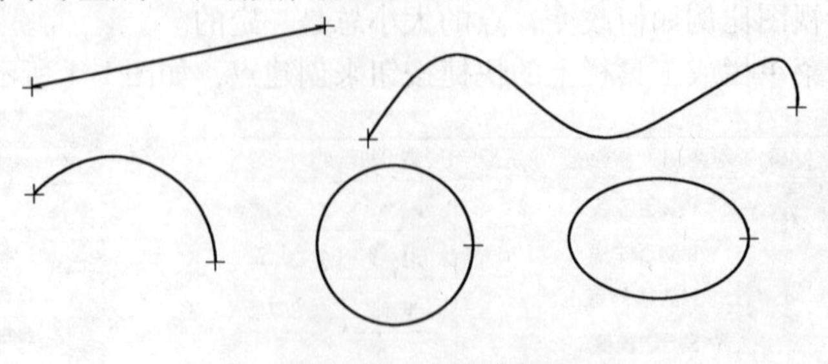

图1-10　绘制端点

1.3.2.2　绘制直线

单击菜单栏或工具栏上的直线按钮，如图1-11所示，即可绘制各种类型的直线。

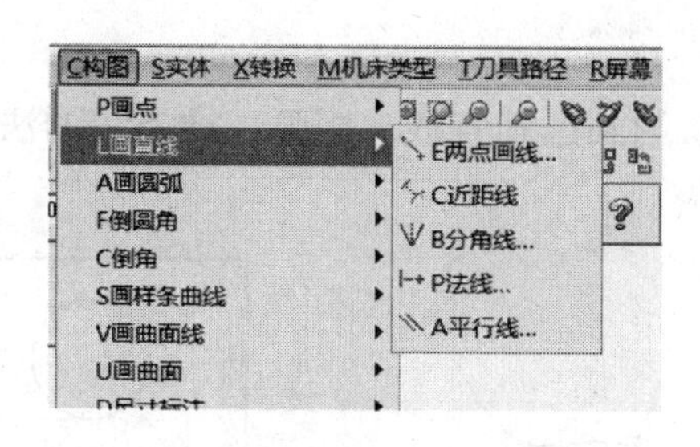

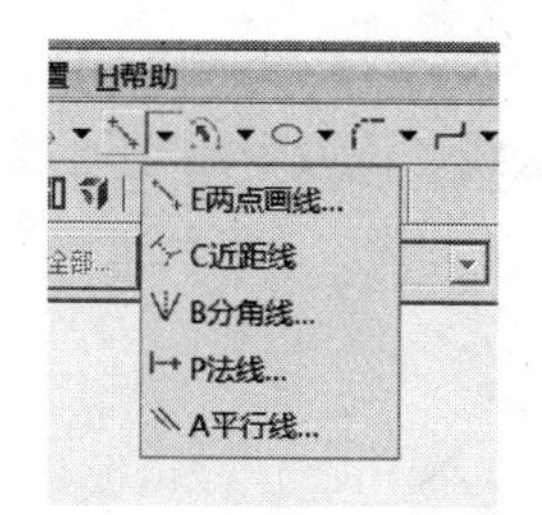

图 1-11　【画直线】命令菜单和快捷按钮

（1）通过两点绘制直线。这是最常用的绘制直线的方法，只要指定将要绘制的直线两个端点的绝对坐标、相对坐标，或者捕捉其他图素的特征点，或直接单击来确定端点的位置，即可绘制出直线。绘制直线工具栏如图 1-12 所示。

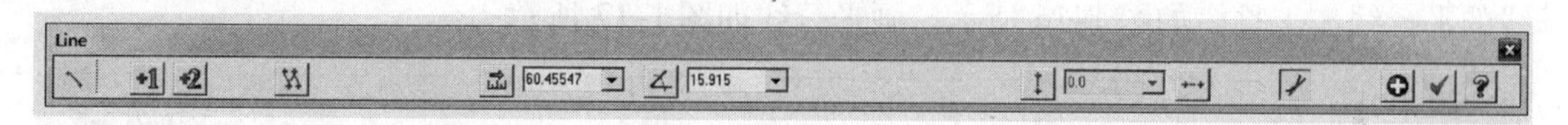

图 1-12　直线命令工具栏

在默认情况下，只能绘制一条直线，如果需要绘制连续折线，只要在图 1-12 直线工具栏中单击按钮，即可绘制多条连续折线。

60.45547　15.915 是输入直线长度和角度按钮。

选中按钮，可以画竖直线。

选中按钮，可以画从某点已知圆弧的切线。

（2）画近距线。该命令是指从已知直线、圆弧或曲线到其他直线、曲线或圆弧之间的最短距离处画直线，如图 1-13 所示。

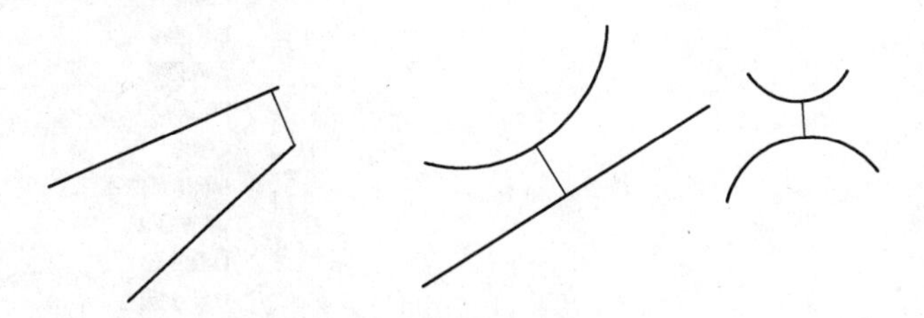

图 1-13　画最近距离直线

（3）画角平分线。该命令用于绘制两条直线的角平分线。由于两条不平行的直线构成 4 个角，因而存在 4 条角平分线，需要用户做出选择；对于两条平行线，它们的角平分线只有一条，就是在与它们平行且等距的中间位置（在 2D 绘图环境下才有），如图 1-14 所示。

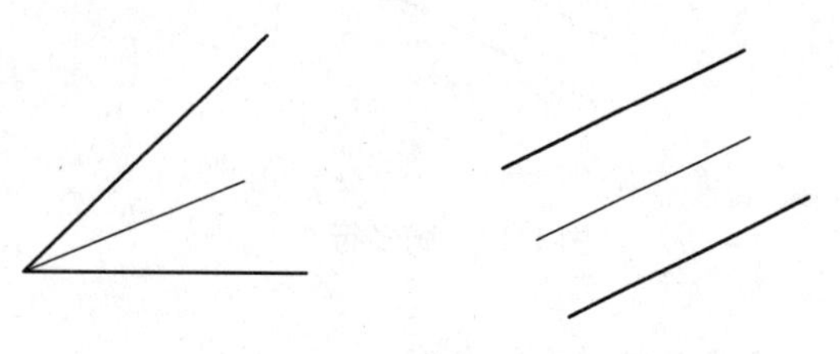

图 1-14　绘制角平分线

注意：在角平分线工具栏上的按钮 25.0 后面输入数据，可以用来设置角平分线的长度。

（4）画法线。该命令用于通过一点绘制到已知直线、圆弧、样条线的法线，如图1-15所示。

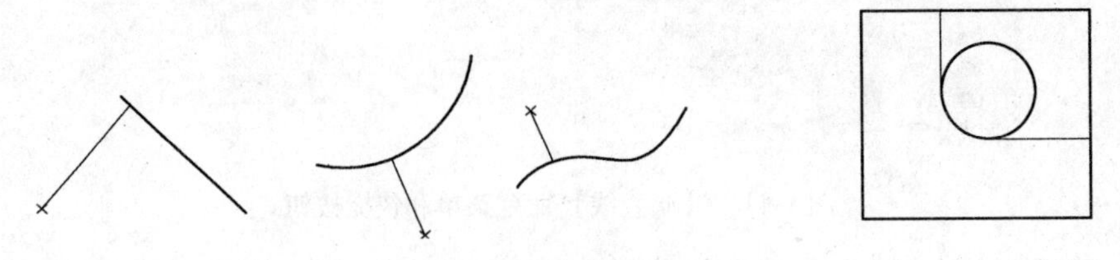

图1-15　画法线

（5）画平行线。该命令用于通过一点绘制某一直线的平行线，但不能绘制圆弧样条曲线的平行线。工具栏如图1-16所示。画平行线如图1-17所示。

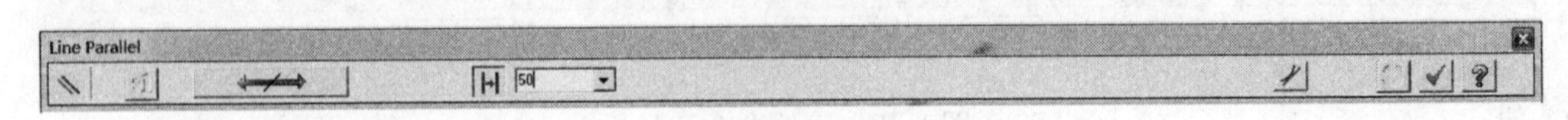

图1-16　画平行线工具栏

1.3.2.3　绘制多边形

选择主菜单上【构图】→【画多边形】命令，如图1-18所示，弹出如图1-19所示对话框，在屏幕上点取基准点，在对话框里输入边数“5”，半径“10”，再点 ✓ 按钮，绘制如图1-19所示正五边形。

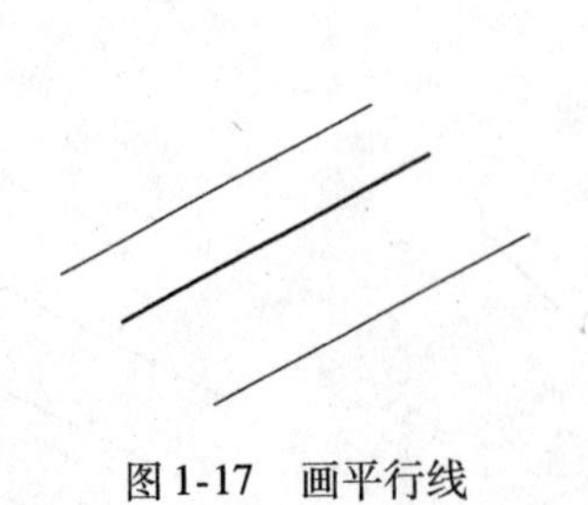

图1-17　画平行线

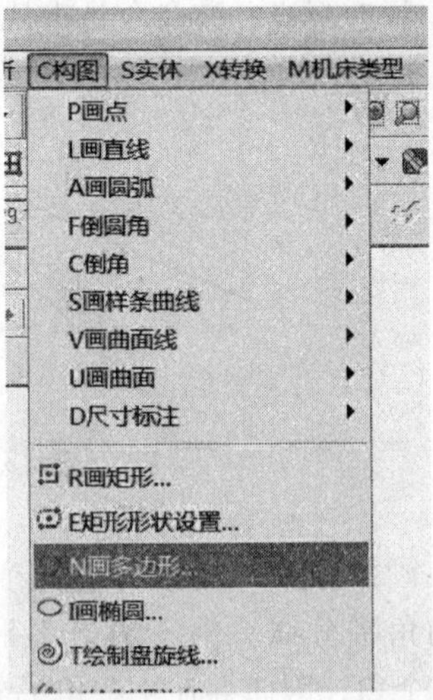

图1-18　【画多边形】命令菜单

1.3.2.4　绘制文字

选择主菜单上的【构图】→【绘制文字】命令，如图1-20所示，弹出如图1-21所示对话框，在“文本内容”输入框里输入文字，再在“参数”设置中输入高度“5”、圆弧半径“20”、间距“1”，“排列方式”选“圆弧底部”，单击按钮，在绘图区单击插入点绘制下半圈文字，按“ESC”退出，再重新进入文字命令，其他同前，“排列方式”选圆弧顶部，绘制出如图 1-21 右所示文字。

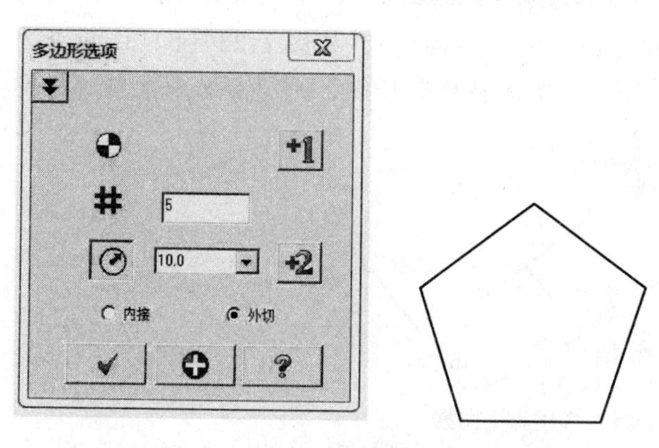

图 1-19 【画多边形】命令操作

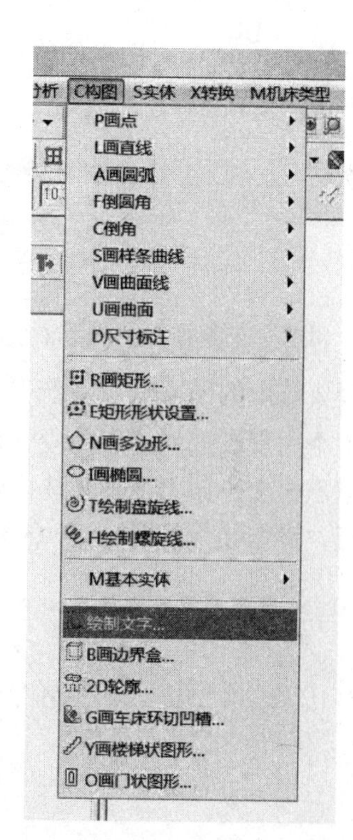

图 1-20 【绘制文字】命令菜单

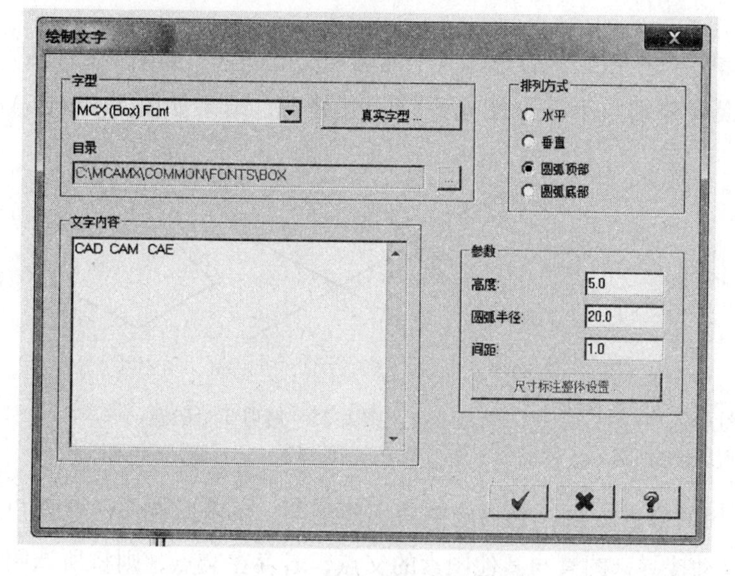

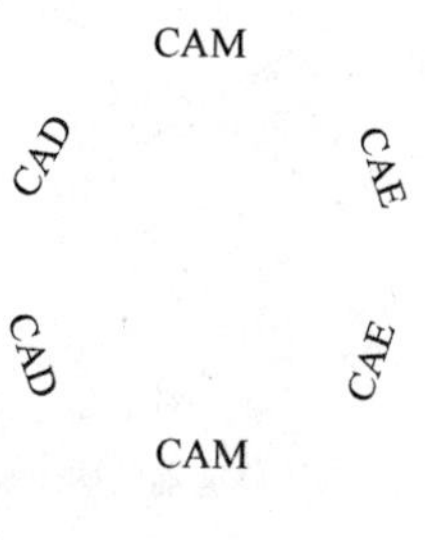

图 1-21 【绘制文字】命令操作

1.3.3 图素的修剪、延伸命令及图形的尺寸标注

1.3.3.1 图素的修剪、延伸

Mastercam X对图素的修剪、延伸功能是由一个命令完成的，它就是修剪/打断命令，单击快捷按钮，出现如图1-22所示【修剪/延伸/打断】工具条。

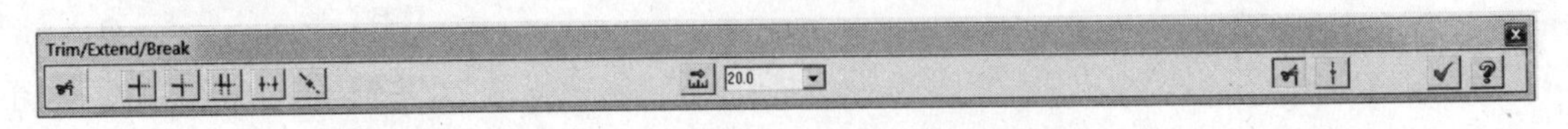

图1-22 【修剪/延伸/打断】工具条

（1）修剪1个图素，这是系统默认修剪方式。系统提示 选取图素去修剪或延伸 ，用户选择要修剪的图素后，系统又提示 选取修剪或延伸到的图素 ，单击第2个图素，则剪掉第1个图素没选择的那一段（两个图素可相交也可不相交），如图1-23（b）所示；当两图素不相交，第1个图素选择较短的，第2个图素选择较长的，则第1个图素自动延伸到交点，操作结果如图1-23（c）所示。

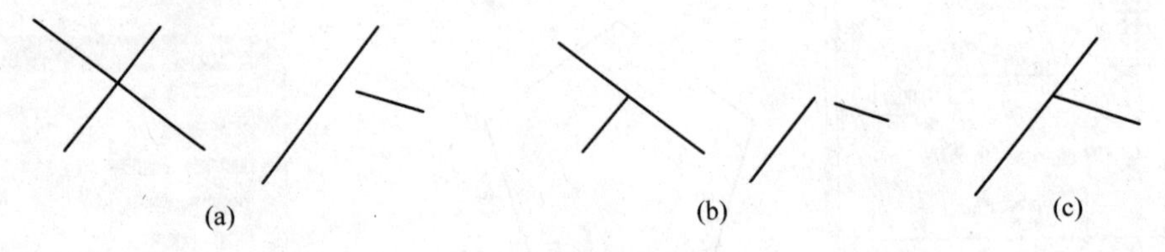

图1-23 修建一个图素

（a）修剪之前的两图素；（b）修剪之后的两图素；（c）不相交两图素，第一个图素选较短的

（2）修剪2个图素，单击此按钮，分别选择两条直线的下段，结果修剪掉两直线的上段，如图1-24所示。

（3）修剪3个图素，单击此按钮，然后选择3个能够相交的图素，如图1-25（a）所示，则第1个和第2个图素将分别与第3个图素进行相互修剪，结果如图1-25（b）所示。

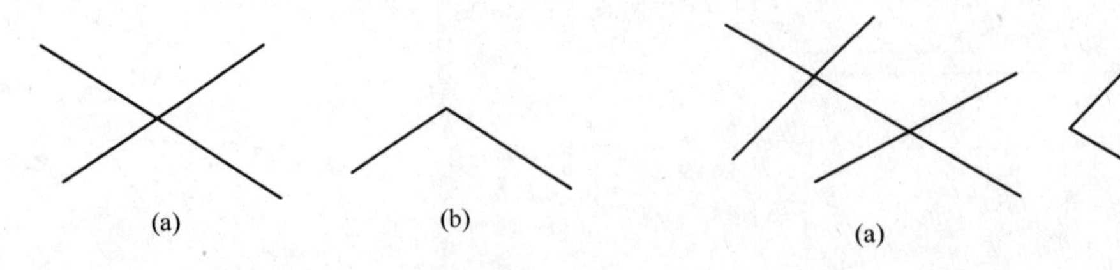

图1-24 修剪2个图素

（a）修剪前的两图素；（b）修剪后的两图素

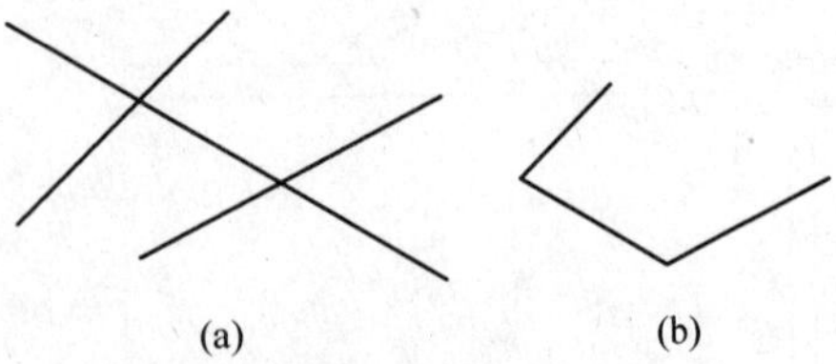

图1-25 修剪3个图素

（a）修剪前的两图素；（b）修剪后的两图素

（4）分割，这是最常用的修剪方法，它只能修剪不能延伸。单击此按钮，在用户选择一个图素之后，系统将自动搜寻该图素与其他图素的交点，若存在交点，则将所选图素在鼠标单击处那一段修剪掉。操作诀窍可记为不要哪儿就单击哪儿。

（5）修剪到指定点，该方式可以将图素修剪/延伸到指定点。如果该点不在图素的延长线上，则将图素修剪/延伸到该点到图素的垂足处。

（6）指定长度进行修剪/延伸，先单击前面的按钮，再选择要修剪或延长的图素，然后在其后面的文本框内输入修剪（负）或延伸（正）的长度值，并按回车键。

需特别说明的是，修剪/延伸命令有两种模式的开关：一种是修剪模式开关按钮，按下此按钮的前提下，前面所有方式的操作结果都为修剪，前面的几种方式操作示例都为修剪模式；另一种是断开模式开关，按下此按钮的前提下，前面所有方式的操作结果都为断开，在交点处将图素一分为二。

1.3.3.2 图形的尺寸标注

（1）尺寸标注的组成。一个完整的尺寸标注由尺寸线、尺寸界线、箭头和尺寸数据组成。

（2）设置尺寸标注样式。选择主菜单【构图】→【尺寸标注】→【选项】命令，出现如图1-26所示对话框，对话框由5个标签组成；或者选择主菜单【设置】→【系统配置】命令，弹出系统配置对话框，在对话框左侧，同样可以找到设置尺寸的5个标签。

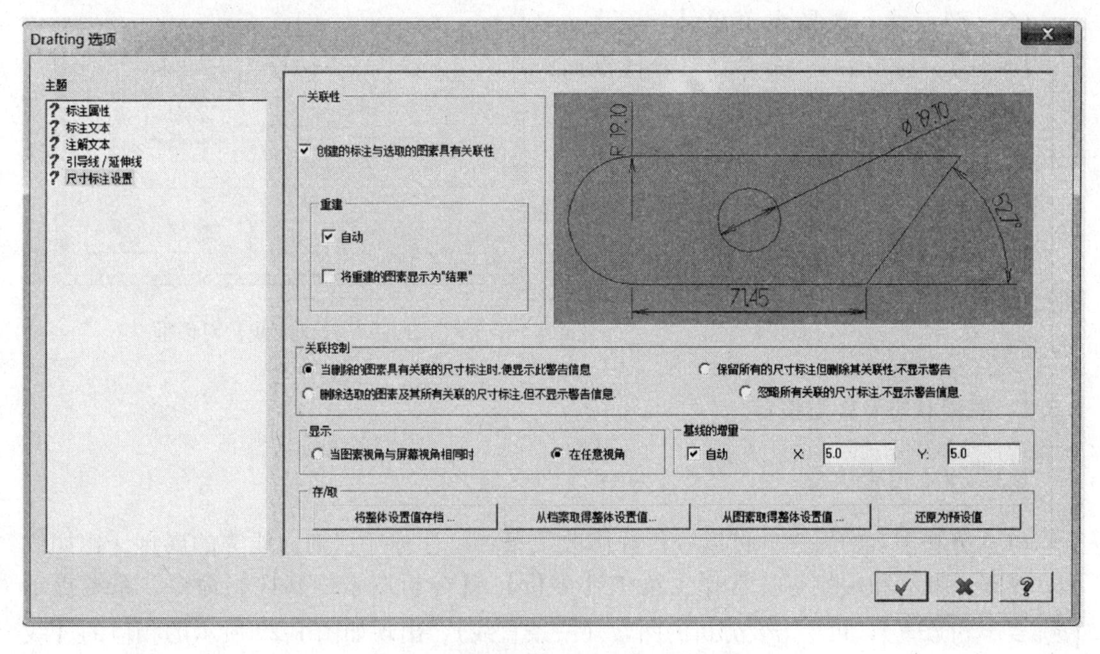

图1-26 【尺寸标注样式设置】对话框

1）标注属性：用来设置尺寸标注的显示属性，包括格式、比例、小数位数、首尾0的处理方式、半径和直径标注的前缀符号、尺寸公差的设置。

2）标注文本：用来设置标注文本的属性对齐方式，包括文本高度、字符宽度和间距、字体、字符加线效果、点位标注的类型、书写方向、文字定位方式。

3）注解文本：主要用于设置注释文本的属性和对齐方式，与“标注文本”标签的内容基本相同，不同的是它们的对齐方式。

4）尺寸线/尺寸界线（引导线/延伸线）：用来设置尺寸线、尺寸界线和箭头的属性，包括文本与尺寸线的位置关系、尺寸线和尺寸界线的可见性、箭头的方向和样式等。

5）尺寸标注设置：主要用于设置标注与被标注对象，标注与标注之间的间隙等关系。

（3）尺寸标注。选择主菜单【构图】→【尺寸标注】→【尺寸标注】命令，其下有11种子选项，可以进行水平标注、垂直标注、平行标注、基准标注、串联标注、角度标注、圆弧标注、法线标注、相切标注，顺序标注、点标注。

（4）智能标注。采用智能标注时，系统能自动判断该图素的类型，从而自动选择合适的标注方式完成标注。

（5）编辑图形标注。选择主菜单【构图】→【尺寸标注】→【多重标注】命令，选择要修改的标注，按下回车键，将打开【标注选项】对话框。在对话框中有许多参数可以修改，用户对这些参数的修改，都将反映到所选择的需要修改的尺寸标注中，而不影响其他的标注。

（6）剖面线。选择主菜单【构图】→【尺寸标注】→【剖面线】命令，打开【剖面线】对话框如图1-27所示，选择好剖面符号的样式，设置合适的参数，单击按钮 ✔ ，出现如图1-28（a）所示【串联选项】对话框，单击 ✔ 按钮，选择其右边要填充的外框图案和里面的圆，结果如图1-28（b）所示。

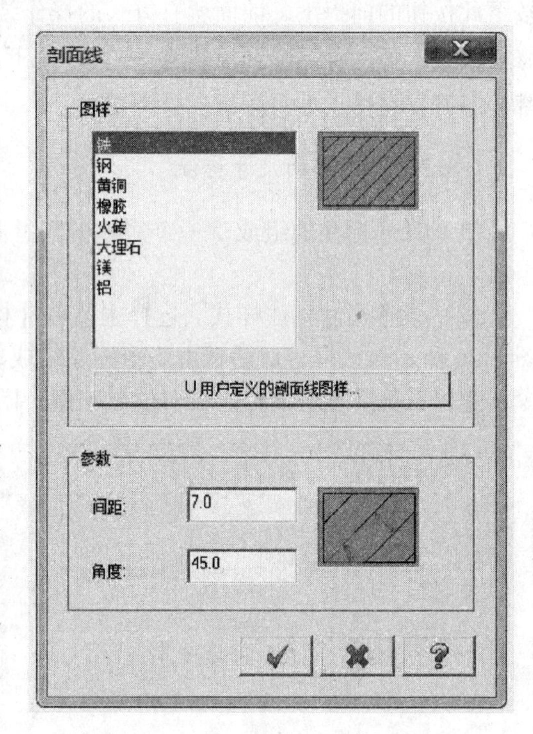

图1-27 【剖面线】对话框

1.3.4 图素状态及图层设置

1.3.4.1 图素状态

（1）分析图素的属性。可以分析并修改线条、尺寸标注、剖面线等的属性，比如线型、线宽、颜色和层别等。选择主菜单【分析】→【分析图素的属性】命令，系统提示 选取要分析的图素 ，再单击要分析的图素（一条直线），出现如图1-29所示的相应的【线的属性】对话框，可以修改对话框中所显示的线型、线宽、颜色（常用），也可以修改位置及长度、方向等属性。

（2）分析点的坐标。选择主菜单【分析】→【分析点的坐标】命令，可以分析图素上点的空间位置坐标。

（3）分析两点间的距离。选择主菜单【分析】→【分析两点间距】命令，系统提示 选取一点或曲线 ，单击图形上的一点或者一直线，系统再提示 选取一点或曲线 ，再选取另外一点或直线，就弹出如图1-30所示对话框。

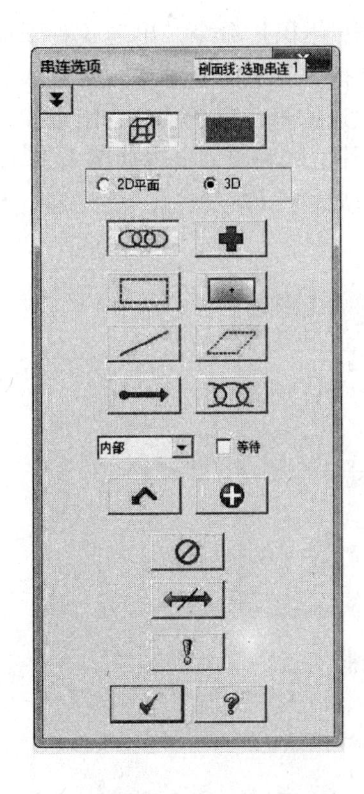

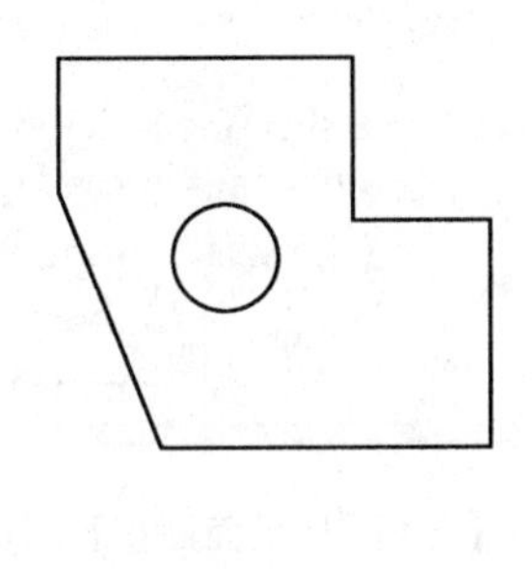

(a)

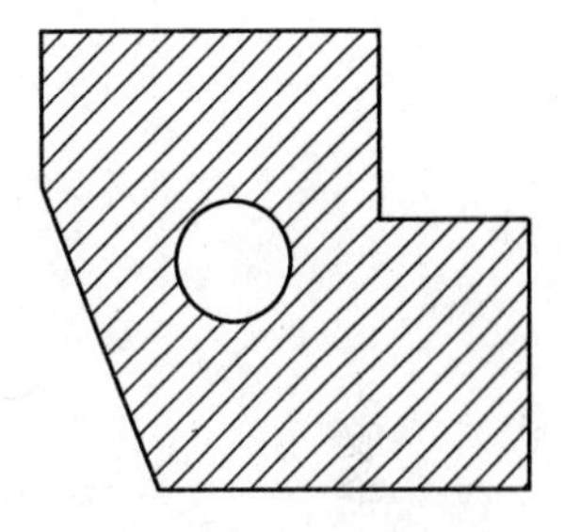

(b)

图 1-28 【串联选项】对话框及填充结果

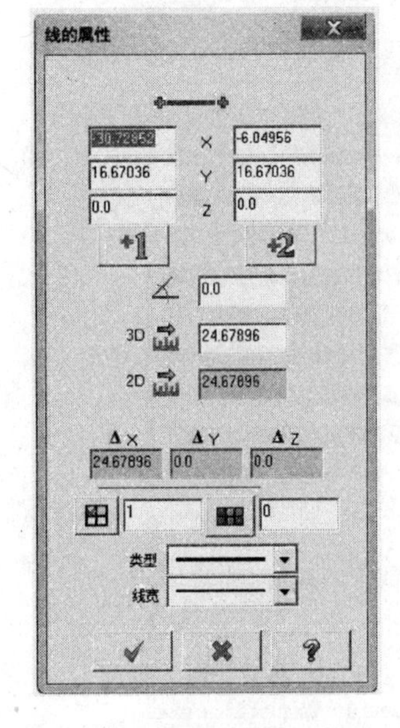

图 1-29 【线的属性】对话框

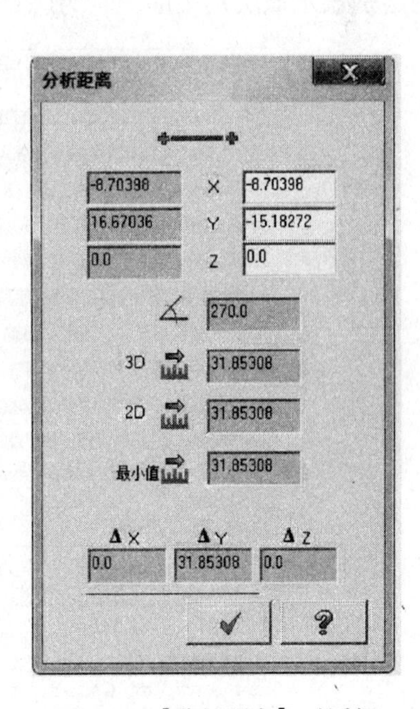

图 1-30 【分析距离】对话框

（4）分析面积/体积。选择主菜单【分析】→【分析面积/体积】命令，出现 3 种子菜单：分析 2D 平面面积、分析曲面面积、分析实体属性。选择要分析的子菜单，再选取要分析的图素。现以分析 1-28（b）剖面线区域的面积为例，选取第一项子菜单，出现如图 1-28（a）所示串联选项对话框，再选取 1-28（b）所示的外框线和圆，出现如图 1-31 所示【分析 2D 平面面积】对话框，里面显示出轮廓内面积、周长、重心坐标、惯性力矩等分析结果。单击按钮 ✔ ，退出该命令。

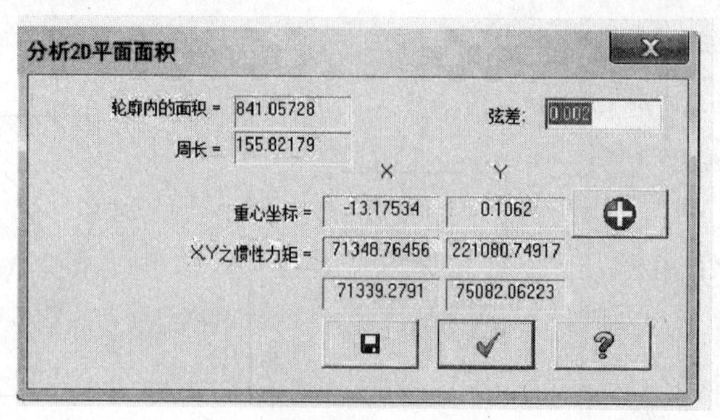

图 1-31　【分析 2D 平面面积】对话框

1.3.4.2　图层设置

图层是一个非常重要的概念，通过对图层的设置，可以把构图区内的多个图素放在不同的层别里，从而改变模型的显示方式。在状态栏单击【图层】按钮，弹出如图 1-32 所示【图层管理器】对话框。选中【显示】项（打√）的图层里的图素全部为可见，没有选中的层别表示该层别中的图素为隐藏，单击对应的层号，该层显示为黄色亮条，设置当

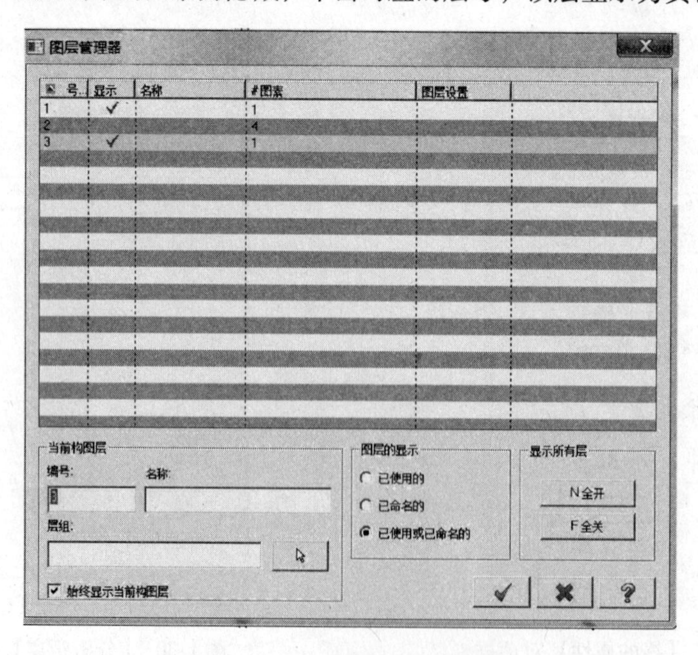

图 1-32　【图层管理器】对话框

前图层。在【编号】下面输入新的层号,【名称】下面输入新图层名称,建立新图层。

要改变层别时,可在状态栏的右击【图层】按钮,系统提示 选取图素去改变图层,选择需要改变层别的图素,按回车键,出现如图1-33所示的【改变层别】对话框,在此对话框中,操作选项中选择【移动】,使用当前图层不选,把图层编号后面的数字修改为想要改变后的图层名,然后单击按钮 ✔,结束操作。

对图层进行三维造型或者数控编程时,往往需要先把某层别的图层隐藏起来,这样便于选择需要建模或者加工的部分。

图1-33 【改变层别】对话框

1.3.5 二维加工之CAM界面认识

在机械加工中,二维零件加工占有很大的比重,应用非常普遍。

Mastercam X 除了CAD模块外,最主要的内容就是CAM,即根据工件的几何形状,设置相关的切削加工数据,生成加工的刀具路径,并通过特定的后处理文件转换为各种系统的数控机床所能接受的NC代码,然后将这些代码传送给数控机床来实现自动加工。

1.3.5.1 工件毛坯设置

工件毛坯设置指的是设置当前工件的毛坯参数,包括毛坯的形状、大小、原点位置及材料。设置好毛坯后,在刀具路径验证时可看到所设置毛坯的三维效果,以及毛坯的位置、尺寸大小和图形之间的关系。

选择主菜单【机床类型】→【铣床】→【默认】,在绘图区左边的【刀具路径】管理器就建立了一个加工群组。

切换操作管理器路径是:【视图】→【切换操作管理器】。

如果想改变加工群组,在【刀具路径】管理器中的【加工群组】单击鼠标右键,弹出如图1-34所示快捷菜单,可以设置当前群组为铣床、车床、雕刻或线切割的形式。

单击【刀具路径】管理器中的【属性】→【材料设置】,弹出如图1-35所示【材料设置】对话框。

(1)毛坯形状选择。根据工件图形的外形来选择矩形或者圆柱形。

在选择圆柱形时,可选择X、Y、Z来确定圆柱毛坯的轴向方向。图1-36(a)所示,是以X为轴向,图1-36(b)所示是以Z为轴向。

显示方式有适合屏幕、线框(常用)、实体三种方式。

(2)毛坯尺寸设置。

1)直接输入;在毛坯尺寸输入框里分别输入毛坯长、宽、高的尺寸,如图1-35所示。

2)选取对角:在【材料设置】对话框,单击 E选取对角 按钮,系统自动返回到绘图区,并按照其提示,用鼠标选取第一个角点,再选取第二个角点,并且要把工件图形圈在这两个对角点形成的矩形区域内,系统根据这两点自动产生X、Y值,从而确定毛坯的长和

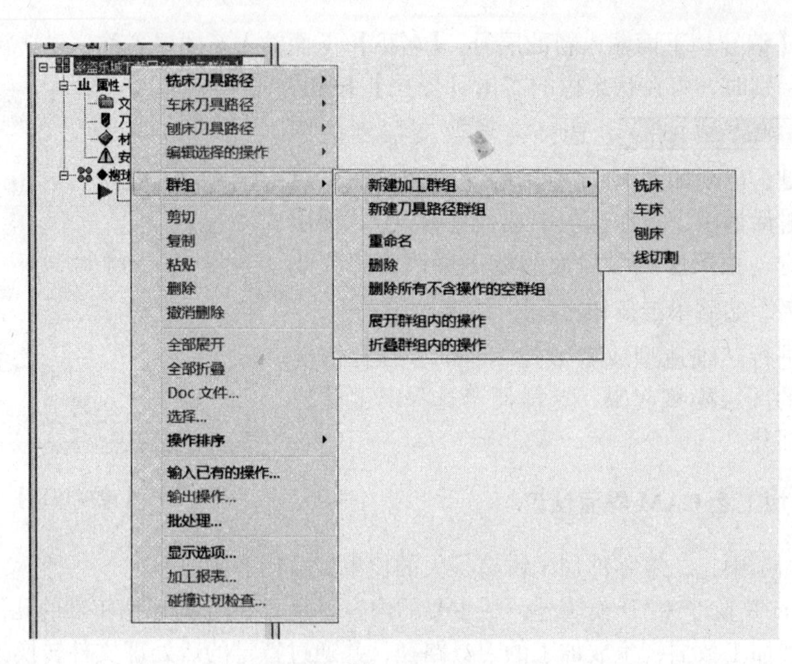

图1-34 【加工群组】的设置

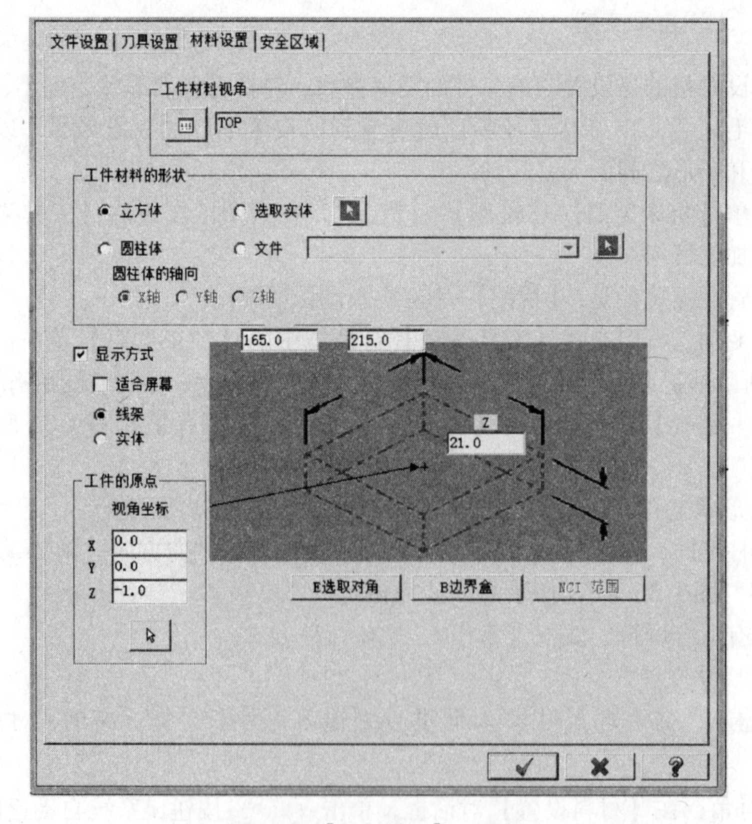

图1-35 【材料设置】对话框

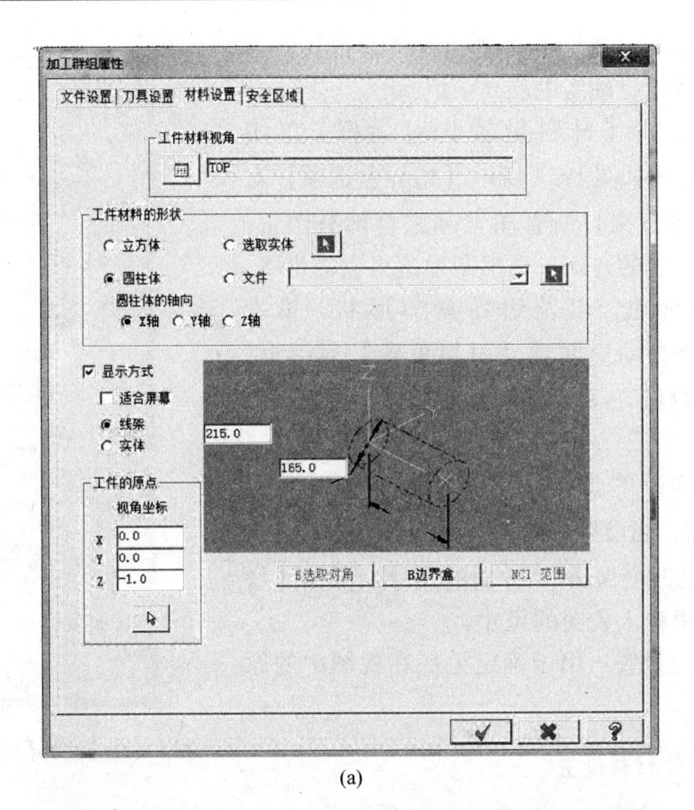

(a)

(b)

图 1-36 圆柱形毛坯的“轴向”设置

宽，选择完了矩形框，系统再回到【材料设置】对话框，在这儿输入Z值，确定毛坯高度值。

3）边界盒：在【材料设置】对话框，单击 B边界盒 按钮，弹出如图1-37所示【边界盒选项】对话框。可设置边界盒来自所有图素和来自部分图素；也可设置边界盒构建的方式，根据图形边界盒需沿X、Y、Z方向的延伸量，以及边界盒的形状。单击 ✔ 按钮，系统自动返回到【材料设置】对话框，X、Y值就自动填写了，再手动输入Z向尺寸，这就确定了毛坯尺寸。

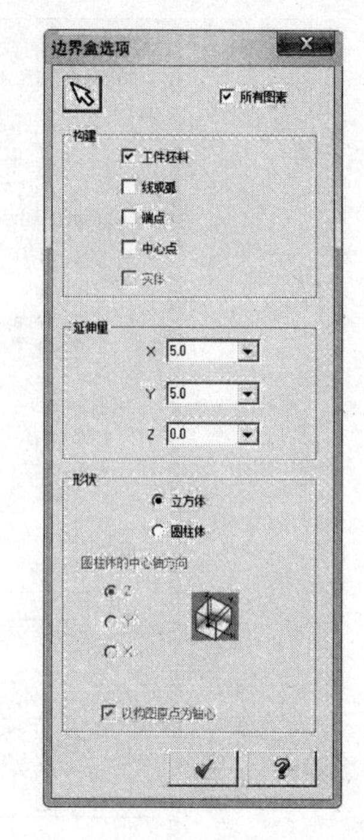

图1-37　【边界盒选项】对话框

4）NCI范围：单击【材料设置】对话框的 NCI 范围 按钮，当已有NCI文件时，可根据刀具在NCI文件范围自动改变X和Y方向的尺寸，再在【材料设置】对话框里输入Z向的尺寸。

（3）毛坯原点设置。用于确定毛坯在视图中的原点位置。

1.3.5.2　工件材料设置

选择主菜单【刀具路径】→【材料管理器】，弹出如图1-38（a）所示【材料列表】对话框，在对话框中单击【来源】后面的黑三角，在下拉菜单中选取【Mill-library】，就把许多材料显示在【材料列表】对话框里，如图1-38（b）所示，再选择所需材料，单击 ✔ 按钮，即可完成工件材料设置。

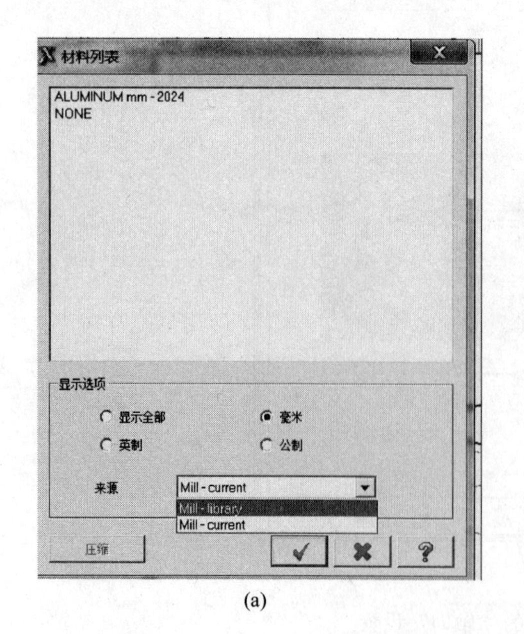

(a)

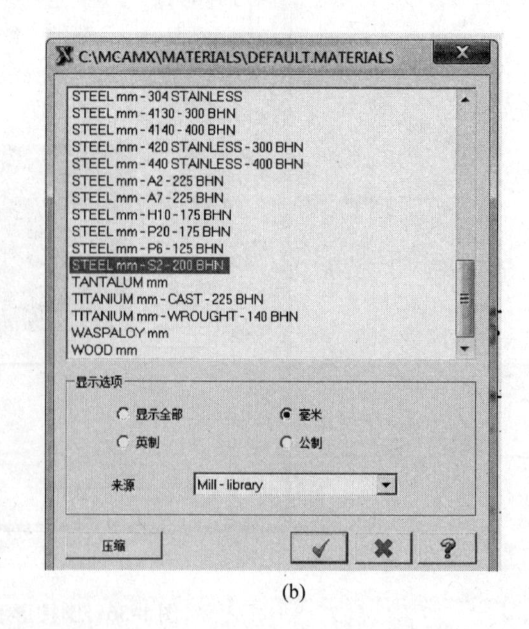

(b)

图1-38　【材料列表】对话框

1.3.5.3 刀具设置

数控机床在加工中要用到各种刀具。加工中心经常使用平铣刀、球铣刀、面铣刀、盘铣刀、伞铣刀、圆鼻铣刀、中心钻、钻头、铰刀、镗刀、丝锥等；数控车床经常使用车刀、镗刀、中心钻、钻头、切槽刀、内螺纹刀、外螺纹刀等。各种刀具的用途各不相同，加工出的零件形状也各有差别，所以合理选择使用刀具是数控加工的一个关键，它不但能够保证加工质量，还能明显提高加工效率。

选择主菜单【刀具路径】→【刀具管理器】命令，出现如图 1-39 所示对话框，对话框上半部显示当前加工工件所用的刀具列表，下半部显示现在的刀具库。中部提供了刀具分类列表，一般选用 MILL _ MM. TOOLS 选项。

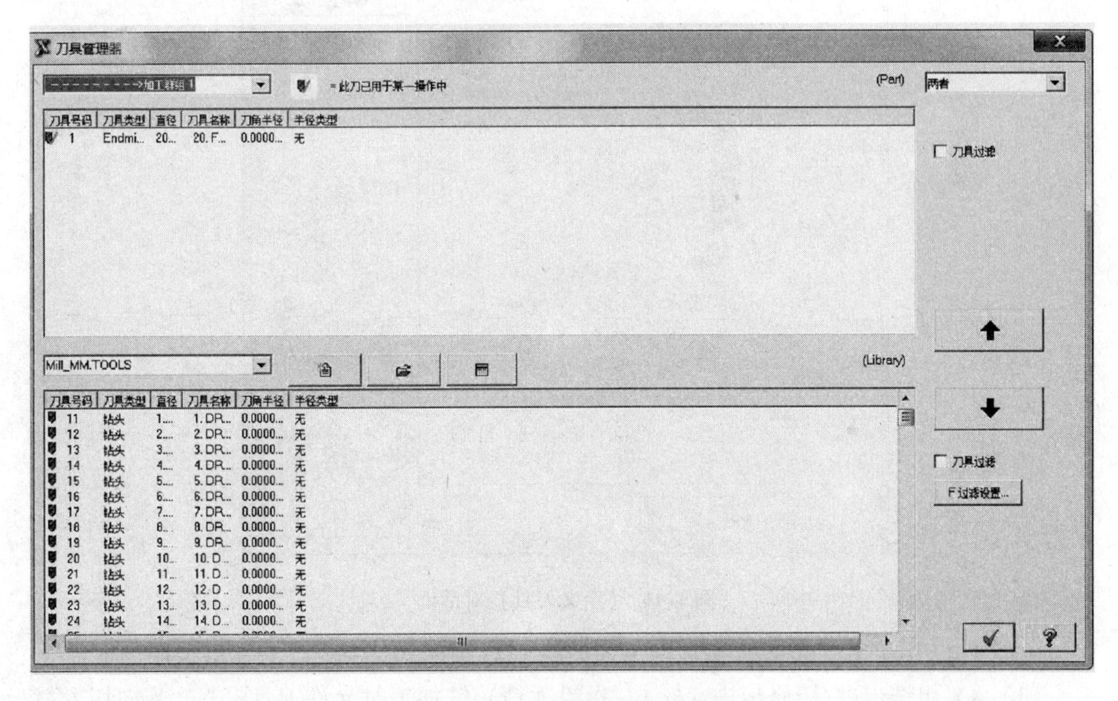

图 1-39 【刀具管理器】对话框

在列表区单击右键弹出如图 1-40 所示快捷菜单，说明如下：

（1）新建刀具：重新定义一把新刀具到刀具列表中。

（2）编辑现有刀具：对以前产生的刀具进行编辑。

（3）删除刀具：从刀具列表中删除已选刀具。

（4）刀具排列：对以前产生的刀具进行排列，可以选择按刀具号、按刀具类型、按刀具名称、按刀具直径等排列。

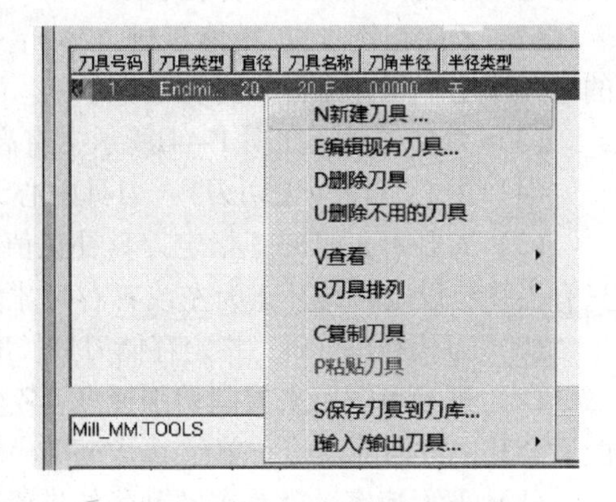

图 1-40 【刀具编辑】快捷菜单

（5）复制刀具：对以前产生的刀具进行复制。

（6）粘贴刀具：对已复制的刀具进行粘贴。

（7）保存刀具到刀库：将刀具保存到刀库中。

（8）输入/输出刀具：将文本文件转换为刀库文件；将刀库文件转换为文本文件。

当单击【新建刀具】或者【编辑现有刀具】，将会出现如图1-41所示【定义刀具】对话框，可用来定义刀具几何尺寸。单击该对话框的【刀具类型】标签，出现如图1-42所示对话框，可选择所需刀具类型。

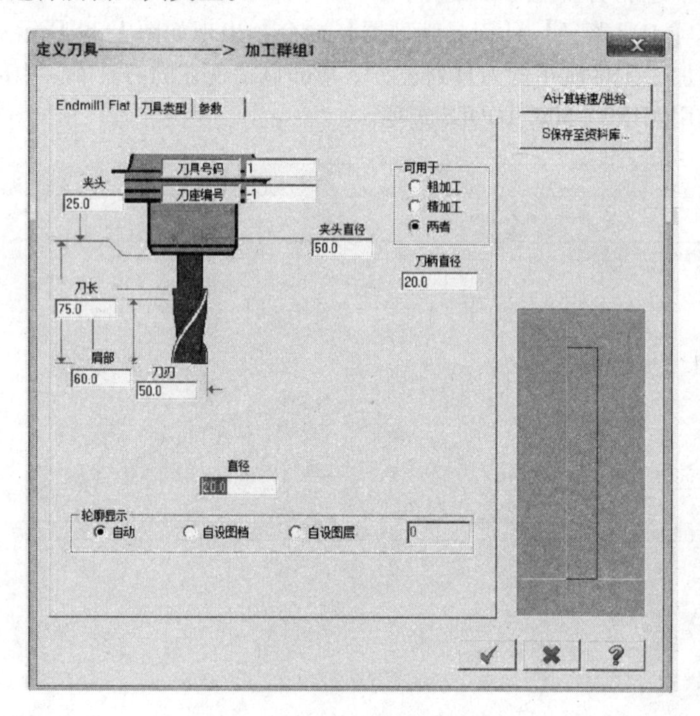

图1-41　【定义刀具】对话框

在图1-42中单击【参数】选项，出现如图1-43所示对话框，主要参数说明如下：

（1）XY粗铣步进/精修步进（%）：指粗（精）铣加工时允许刀具沿X、Y向切入材料的吃刀深度，用直径百分比表示。

（2）Z向粗铣步进/精修步进（%）：指粗（精）铣加工时允许刀具沿Z向切入材料的吃刀深度，用直径百分比表示。

（3）刀具材料：如图1-44所示，有高速钢、碳钢、镀钛、陶瓷四种。

（4）中心直径（无切刃）：刀具中心无切削刃部分的直径。

（5）直径补正号码：指定刀具补正值的编号，暂存器号码形式一般是D××，该参数只有当系统设定刀具补正为左或者右时才使用。

（6）刀长补正号码：指定存储刀具长度补正值的编号，暂存器号码形式一般为H××。

（7）进给率：用来控制切削速度，Z轴进给率只用于Z轴垂直进刀方向，XY进给率能适合其他方向的进给，单位mm/min。

（8）下刀速率：就是主轴升降的进给速率。沿着加工面下刀时选择较小的进给量，以免崩刀，刀具在工件外下刀可取偏大值。

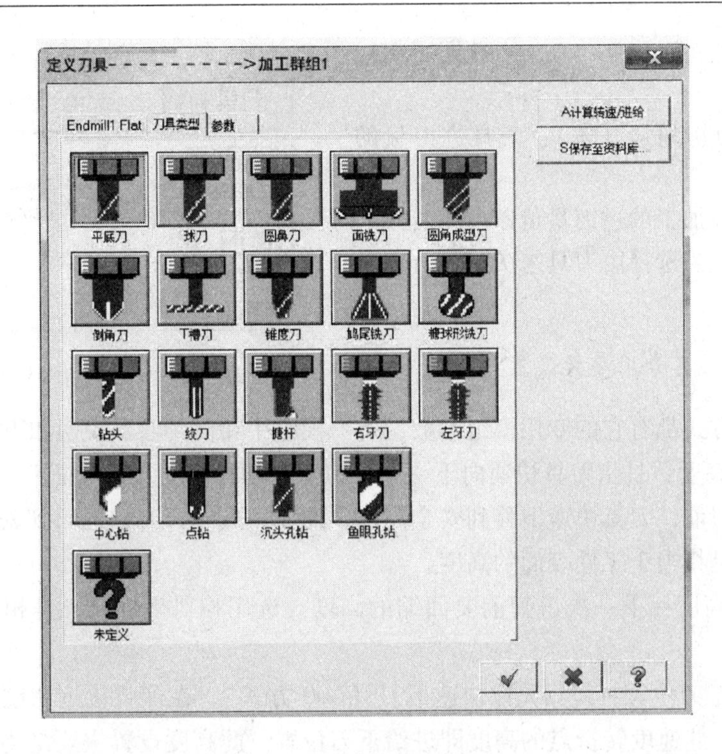

图 1-42 【刀具类型】对话框

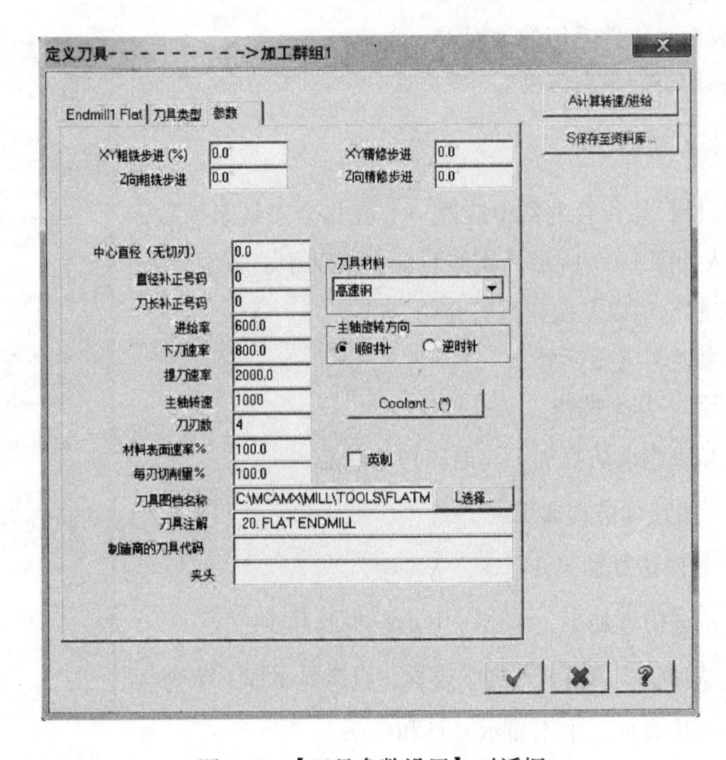

图 1-43 【刀具参数设置】对话框

（9）提刀速率：刀具向上提刀退离工件表面的空行程速度。

（10）材料表面速率（%）：刀具切削线速度的百分比。

（11）每刃切削量（%）：刀具进刀量的百分比。

注意：实际加工的进刀量可以由刀具或毛坯材料来决定，当选择由刀具来决定时，以上参数有效。

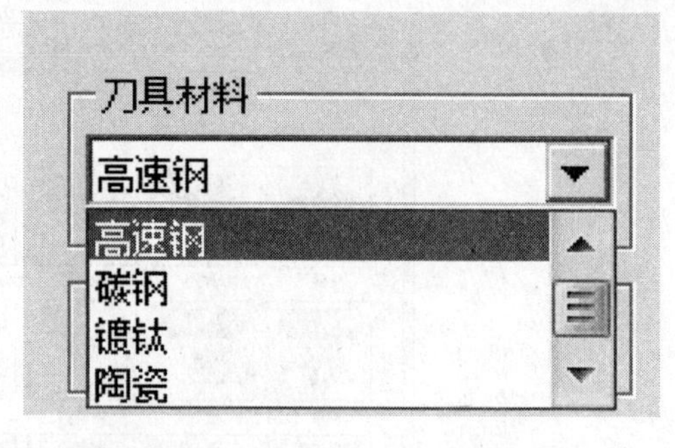

图1-44 【刀具材料】对话框

1.3.5.4　刀具专用参数设置

每一铣削方式都有它的专用模组参数，每一模组中相同的参数说明如下：

（1）安全高度：是指刀具快速向下一个下刀点移动的高度，要保证不会碰到工件和夹具。在开始进刀前，刀具快速下移到安全高度，加工完成后，刀具退回到安全高度。选用相对坐标时，是相当于工件表面的高度。

（2）参考高度：下一次进刀前要回缩的高度。选用相对坐标时，是相当于工件表面的高度。

（3）进给下刀位置：刀具先以快速下刀（G00方式），在即将接近切削材料时变成以进给速度下刀，此速度转折点的高度即进给下刀位置。此高度设置主要是为了避免刀具快速地接近工件时造成撞刀。

（4）工件表面：工件毛坯的表面。

（5）深度：加工的最后深度。

1.3.5.5　加工模拟

在【刀具路径】操作管理器中选择一个或几个刀具路径后，单击按钮进入如图1-45所示【实体验证】对话框。下面分类对该对话框的控制选项以及按钮进行介绍。

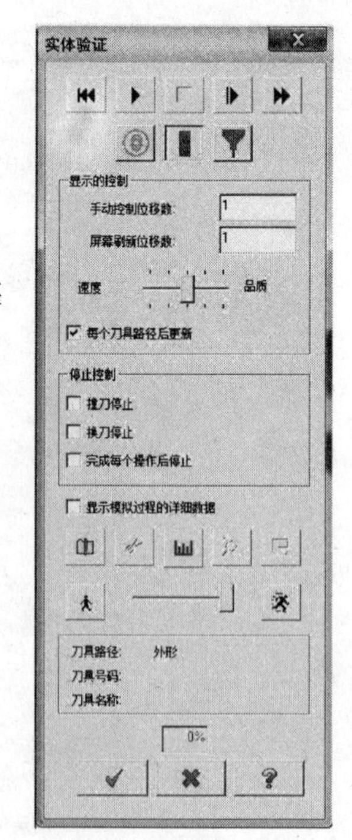

图1-45 【实体验证】对话框

A　模拟控制及刀具显示控制

这部分包括以下几个按钮。

（1）：结束当前仿真加工，返回初始状态。

（2）：开始连续仿真加工。

（3）：暂停仿真加工。

（4）：步进仿真加工，单击一下走一步或几步。

（5）：快速仿真，不显示加工过程，直接显示加工结果。

（6）：在仿真加工中不显示刀具和夹头。

（7）：在仿真加工中显示刀具。

（8）：在仿真加工中显示刀具和夹头。

B 显示控制

显示控制主要用于控制模拟切削时的速度与质量，其主要包括以下几个选项。

(1) 手动控制位移数：即移动步长，设定在模拟切削时刀具的移动步长。

(2) 屏幕刷新位移数：即刷新速度，设定在模拟切削时屏幕显示的刷新速度。

(3) ：速度质量滑动条，用以提高或降低模拟速度和模拟质量。

(4) 每个刀具路径后更新：用于指定每个刀具路径执行后是否立即更新。

C 停止选项

该选项主要用于指定停止模拟的条件。

(1) 撞刀停止：在碰撞冲突的位置停止。

(2) 换刀停止：在换刀时停止。

(3) 完成每个操作后停止：在每个操作结束后停止。

D 其他选项

(1) 显示模拟过程的详细数据：选中该复选框，表示在图形区上方显示出模拟过程的基本信息。

(2) ：参数设置，单击此按钮会弹出如图1-46所示【实体验证选项】对话框，通过该对话框可以对仿真加工中的参数进行设置。比如仿真圆柱体工件，要在【形状】选项里勾选【圆柱体】，如图1-47（a）所示，这时【圆柱体的轴向】选项框变亮，如图1-47（b）所示，选中Z向，要验证的圆柱体工件的方位显示正常方位，如图1-47（c）所示。

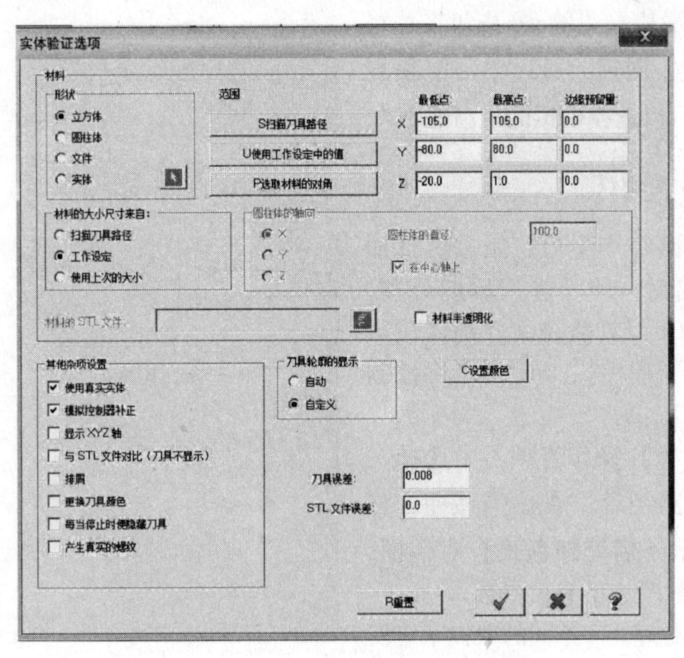

图1-46 【实体验证选项】对话框

(3) ：显示工件截面，可以显示工件上需要剖切位置的剖面图。

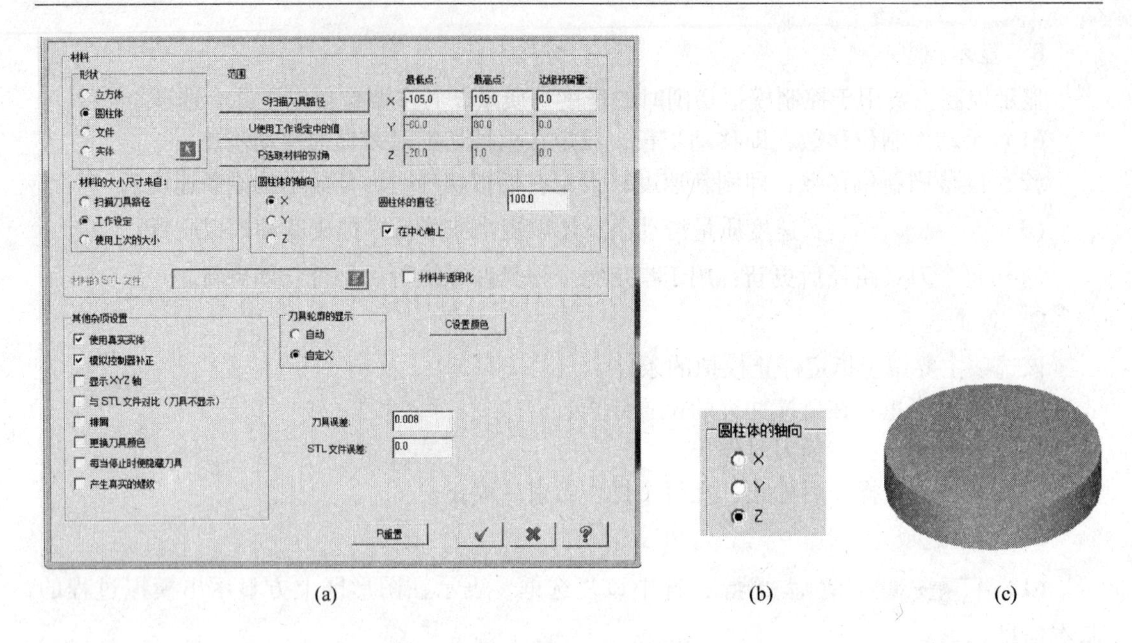

图1-47　圆柱体工件验证参数设置

（4）：尺寸测量

（5）：将工件模型保存为一个STL文件。

（6）：模拟速度控制滑动条。用户可以直接拖动滑动块控制模拟速度，也可以单击滑块左边的按钮来选择模拟的最低速度，同理，通过单击滑块右边的按钮，可以选择模拟的最高速度。

1.3.5.6　后置处理

后处理刀具路径产生后，经过仿真加工并确定无差错后，即可进行后期处理。后处理就是将NCI刀具路径文件翻译成数控NC程序（加工程序），NC程序将控制数控机床进行加工。

在【刀具路径】操作管理器中选择一个或者多个刀具路径后，单击按钮，打开如图1-48所示【后处理程式】对话框，用来设置后处理过程中的有关参数。

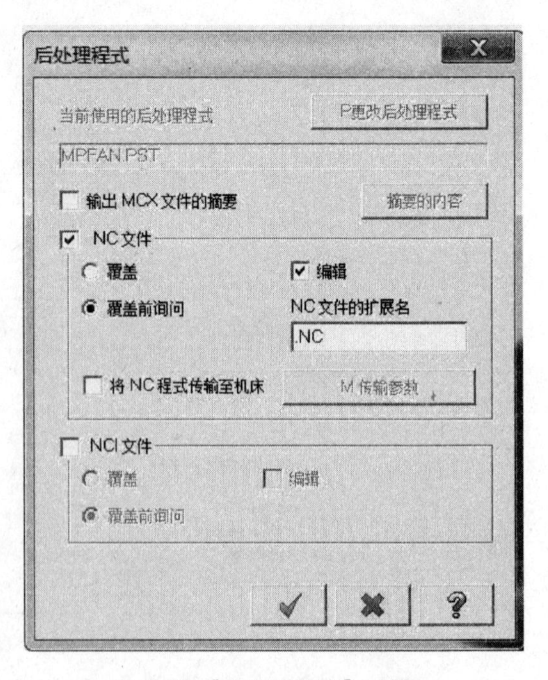

图1-48　【后处理程式】对话框

（1）选择后处理器。不同的数控系统所用的NC程序格式是不同的，用户应根据所使用的数控系统类型来选择相应的后处理器。Mastercam X软件系统默认的后处理器为MPFAN.PST（日本FANUC数控系统控制器）。

(2) NC 文件分组框。【NC 文件】选项组可以对后处理过程中生成的 NC 代码进行设置。它主要包括以下选项:

1) 覆盖:系统自动对原 NC 文件进行覆盖。

2) 覆盖前询问:用户可以指定文件名,生成新文件或对已有文件进行覆盖。

3) 编辑:系统在生成 NC 文件后自动打开文件编辑器,用户可以查看和编辑 NC 文件。

4) 将 NC 文件传输至机床:发送代码到机床,在存储 NC 文件的同时,将代码通过串口或网络传输至机床的数控系统或其他设备。

5) M传输参数 :通讯设置,对传输 NC 文件的通信参数进行设置。

(3) NCI 文件分组框。该选项可以对后处理过程中生成的 NCI 文件(刀具路径文件)进行设置,其主要选项与 NC 文件分组框类似。

1.3.6 二维加工之外形铣削加工

外形铣削加工是沿着所定义的外形轮廓线生成加工路径。利用该命令可以生成 2D 或 3D 的外形刀具路径。2D 外形刀具路径的切削深度固定不变,而 3D 外形刀具路径的切削深度随所定义的外形轮廓线的高度变化而变化。外形铣削的加工特点是,选择加工图素时需根据内、外形轮廓,以串联方向确定铣削方式,即顺铣或逆铣。一般情况下粗加工切削余量大,多采用逆铣的方法,这样可保证刀具的切削受力;精加工时为了提高加工质量,一般采用顺铣。外形铣削时,通常采用平底刀、圆鼻刀、角度刀等刀具进行加工。

选择主菜单【刀具路径】→【外形铣削】命令,弹出如图 1-49 所示【串联选取】对话框,按系统提示选取工件外形曲线,再单击 ✔ 按钮确定,弹出如图 1-50 所示【外形铣削】对话框。

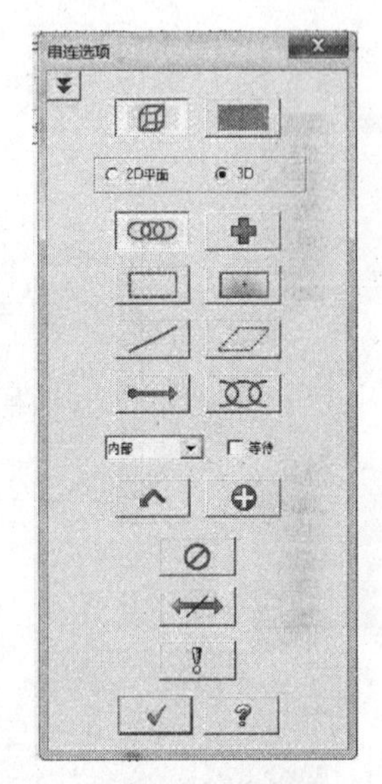

图 1-49 【串联选取】对话框

1.3.6.1 外形铣削类型

外形铣削类型如图 1-51 所示。

(1) 2D:在特定平面上的二维外形加工,该选项是默认值。进行二维外形铣削加工时,刀具路径的铣削深度是相同的,其最后深度 Z 坐标值为铣削深度值。

(2) 2D 倒角:2D 倒角加工一般安排在外形铣削加工完成后,利用倒角刀围绕工件外形进行倒角。选择该选项后,其下面相对应的【倒角加工】选项也改变为可选。单击 倒角加工 ... 按钮,弹出如图 1-52 所示的【倒角加工】对话框,可对倒角加工进行设置。

(3) 斜线渐降加工:在给定的角度或高度以螺旋线的下刀及加工方式对所选的加工外形产生刀具路径。选择该选项后,其下面对应的【渐降斜插】选项变为可选,单击 渐降斜插 ... 按钮弹出如图 1-53 所示的【外形铣削的渐降斜插】对话框。

1) 角度:可指定每次斜插的角度。

2) 深度:可指定每次斜插的深度。

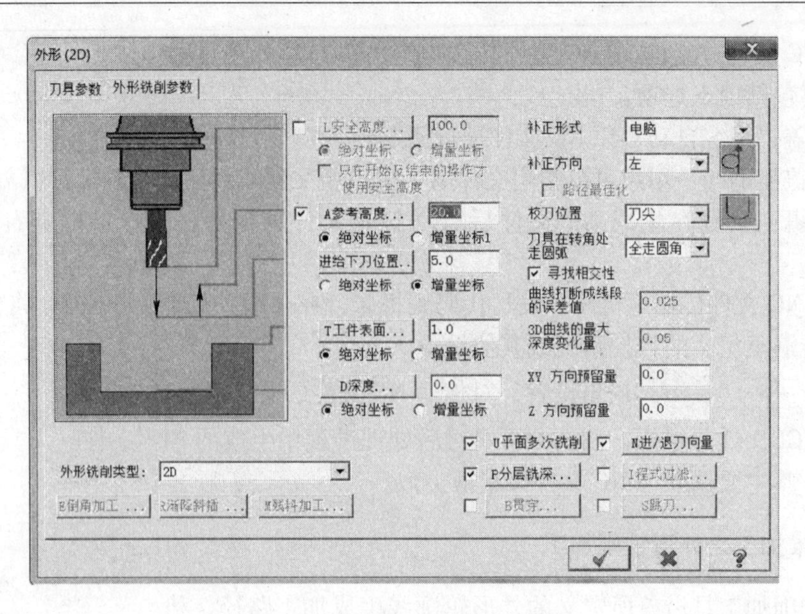

图1-50 【外形（2D）】对话框

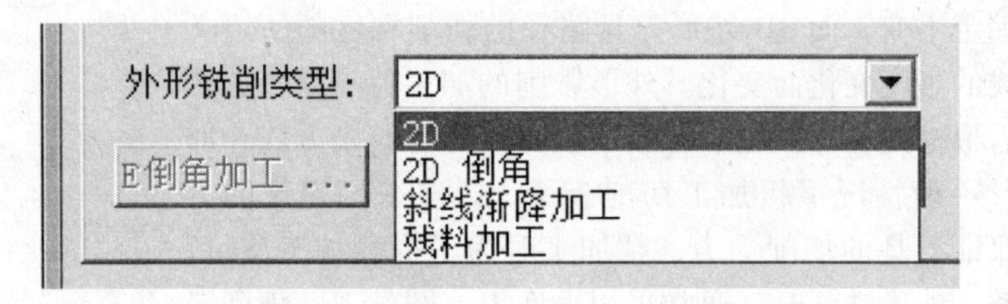

图1-51　外形铣削类型

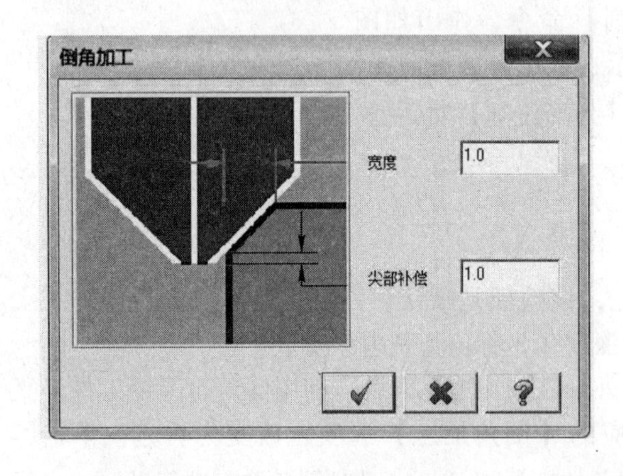

图1-52 【倒角加工】对话框

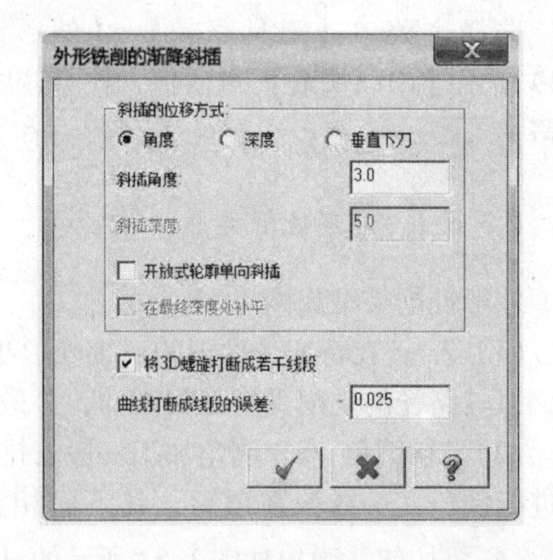

图1-53 【外形铣削的渐降斜插】对话框

3）垂直下刀：可不做斜插，直接以深度值垂直下刀。

4）开放式轮廓单向斜插：在开放的轮廓外形中产生单一方向的旋转渐降斜插加工方式。在最终深度处补平：只有选择【深度】选项时，才可以应用。不选该项，加工完成后，在最终的深度位置会留下一个台阶；如果选择该项，在最终完成的深度位置刀具自动补平该位置中的台阶。

(4) 残料加工：主要针对先前较大刀具加工遗留下来的残料再加工，特别是工件的狭窄的凹形面处。选择该选项后，其下面对应的【残料加工】变为可选，单击 M残料加工... 按钮，弹出如图 1-54 所示的【外形铣削的残料加工】对话框，可进行残料加工参数设置。

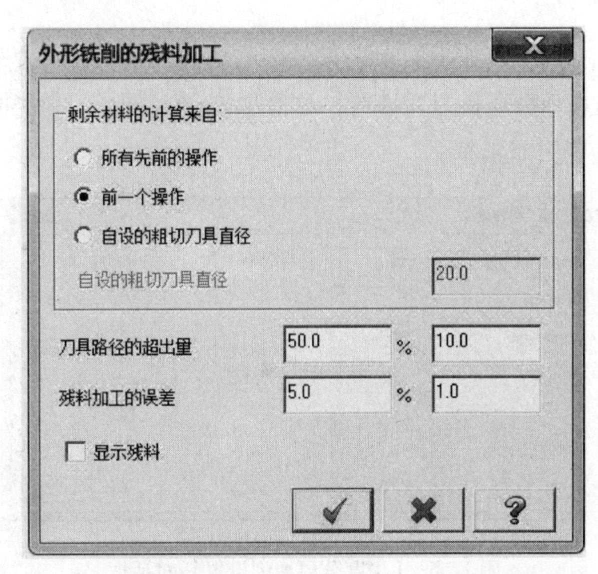

图 1-54 【外形铣削的残料加工】对话框

1) 所有先前操作：及对本次加工之前的所有加工进行残料计算。

2) 前一操作：只对前一加工进行残料计算。

3) 自设的粗切刀具直径：依据所使用过的粗铣的铣刀直径进行残料计算。

4) 刀具路径的超出量：是指残料加工路径计算沿计算区域的延伸量（刀具直径的百分比）。

5) 残料加工的误差：是指计算残料加工的控制精度。

6) 显示材料：是指计算过程中显示工件已被加工过的区域。

1.3.6.2 平面多次分层铣削

平面多次分层铣削是指在 X、Y 方向上分层，主要用于外形材料切除量较大，刀具无法一次加工到定义的外形尺寸的情形。当选中平面多次分层铣削复选框时，单击 ☑ U平面多次铣削 按钮，弹出如图 1-55 所示【XY 平面多次切削设置】对话框。

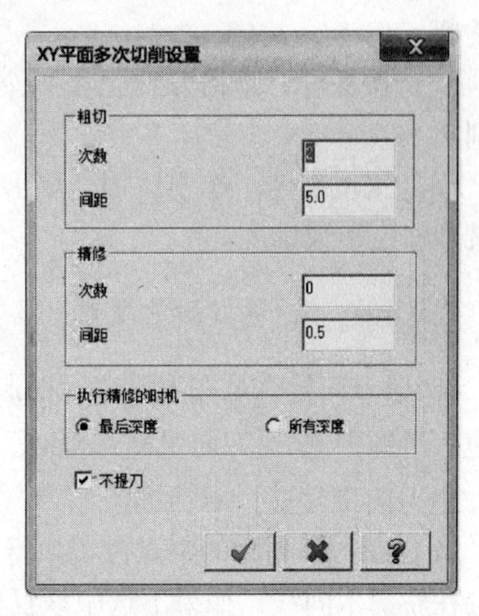

图 1-55 【XY 平面多次切削设置】对话框

(1) 粗铣：确定外形轮廓粗铣加工次数和间距。粗铣间距通常根据刀具的直径而定，一般为刀具直径的 60%~80%。

（2）精修：确定外形轮廓精修次数和间距。

（3）执行精修时机：可在最后深度进行精修，也可在每层都进行精修。

（4）不提刀：选中时指每层切削完毕不提刀。

1.3.6.3　分层铣削

分层铣是指在 Z 方向上（轴向）的分层铣削与精铣，用于材料较厚，无法一次加工到最后深度的情形。当选中分层铣复选框时，单击 ☑ P分层铣深... 按钮，弹出如图 1-56 所示【深度分层切削设置】对话框。

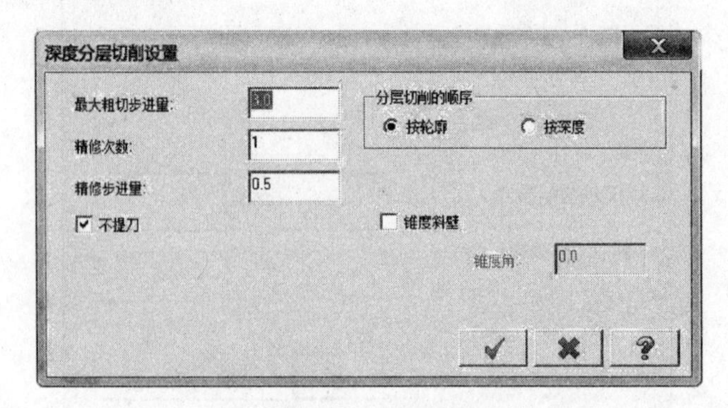

图 1-56　【深度分层切削设置】对话框

（1）最大粗切步进量：粗加工时 Z 轴方向每层允许切削的深度。

（2）精修次数：切削方向的精加工次数。

（3）精修步进量：精加工时每层切削的深度。

（4）不提刀：选中时指每层切削完毕不提刀。

（5）使用副程式：选中时指分层切削时调用子程序，以减少 NC 主程序的长度。

（6）按轮廓：是指刀具先在一个外形边界铣削设定的深度后，再进行下一个外形边界的铣削。

（7）按深度：是指刀具先在一个深度上铣削所有的外形边界，再进行下一个深度的铣削。

（8）锥度斜壁：选中该项，要求输入锥度角，分层铣削时将按此角度从工件表面至最后铣削深度形成锥度。

1.3.6.4　进/退刀向量设置

进/退刀向量就是在刀具路径的起始和结束位置加入线长或圆弧，以防止过切或产生毛边。当选中进/退刀向量复选框时，单击 ☑ N进/退刀向量 按钮，弹出如图 1-57 所示的【进/退刀向量设置】对话框。

（1）在封闭轮廓的中点位置执行进/退刀：选择封闭的轮廓进行加工时，进/退刀位置将会在轮廓中间线；如果不选中该复选框，进/退刀位置将会在串联起点位置。

（2）执行进/退刀过切检查：选中该选项时，执行进/退刀时将会进行过切检查。

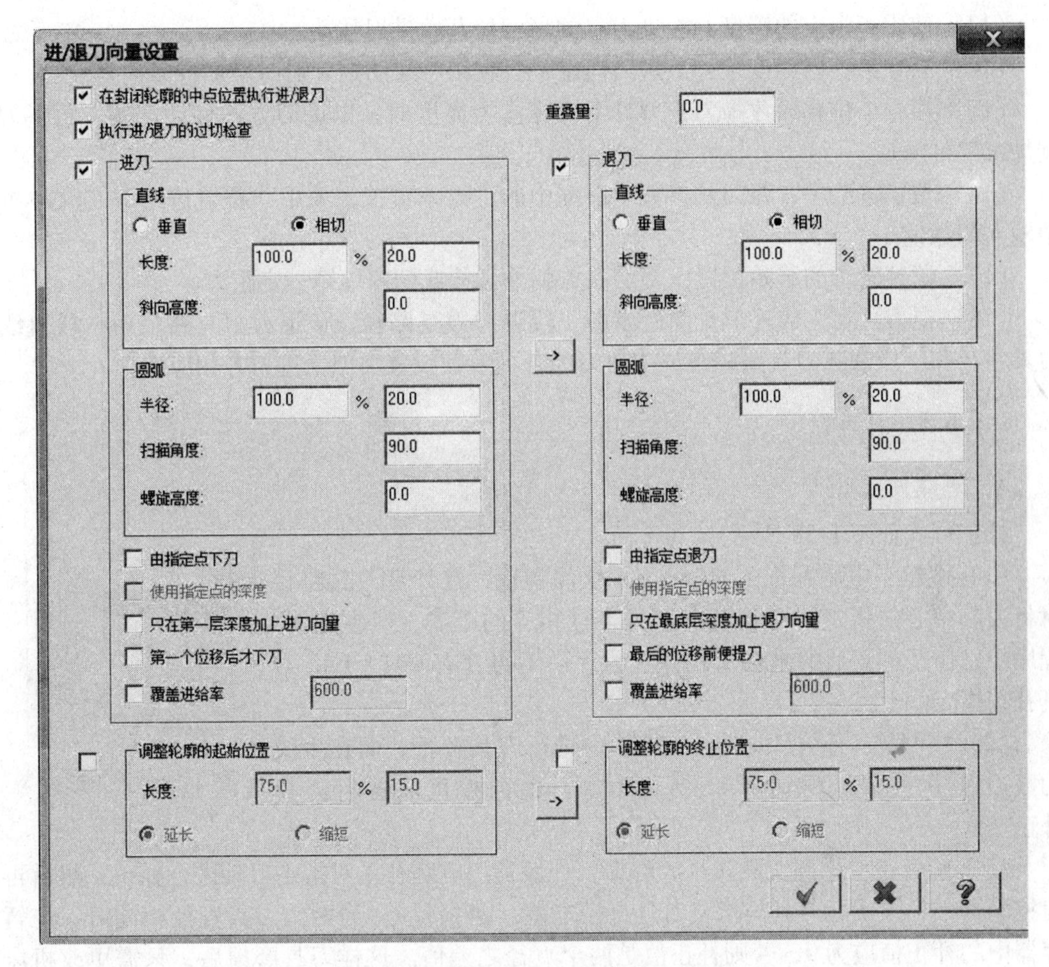

图 1-57 【进/退刀向量设置】对话框

（3）重叠量：应用于封闭外形铣削的退刀端点，在退刀前，刀具用该距离超过刀具路径端点。

（4）进刀：增加一条线或圆弧在所加工工件刀具路径起始位置，包括直线、垂直、相切等方式。

（5）直线：以直线的方式进行进刀。

（6）垂直：进刀线垂直于刀具路径，但所受进刀侧向力比较大，切削用量较大时易出现断刀等现象。

（7）相切：进刀线相切于刀具路径，所受进刀侧向力比较小，可用于较大的切削用量。

（8）斜向高度：增加一个高度至进刀线。

（9）圆弧：以圆弧的方式进行进刀。

（10）半径：定义圆弧进刀的半径，进刀半径的大小通常根据刀具的大小而定义，刀具小时进刀半径就小，反之亦然。

（11）扫描角度：定义进刀时的圆弧角度。

（12）由指定点下刀：对进刀线或弧设置起点，在外形串联作为进刀点前，系统使用最后串联的点。

(13) 使用指定点的深度：在进刀点的深度处开始进刀移动。

(14) 只在第一层深度上加上进刀向量：只在第一层切削开始时增加进刀向量。

(15) 第一个位移后才下刀：刀具下刀在参考高度时，以进刀方式移动，然后再下刀到加工工件深度。

(16) 覆盖进给率：将刀具参数对话框中的进给率覆盖，采用“覆盖进给率”文本框中输入的数值。

(17) 调整轮廓的起始位置：将切入点朝外延伸或朝内缩短一定距离。

(18) 退刀：在完成外形铣削后添加一段退刀刀具路径，该退刀刀具路径由一段直线刀具路径和一段圆弧刀具路径组成。退刀的各项参数设置类似于进刀各相应选项。

1.3.6.5　补正

A　补正形式

补正形式如图 1-58 所示。

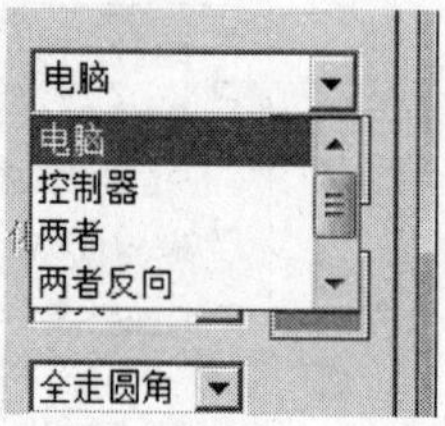

(1) 电脑：电脑补正由 Mastercam 软件实现，在计算刀具路径时将刀具中心向指定方向移动与刀具半径相等的距离，产生的 NC 程序中已经是补正后的坐标值，并且程序中不再含有 G41、G42 刀具补正指令。

(2) 控制器：不在 Mastercam 软件中进行刀具补正，而在生成的数控程序中产生 G41、G42 补正指令，由数控机床进行刀具补正。

图 1-58　补正形式

(3) 两者：考虑到实际刀具的磨损，一般是用电脑补正对指定刀具进行补正，然后再由控制器来补正实际刀具与指定刀具直径之差（磨损量）。当两个刀具直径相同时，在暂存器中的补正值应为 0，否则补正值是两个直径之差值。这样刀具磨损后，只需更改机床控制器的补正值，而不需要更改 NC 程序。

(4) 两者反向：以与“两者”相反方向补正。

(5) 关：不补正。

B　补正方向

补正方向如图 1-59（a）所示。

(1) 左补正：刀具沿加工方向向左偏移一个刀具半径，如图 1-59（b）所示。

(2) 右补正：刀具沿加工方向向右偏移一个刀具半径，如图 1-59（c）所示。

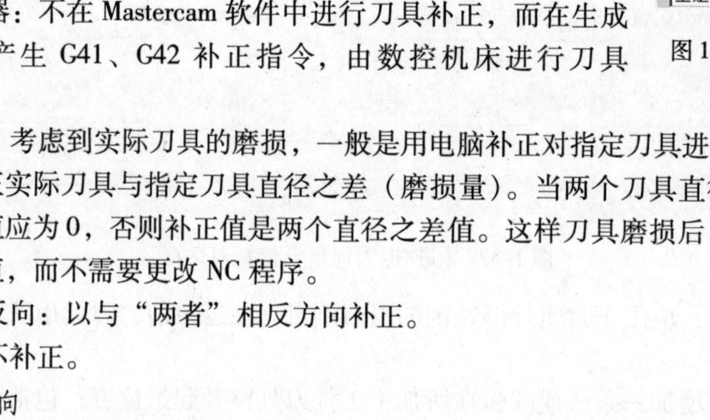

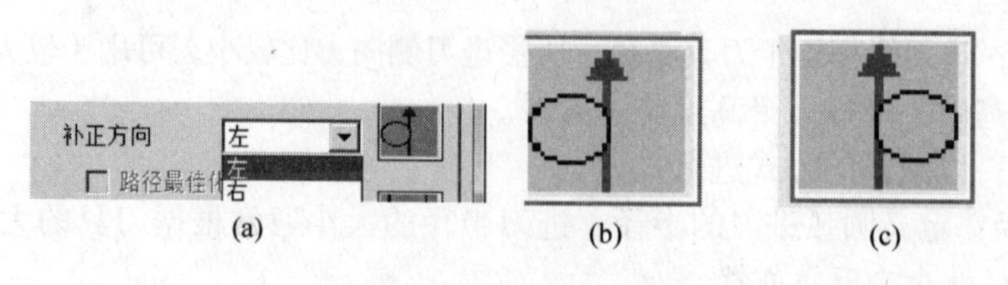

图 1-59　补正方向

C　校刀位置

校刀位置有补偿到刀尖和球心两种。补正到哪一点就是以哪一点来计算刀具的路径，因此在机床上就要以该点为对刀点。

D 刀具在转角处走圆弧（过渡圆弧）

（1）不走圆角：转角处不采用圆角过渡。

（2）<135°走：当夹角小于135°时采用圆弧过渡。

（3）全走圆角：在所有转角处均采用圆弧过渡。

1.3.6.6 其他选项

（1）预留量。在实际加工中，大多数加工都要分为粗加工和精加工。所以要给精加工一定的预留量。

（2）程式过滤。Mastercam可以对NCI文件（刀具路径文件）进行程式过滤，删除重复的点和不必要的刀具路径来优化和简化NCI文件。单击 I程式过滤... 按钮，弹出如图1-60所示【程式过滤设置】对话框。

1）公差设定：用于输入在进行操作过滤时的误差值。当刀具路径中的某点与直线或圆弧的距离小于或等于该误差值时，系统将自动去除该点的刀具路径。

2）过滤的点数：用于输入每次过滤时可删除的点的最大数值，其取值范围3~1000，数值越大，过滤速度越快，但效果就越差。

3）单向过滤：只单方向实现过滤。

4）过滤类型：用圆弧代替直线来调整刀具路径，可产生XY、XZ、YZ平面的圆弧，且可以设置圆弧的最小值和最大值。

（3）贯穿。用于设置刀具超出工件的距离。

（4）跳跃切削参数。用于切削时需跳过障碍物的设置。单击 ☑ S跳刀... 按钮，弹出如图1-61所示的【跳跃切削参数】对话框。

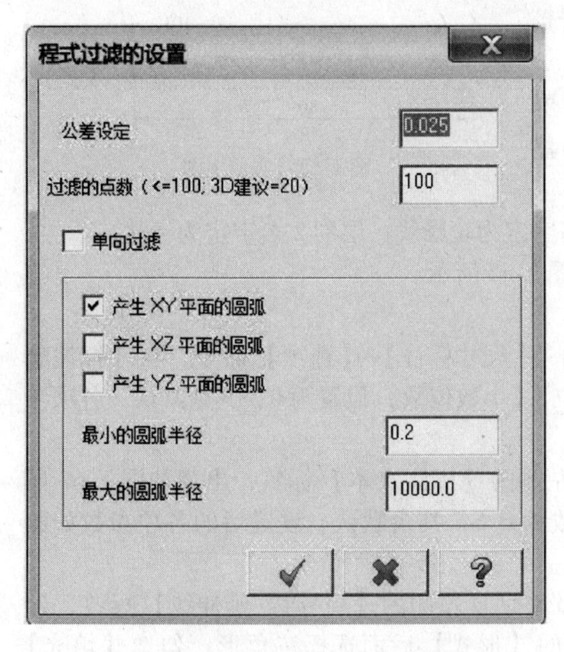

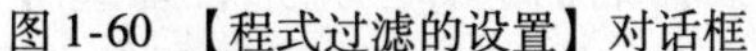
图1-60 【程式过滤的设置】对话框

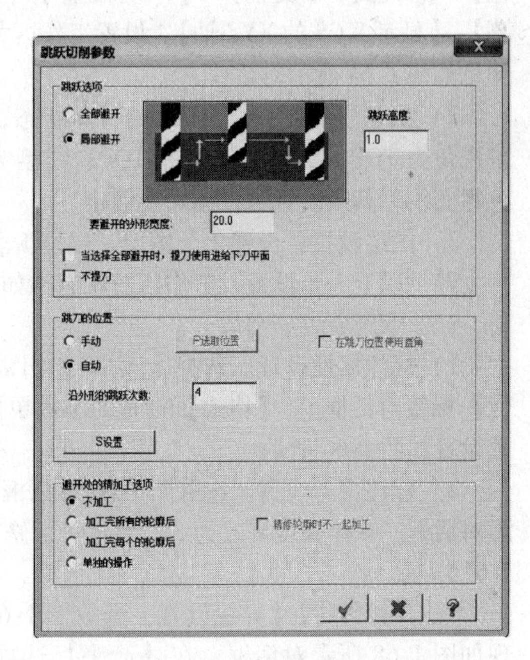

图1-61 【跳跃切削参数】对话框

1）跳跃选项。

①全部避开：选中该选项时，只需设置要避开的外形宽度值。

②局部避开：选中该选项时，既要设置避开的外形宽度值，还需要设置跳跃高度值。

③当选择全部避开时，提刀使用进给下刀平面：当选中【全部避开】复选框，同时又选中该复选框时，提刀的速率是只有进给的速率。

2）跳刀的位置。可通过手动和自动两种方式来设置跳刀的位置。

3）避开处的精加工选项。如图1-62所示，避开处的精加工选项有4项可供选择：不加工、加工完所有的轮廓后、加工完每个的轮廓后、单独的操作。

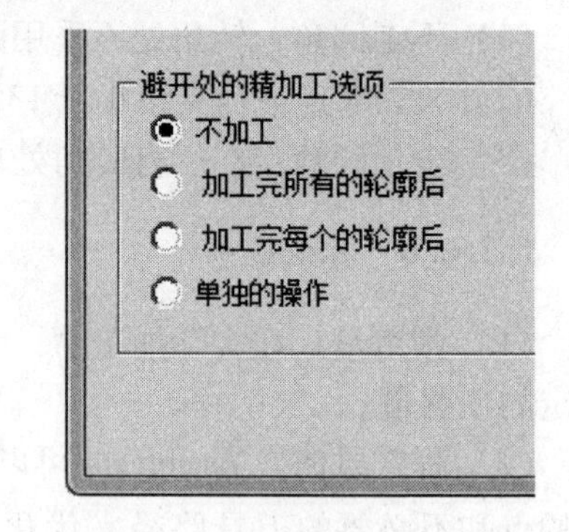

图1-62　【避开处的精加工选项】对话框

1.4　实例

1.4.1　实例1

画出如图1-63所示二维图形，并标注尺寸。

（1）绘图基本设置。

1）绘图工作区背景色改为白色，同时显示WCS的XYZ轴。主要操作步骤为：【设置】→【系统配置】→【颜色】→【工作区背景颜色】→【白色】；【设置】→【系统配置】→【屏幕】→【显示WCS的XYZ轴】。设置工作区背景颜色如图1-64所示对话框。

2）状态栏设置：绘图区处于2D状态；屏幕视角为TOP、构图工作面为TOP；线型为黑色粗实线，其余设置可根据需要而定。

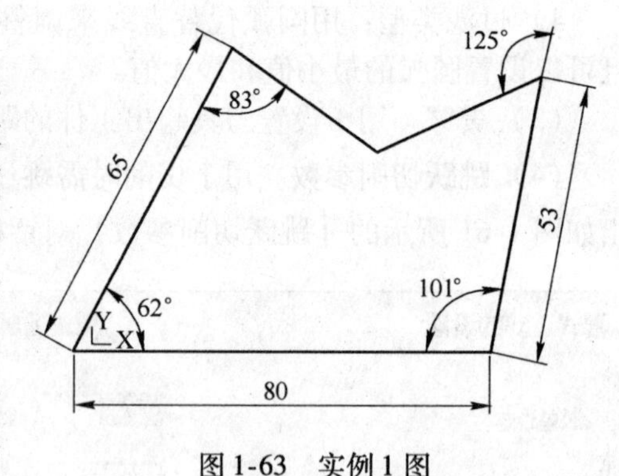

图1-63　实例1图

3）图层设置：设置2个图层，层别1名字定为轮廓线；层别2名字定为标注。

经过以上3步设置，工作区及状态栏如图1-65所示。

（2）尺寸标注设置。

1）标注属性设置。选择主菜单【构图】→【尺寸标注】→【选项】命令，在【标注属性】标签对话框里，【格式】设置为小数单位，【小数位数】设置为0，其余默认。各项参数设置如图1-66所示。

2）标注文本设置。选取图1-66对话框左侧的【标注文本】标签，出现如图1-67所示对话框。字体高度修改为3，字元间距修改为0.5，其余默认。设置后的各项参数如图1-67所示。

3）尺寸线/尺寸界线设置。选取图1-66对话框左侧的【引导线/延伸线】标签，出现如图1-68所示对话框。在【箭头】选项的【形式】后面选择三角形，勾选【填充】前面的复选框，箭头的宽度修改为0.5，高度修改为3，其余默认。设置后的各项参数

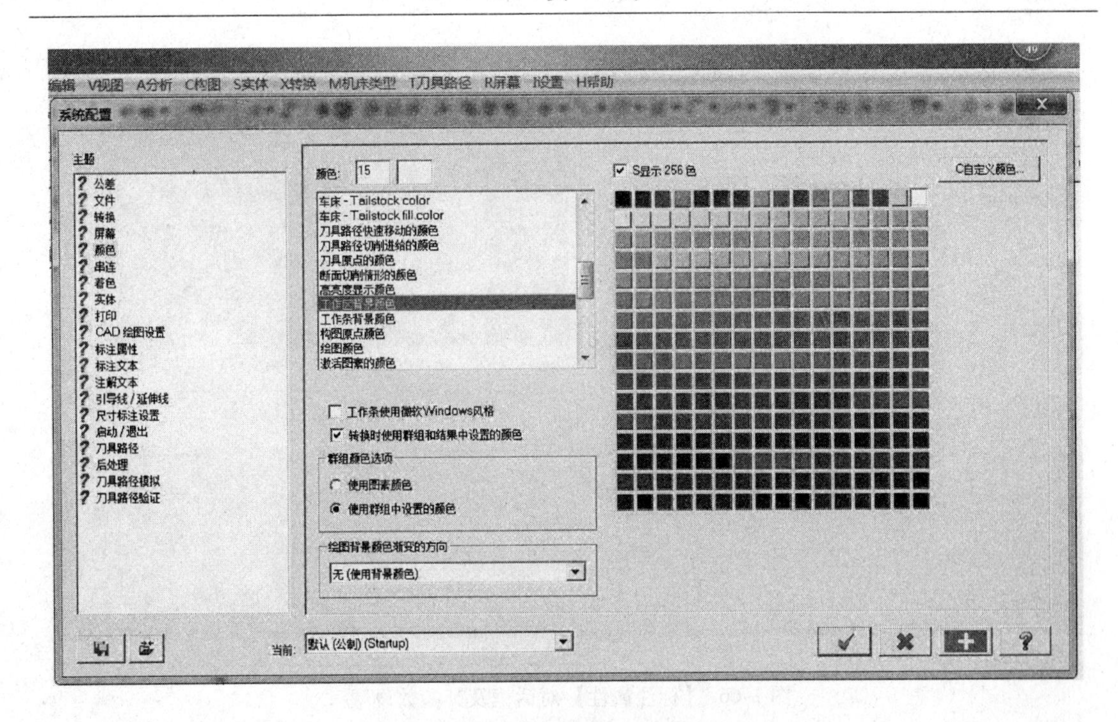

图 1-64 【工作区背景颜色】设置对话框

图 1-65 设置后的工作区及状态栏

如图 1-68 所示。

（3）草绘。单击工具栏按钮，弹出如图 1-69 所示绘制直线工具条，系统提示输入第一点，在绘图区左上角的工具栏的“点的坐标”输入框 X 0.0 Y 0.0 Z 0.0 输

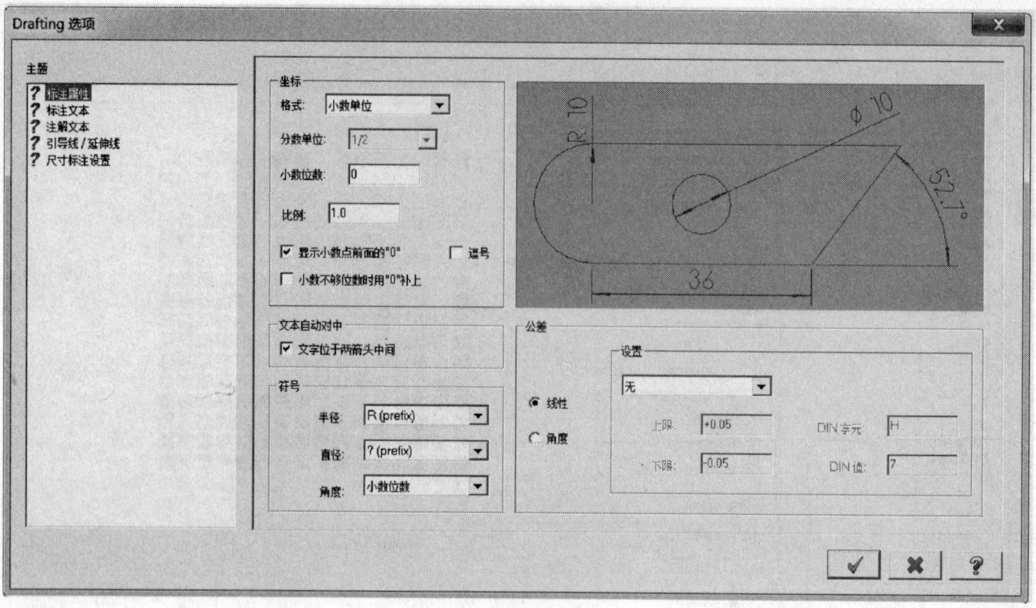

图 1-66 【标注属性】对话框及其参数设置

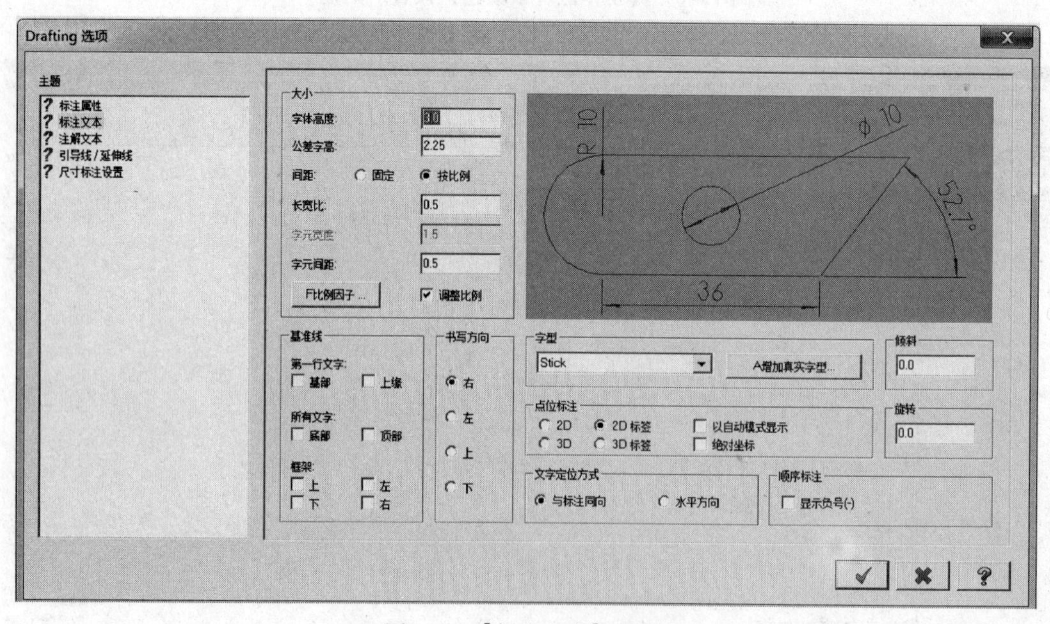

图 1-67 【标注文本】设置

入“X”为 0，回车，输入“Y”为 0，回车，再回车（因为 Z 默认就是 0，不用再输），在绘图区得到精确的第一点，坐标为（0，0，0）。又在其右端任意处单击，然后在直线工具条的 80.0 0.0 “长度”按钮后面输入“80”，“角度”按钮后面输入“0”，向右绘制尺寸 80 的直线；再单击尺寸 80 直线的右端点，又在右斜上方任意处单击，然后在 53.0 79.0 的长度和角度输入框里分别输入“53”、“79”，回车，绘制出长 53 的

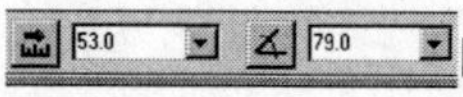

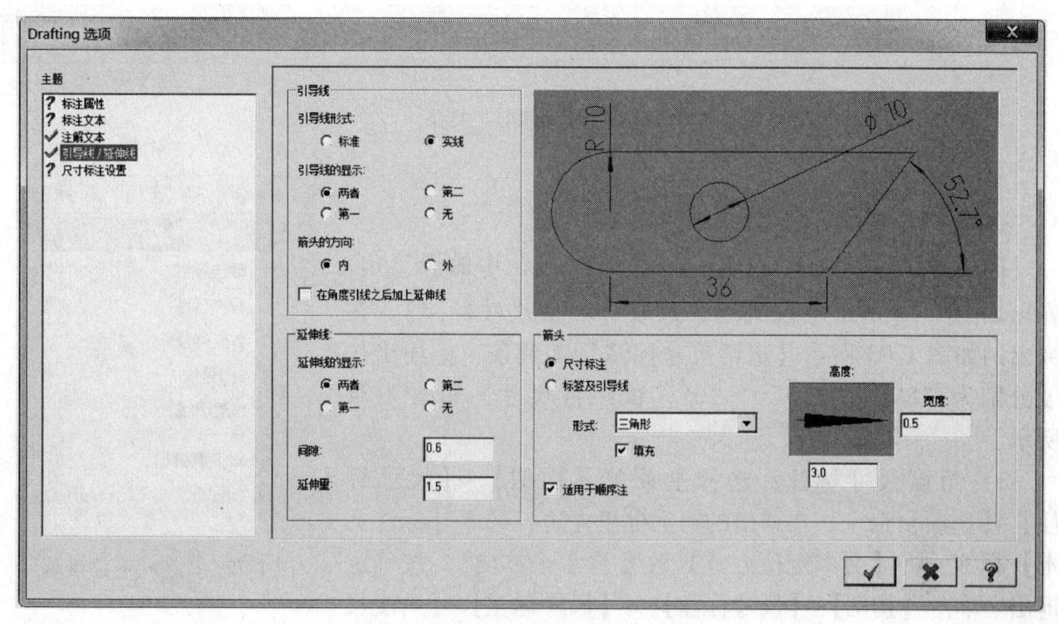

图 1-68　【尺寸线/尺寸界线】设置

图 1-69　绘制直线工具条

直线，如图 1-70（a）所示；单击尺寸 80 直线的左端点，又在右斜上方任意处单击，然后在 65.0 62.0 里分别输入“65”、“62”，回车，绘制出长 65 的直线，如图 1-70（b）所示；单击尺寸 65 直线的上端点，又在其右下方任意处单击，然后在 40.0 -35.0 里分别输入“40”、“-35”，回车，得到夹角为 83°的右边那条线，如图 1-70（c）所示；单击尺寸 53 直线的上端点，又在其左下方任意处单击，然后在 45.0 204.0 里分别输入“45”、“204”，回车，得到夹角为 125°的左下方直线，如图 1-70（d）所示。单击直线工具条上的按钮确定并退出直线命令。

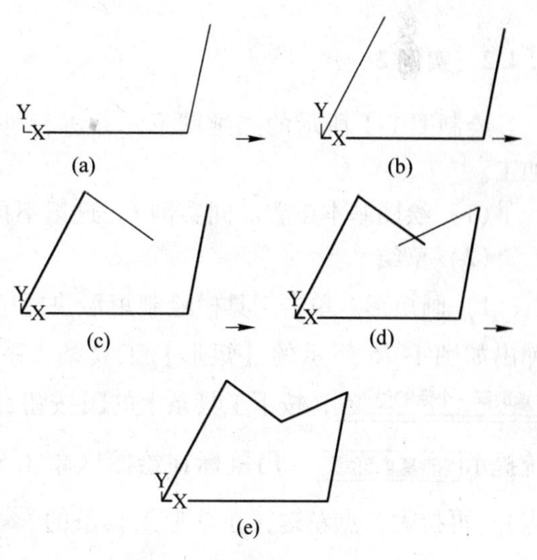

图 1-70　实例 1 绘制过程

（4）修剪。单击工具栏按钮，弹出如图 1-71 所示修剪命令工具条上的按钮，修剪掉图 1-70（d）中上方斜相交的多余部分，得到如图 1-70（e）所示完整的图形。

图1-71　修剪工具条

(5) 尺寸标注

在状态栏，把线型修改为细实线。

1) 线性尺寸标注：单击工具条按钮中的黑三角，弹出如图1-72所示下拉菜单，选取【灵活尺寸标注】，在弹出的如图1-73所示【灵活尺寸标注】工具条，标注出长度分别为“80”、“53”、“65”的线性尺寸，如图1-74所示。

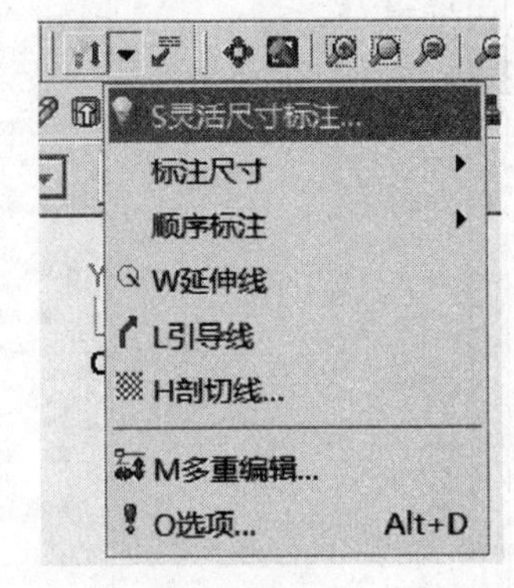

图1-72　下拉菜单

2) 角度尺寸标注：选择主菜单【构图】→【尺寸标注】→【选项】命令，在弹出的对话框里左边，选取【标注文本】标签，将【文本定位方式】改为“水平方向”，按确定退出。单击【构图】→【尺寸标注】→【尺寸标注】→【角度尺寸标注】命令，弹出角度尺寸标注工具条。分别单击构成101°、125°、62°、83°的两条边，再单击按钮，确定并退出角度标注，完成实例1。

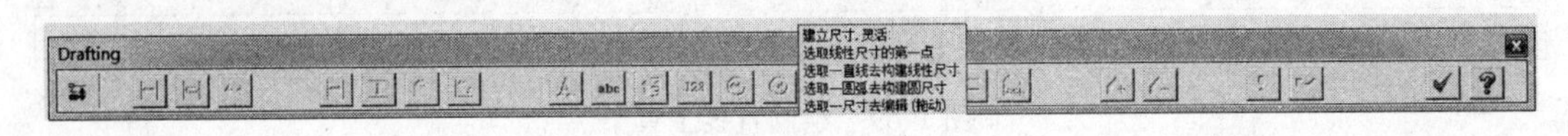

图1-73　【灵活尺寸标注】工具条

1.4.2　实例2

绘制图1-1所示的二维图形，并进行外形铣削加工。

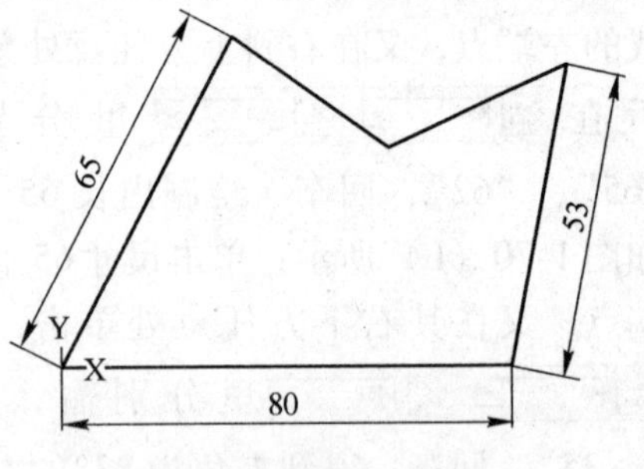

图1-74　线性尺寸标注

(1) 绘图基本设置。同实例1，这里不再赘述。

(2) 草绘。

1) 画矩形。单击工具栏绘制矩形快捷按钮，弹出如图1-75所示的【矩形】工具条，系统提示【选取第一个角的位置】，按下工具条上的按钮，这时系统提示【选取基准点位置】，用鼠标在绘图区单击坐标系原点（让矩形的中心点位于坐标系原点），再拉大，点左键，在矩形工具条的【200.0】【150.0】宽和高数据输入框里分别输入“200”、“150”，按回车键，得到如图1-76所示矩形，再单击结束并退出【矩形】工具条。

图1-75　【矩形】工具条

2）倒圆角。单击主菜单【构图】→【倒圆角】→【连续倒圆角】命令，弹出如图1-77所示的【串联选项】对话框和图1-78所示的【连续倒圆角】工具条，系统提示 选取串连1 ，到绘图区单击如图1-76所示矩形任意处，单击【串联选项】对话框中的 ✔ 按钮，完成串联选取。默认圆角半径为“5”，在圆角半径输入框 20.0 里输入20，回车，单击此工具条上 ✔ 按钮，结束并退出倒圆角命令，完成如图1-79所示倒圆角。

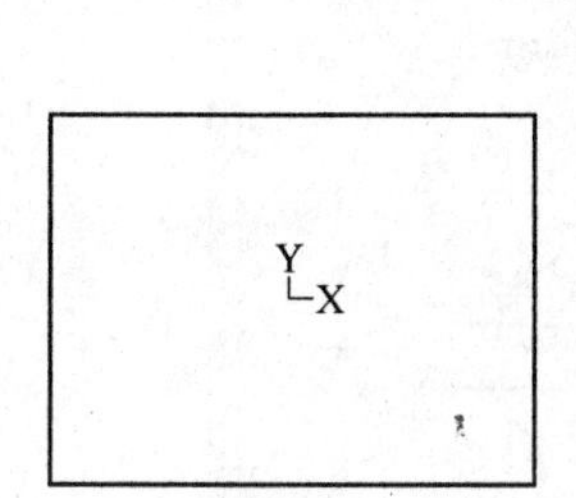

图1-76 画矩形

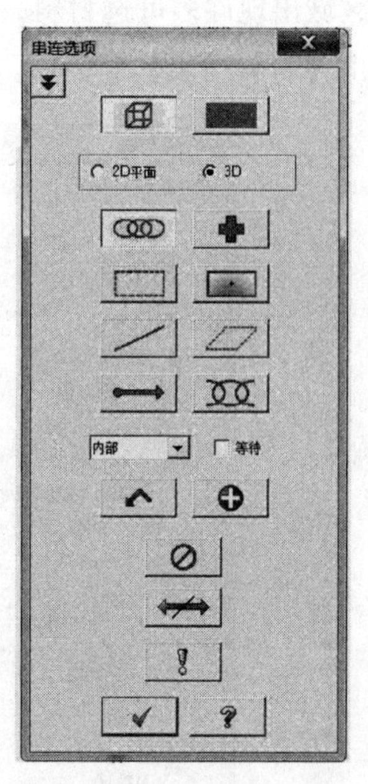

图1-77 【串联选项】对话框

图1-78 连续倒圆角工具条

3）单击快捷菜单画圆按钮 ，分别在4条边中点绘制半径为30mm的圆，修剪（操作方法如实例1）后如图1-80所示。

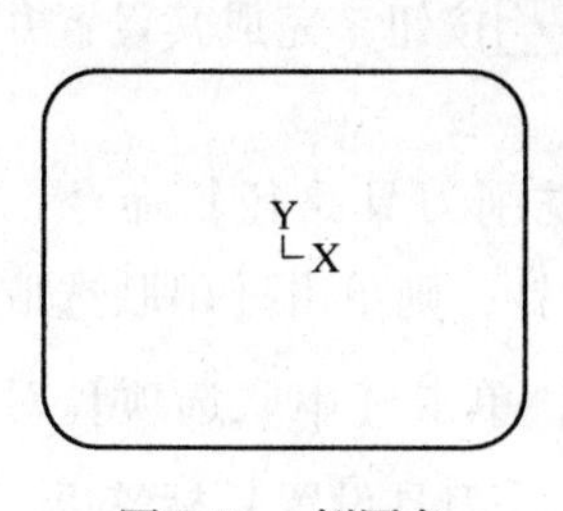

图1-79 倒圆角

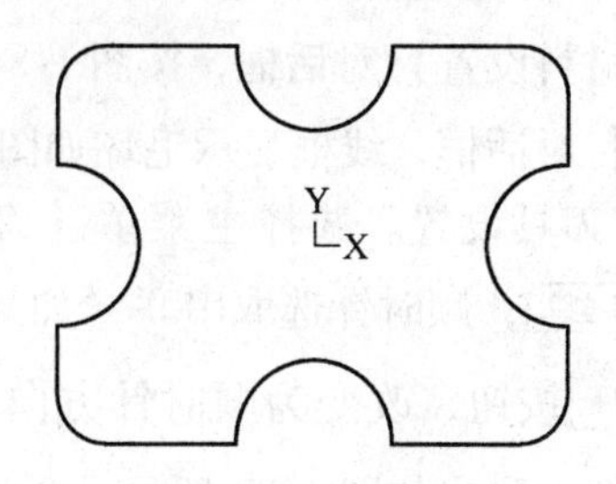

图1-80 画圆并修剪

4）倒半径 *R*5 的小圆角：选择主菜单【构图】→【倒圆角】→【选两物体】命令，按提示进行操作，得到最终实例2图。

（3）外形铣削。

1）选择机床类型。选择主菜单【机床类型】→【铣床】→【系统默认】命令，在绘图区左边的【刀具路径】管理器就建立了一个加工群组。

2）工件材料选择。单击【刀具路径】操作管理器属性中【刀具设置】，弹出如图1-81所示【加工群组属性】对话框，【进给率的计算】勾选【来自刀具】选项，再单击 选择... 按钮，出现如图1-82所示【材料列表】对话框，选择“Mill-library”，在上面材料列表区域出现许多可选材料，选择如图1-83所示材料，再单击 ✔ 按钮，完成材料选择并退出【材料列表】对话框。

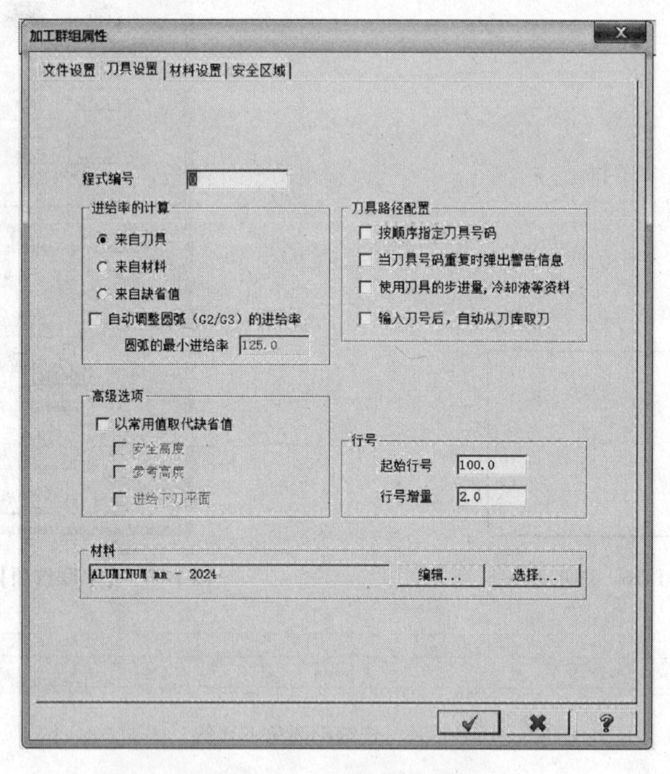

图1-81　【加工群组属性】对话框

3）工件毛坯设置。选择图1-81中【加工群组属性】对话框中的【材料设置】标签，弹出【材料设置】对话框，按图1-84设置参数，单击 ✔ 按钮，完成其设置并退出【材料设置】对话框，线框显示毛坯如图1-85所示。

4）刀具设置。选择主菜单【刀具路径】→【外形铣削刀具路径】命令，系统提示 选取外形串连 1，顺时针选取串联（如果选取的串联为逆时针，则单击【串联选取】对话框中的 ⟷ 按钮，改变为顺时针方向），如图1-86所示，单击【串联选项】对话框中的 ✔ 按钮，弹出如图1-87所示【外形铣削】对话框。在【刀具设置】标签里，勾选【刀具过滤】，并单击 刀具过滤 按钮，出现如图1-88所示对话框。先单击 N无 按钮，再选中第一把 平底刀，单击 ✔，完成刀具过滤选择，并回到外形铣削对话框。单击

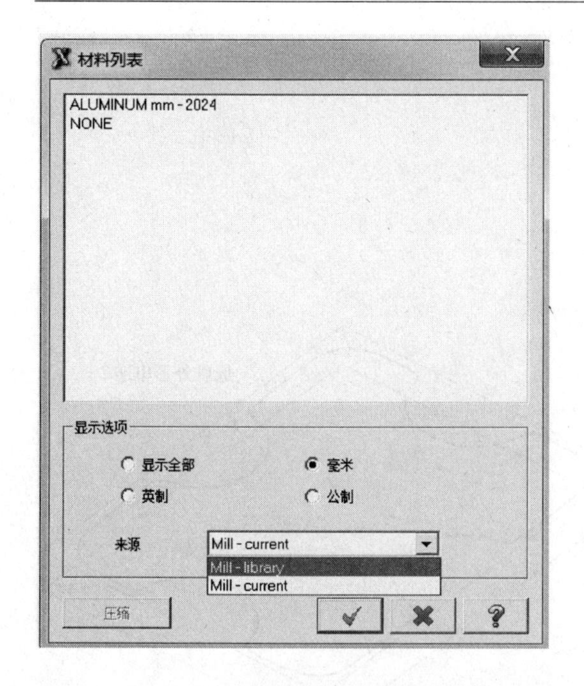

图 1-82 【材料列表】对话框

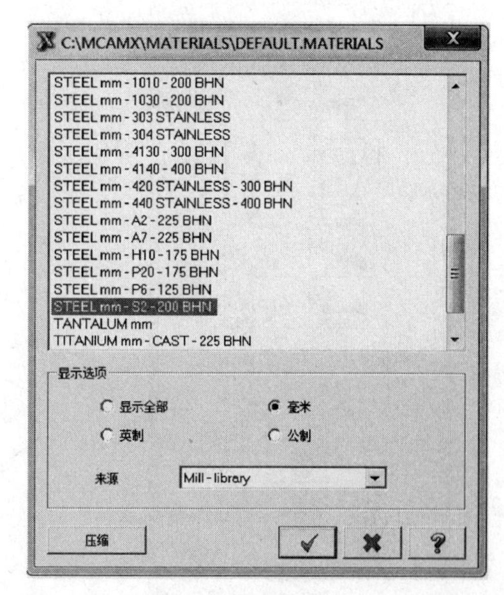

图 1-83 选择所需材料

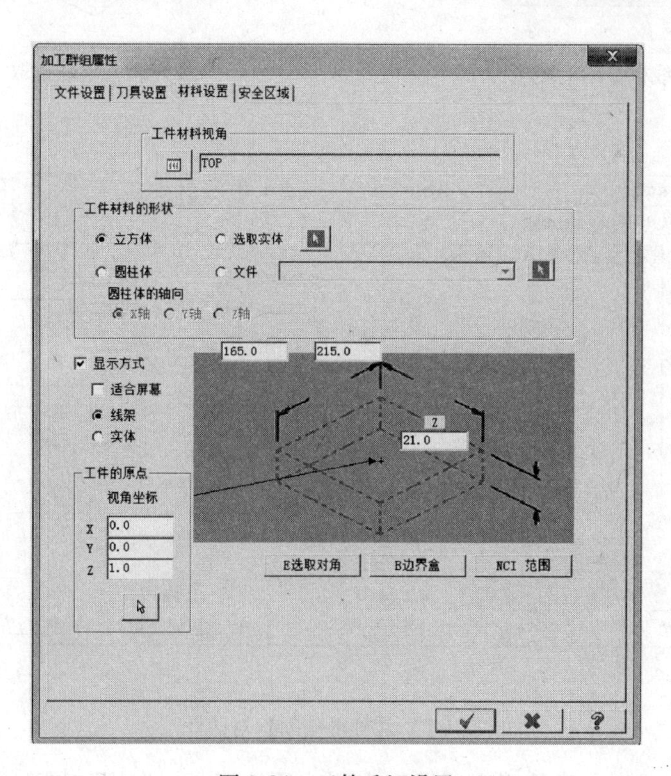

图 1-84 工件毛坯设置

选取刀库...，弹出如图 1-90 所示【刀具选择】对话框，并选取如图 1-89 所示直径为 20mm 的平底刀，单击✔按钮，完成选取刀具并回到【外形铣削】对话框。

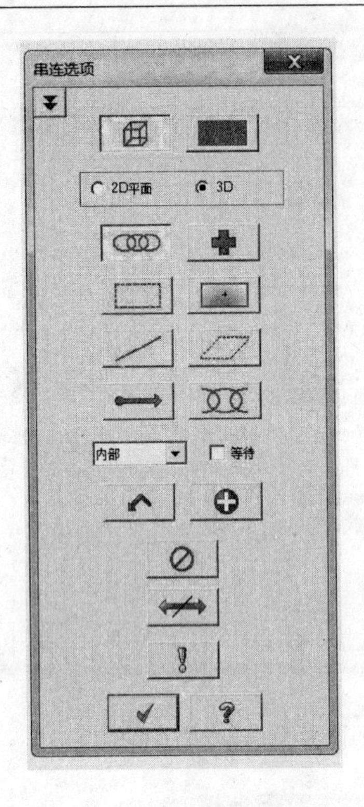

图1-85　线框显示毛坯

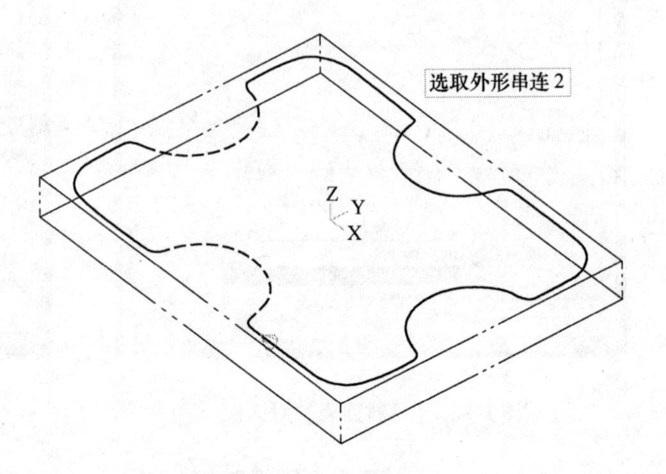

图1-86　串联选取

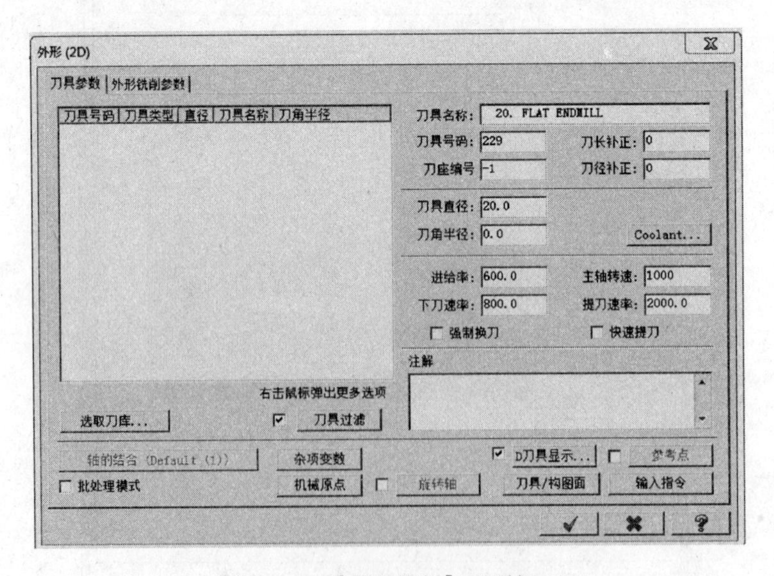

图1-87　【外形铣削】对话框

如图1-90所示，在刀具列表区域双击刚才所选刀具，出现如图1-91所示【定义刀具】对话框，选择【参数】标签，出现如图1-92所示参数设置对话框，并按图1-92中输入进给率、下刀速率、提刀速率、主轴转速的数值，其余默认，单击 ✓ 按钮，完成所选刀具参数设置并返回【铣削外形】对话框。

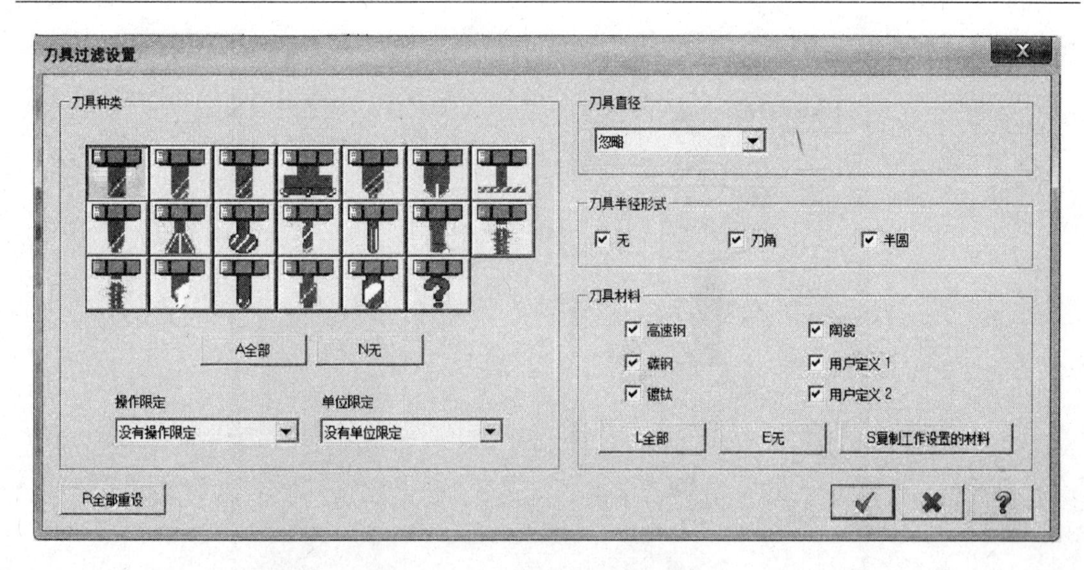

图 1-88 【刀具过滤设置】对话框

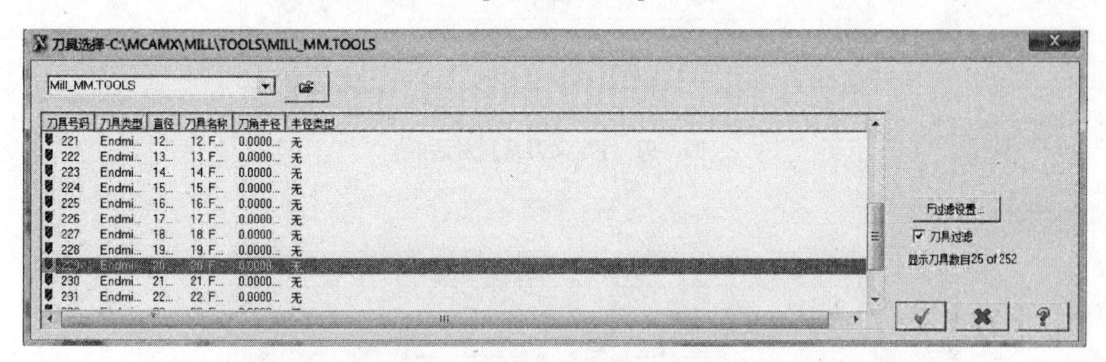

图 1-89 选取直径为 20mm 的平底刀

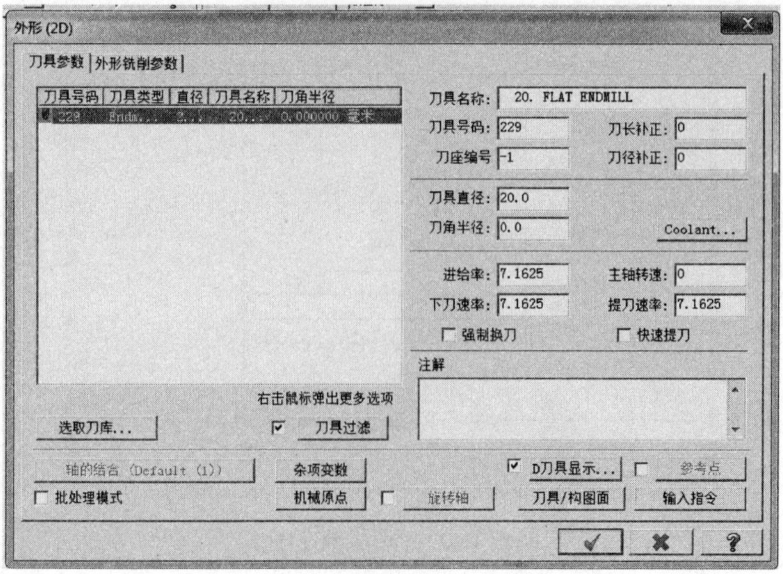

图 1-90 在刀具列表区添加了刚选的刀具

定义刀具---------------->加工群组1
Endmill1 Flat
刀具类型
参数
A计算转速/进给
S保存至资料库...
刀具号码
229
刀座编号
-1
夹头
25.0
夹头直径
50.0
可用于
粗加工
精加工
两者
刀柄直径
20.0
刀长
75.0
肩部
60.0
刀刃
50.0
直径
20.0
轮廓显示
自动
自设图档
自设图层
0

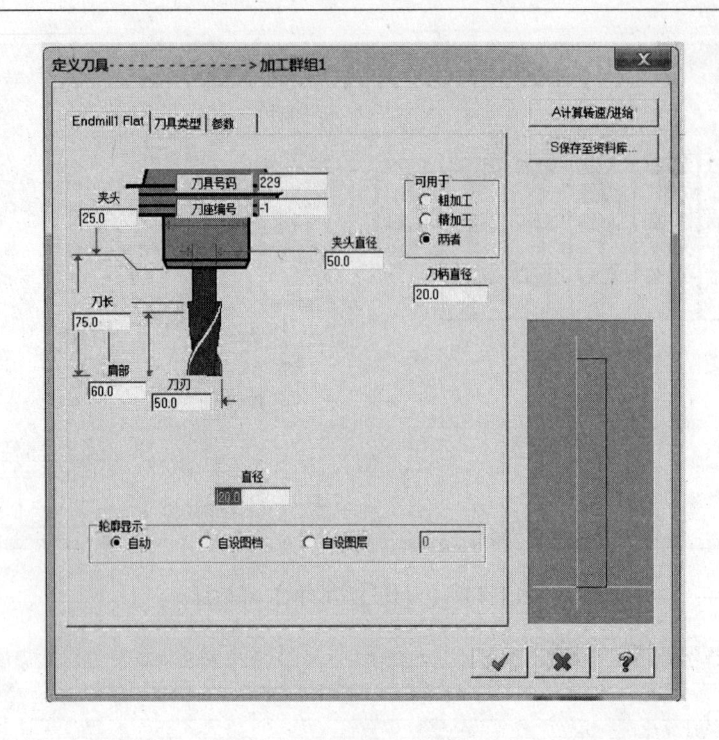

图 1-91　【定义刀具】对话框

定义刀具--------------->加工群组 1
Endmill1 Flat
刀具类型
参数
A计算转速/进给
S保存至资料库...
XY粗铣步进 (%)
0.0
Z向粗铣步进
0.0
XY精修步进
0.0
Z向精修步进
0.0
中心直径（无切刃）
0.0
直径补正号码
0
刀长补正号码
0
进给率
600.0
下刀速率
400.0
提刀速率
1500.0
主轴转速
1000
刀刃数
4
材料表面速率%
100.0
每刃切削量%
100.0
刀具材料
高速钢
主轴旋转方向
顺时针
逆时针
Coolant...
英制
刀具图档名称
L选择...
刀具注解
20. FLAT ENDMILL
制造商的刀具代码
夹头

图 1-92　刀具参数设置

5）外形铣削参数设置。选择【外形铣削】对话框的【外形铣削参数】标签，如图

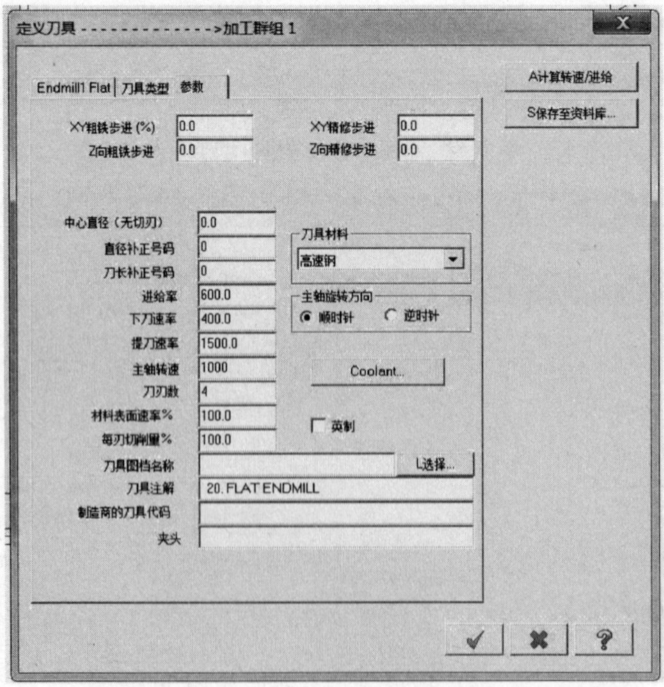

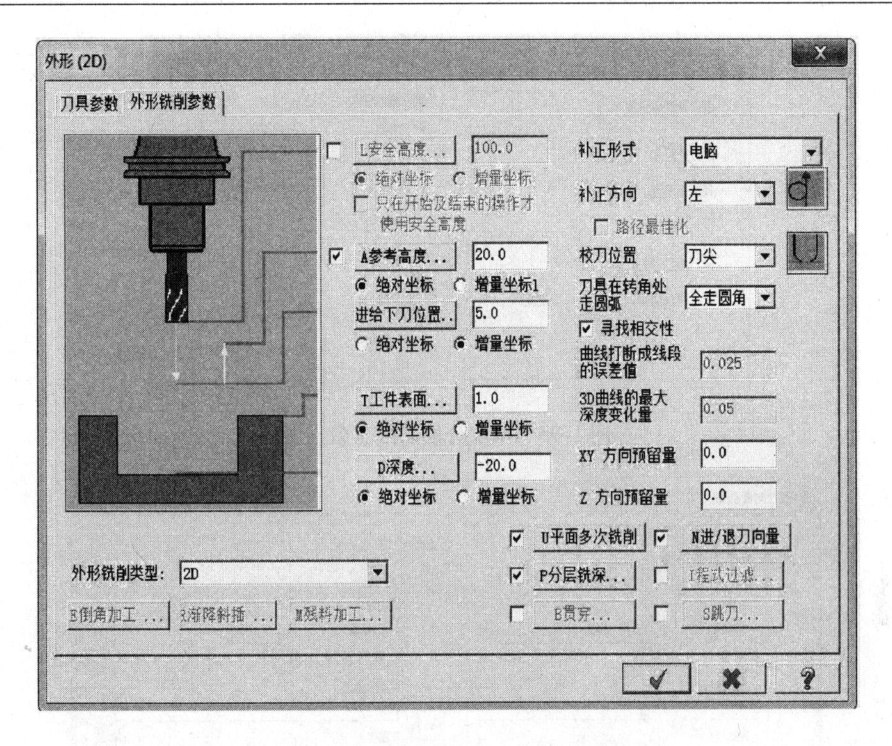

图 1-93 【外形铣削参数】设置

1-93 所示，设置有关外形铣削参数，勾选【平面多次铣】、【分层铣】、【进/退刀向量】，单击 U平面多次铣削 按钮，弹出【XY 平面多次切削设置】对话框，并按图 1-94 设置参数，单击 ✔ 按钮完成该设置并返回【外形铣削参数】对话框。单击 P分层铣深... 按钮，弹出【深度分层切削设置】对话框，按图 1-95 设置有关参数，单击 ✔ 按钮完成并回到【外形铣削参数】对话框。单击 N进/退刀向量，弹出【进/退刀向量设置】对话框，按图 1-96 所示设置参数，勾选【只在第一层深度上加上进刀向量】和【只在最后一层深度上加上退刀向量】，取消默认勾选的 在封闭轮廓的中点位置执行进/退刀，单击 ✔ 按钮，完成并返回到【外形铣削参数】对话框，再单击 ✔ 按钮，完成【外形铣削参数】设置，系统开始外形铣削刀具路径计算，如图 1-97 所示。

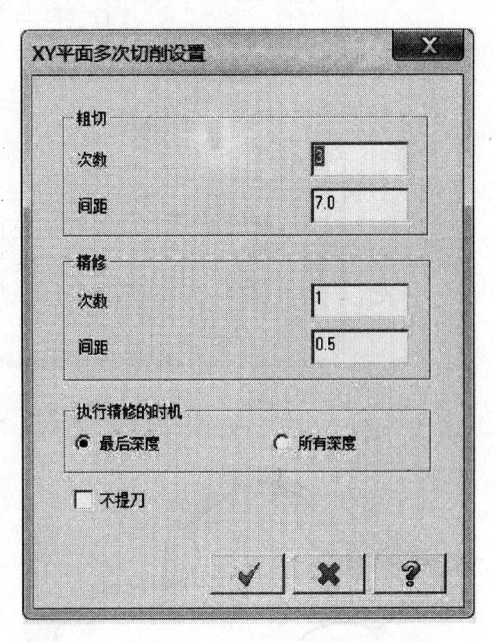

图 1-94 【XY 平面多次切削设置】对话框

6）对编好的程序进行实体验证。单击【刀具路径】操作管理器的 按钮，进入实体验证对话框，验证结果如图 1-98 所示。

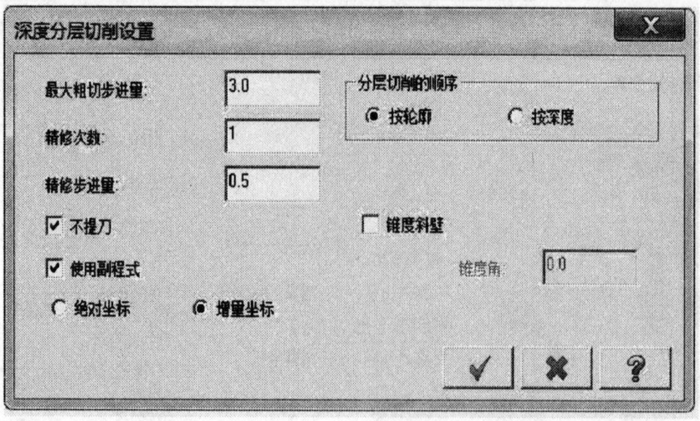

图1-95　深度分层切削参数设置

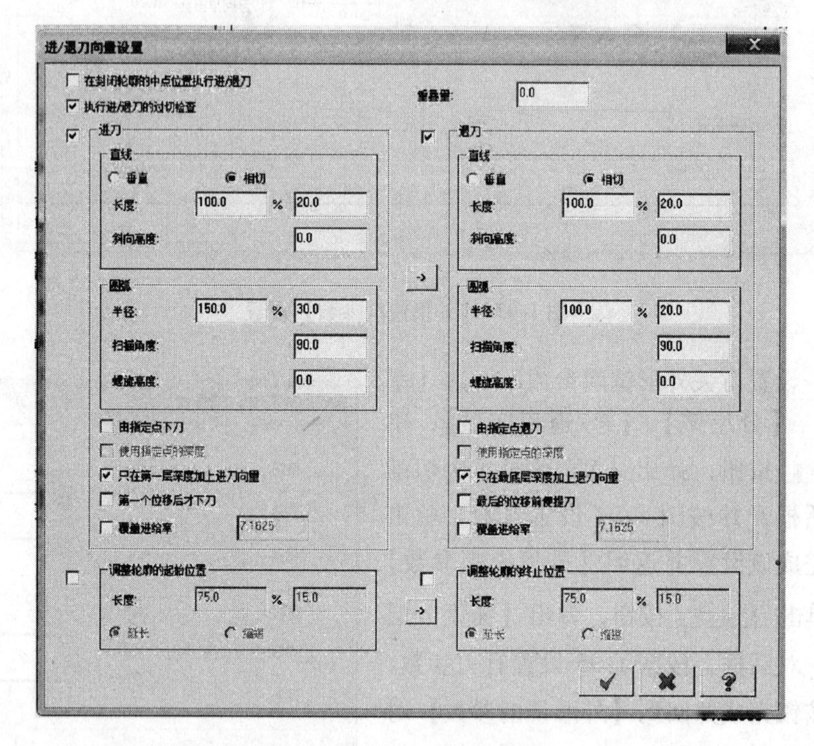

图1-96　进/退刀向量设置

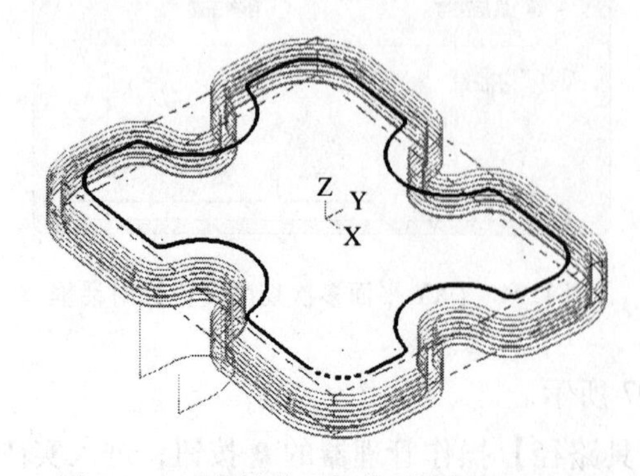

图1-97　系统计算出的外形铣削刀具路径

图1-98　实体验证

1.5 项目小结

本项目介绍了 Mastercam X 软件的功能、内容及其界面；讲解了一些基本二维命令：点、直线、多边形、文字、图素编辑之修剪与延伸命令、图素状态、图层设置、尺寸标注等；介绍了二维加工基础：材料选取、刀具选取及设置、加工模拟、后置处理；介绍了二维加工之外形铣削；还举了 2 个实例详细讲解二维图形的画法思路、二维外形加工的材料选取、刀具选取及设置、参数设置以及加工模拟。

通过学习，读者可以绘制简单的二维图形，初步掌握外形加工的刀具及参数设置等。

1-1　图 1-99 中 $AD=AB=AC$，求 A 点坐标。

1-2　图 1-100 中，AB 的长度为 AC 长度的一半，求角度 α。

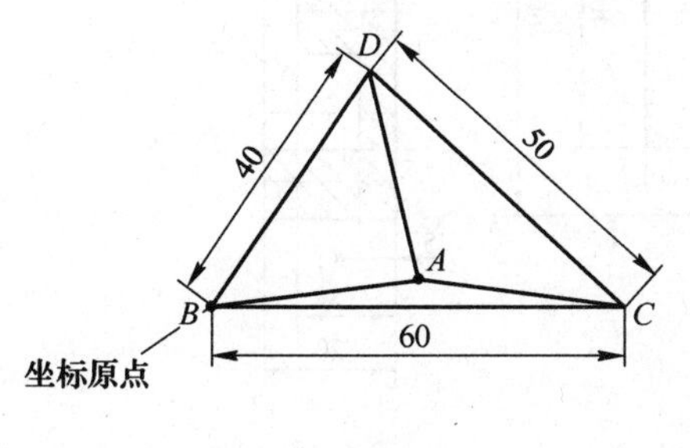

图 1-99　题 1-1 图

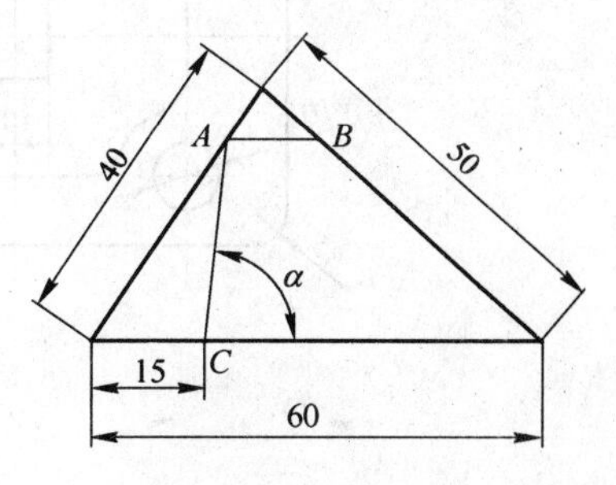

图 1-100　题 1-2 图

1-3　绘制图 1-101 所示的二维图形。

1-4　如图 1-102 所示，零件总高 20mm，凸台高 15mm。绘制其二维图形，并进行外形铣削加工。

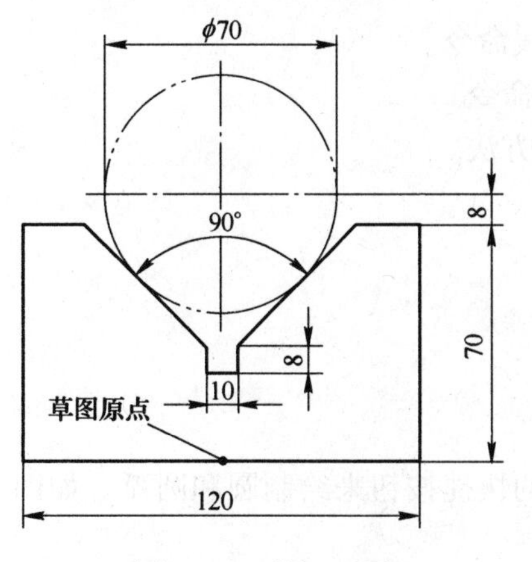

图 1-101　题 1-3 图

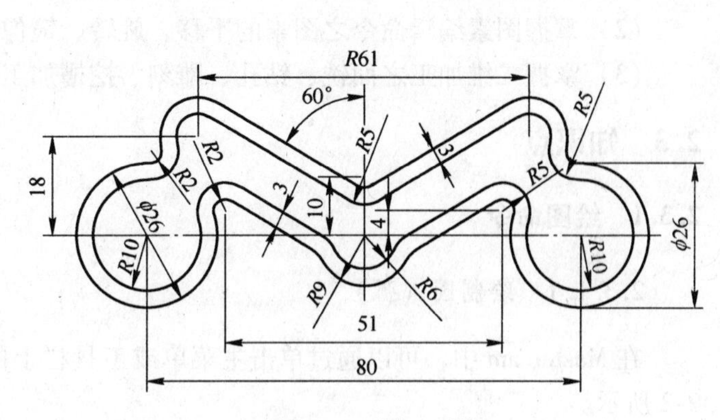

图 1-102　题 1-4 图

项目2 零件2的CAD/CAM

2.1 零件图

加工如图2-1所示零件，要求：年产5000件，精度IT7。

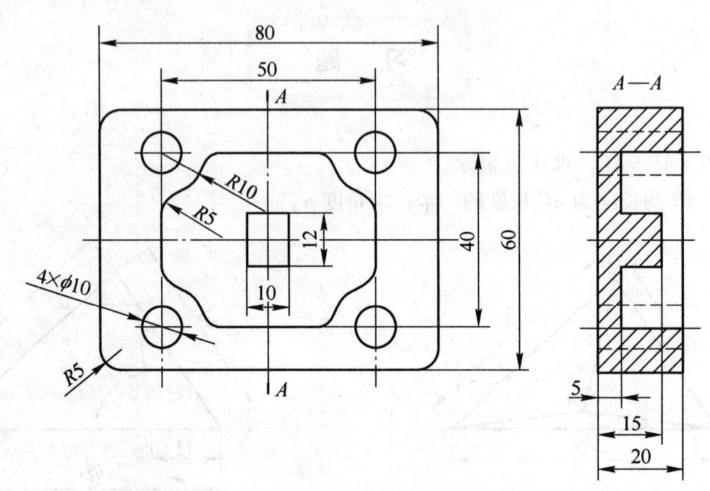

图2-1 零件图

2.2 能力目标

（1）掌握绘图命令之圆（弧）、椭圆、曲线、螺旋线命令。

（2）掌握图素编辑命令之图素的平移、旋转、镜像命令。

（3）掌握二维加工之面铣、钻孔、雕刻、挖槽加工方法。

2.3 知识点

2.3.1 绘图命令

2.3.1.1 绘制圆（弧）

在Mastercam中，可以通过单击主菜单或工具栏上的快捷按钮来绘制圆和圆弧，如图2-2所示。

（1）圆心+点：已知圆心（坐标）和半径时，可采用此命令画圆。

（2）极坐标圆弧：已知圆心（坐标）、半径及起始点和终止点角度时，可采用此命令画圆弧。

（3）极坐标圆弧：已知圆弧的两个端点（坐标）和半径，可采用此命令画圆弧。

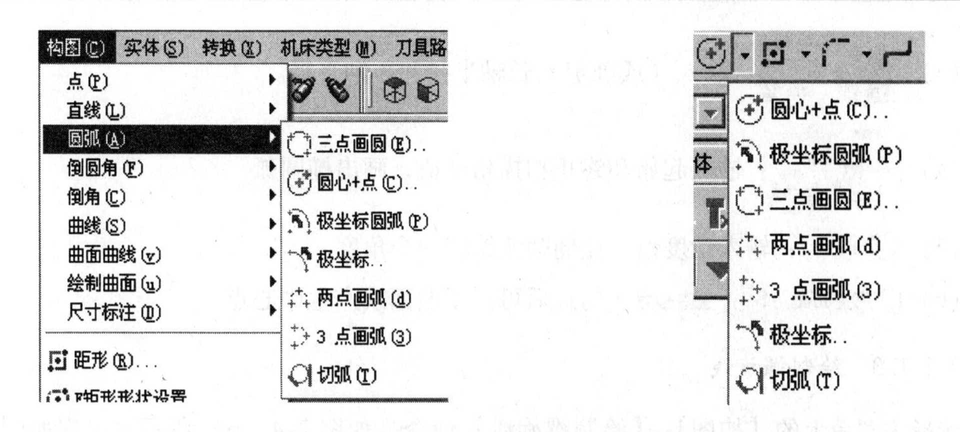

图 2-2 圆（弧）命令菜单和快捷按钮

2.3.1.2 绘制椭圆

在 Mastercam 中，此命令不仅可用于绘制完整椭圆，也可用于绘制椭圆弧。在 Mastercam 中，无法用捕捉的方式选择椭圆的中心点和 Y 轴上的两个“轴点”（椭圆是一个整体弧，与圆一样，只在 X 轴正方向上有一个起始和终止端点，没有其他端点），但能捕捉到 X 轴上的两个特殊点：X 轴正方向上的椭圆的起始/终止端点、X 轴负方向上的椭圆弧的中间点。因此，在绘制椭圆时，常选中【中心点】项，在绘制椭圆时就在其中心点处绘制一个点，以便进行尺寸标注等操作，如图 2-3 所示。

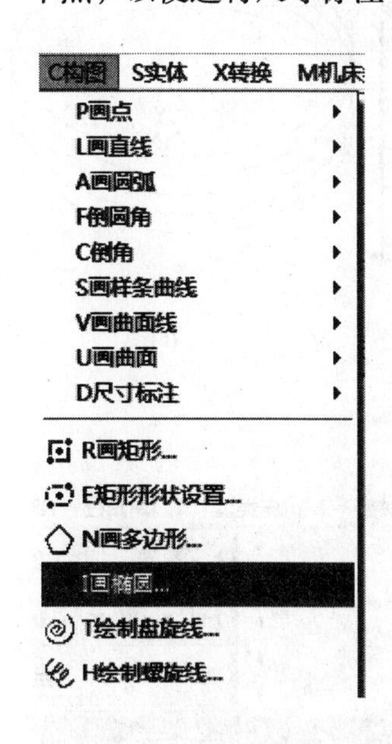

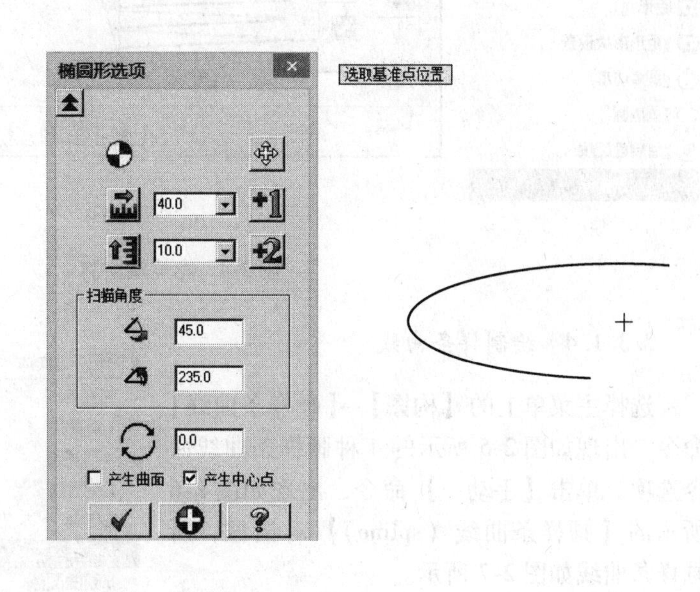

图 2-3 椭圆绘制

（1）![]：选项对话框可展开或收缩。

（2）![]：确定椭圆中心点。

(3) 40.0 10.0：输入（或确定）长轴半径和短轴半径。

(4) 扫描角度 45.0 235.0：输入起始和终止扫描角度值，画出椭圆弧。

(5) 0.0：输入角度值，让椭圆弧旋转一个角度。

(6) 产生曲面 产生中心点：勾选后可产生曲面或产生中心点。

2.3.1.3 绘制螺旋线

选择主菜单上的【构图】→【绘制螺旋线】命令，如图 2-4（a）所示，出现如图 2-4（b）所示的【螺旋线选项】对话框。输入“R 半径”为 20，“Pitch（螺距）”为 3，“Revolutions（螺旋圈数）”为 5。绘制的螺旋线如图 2-4（c）所示。

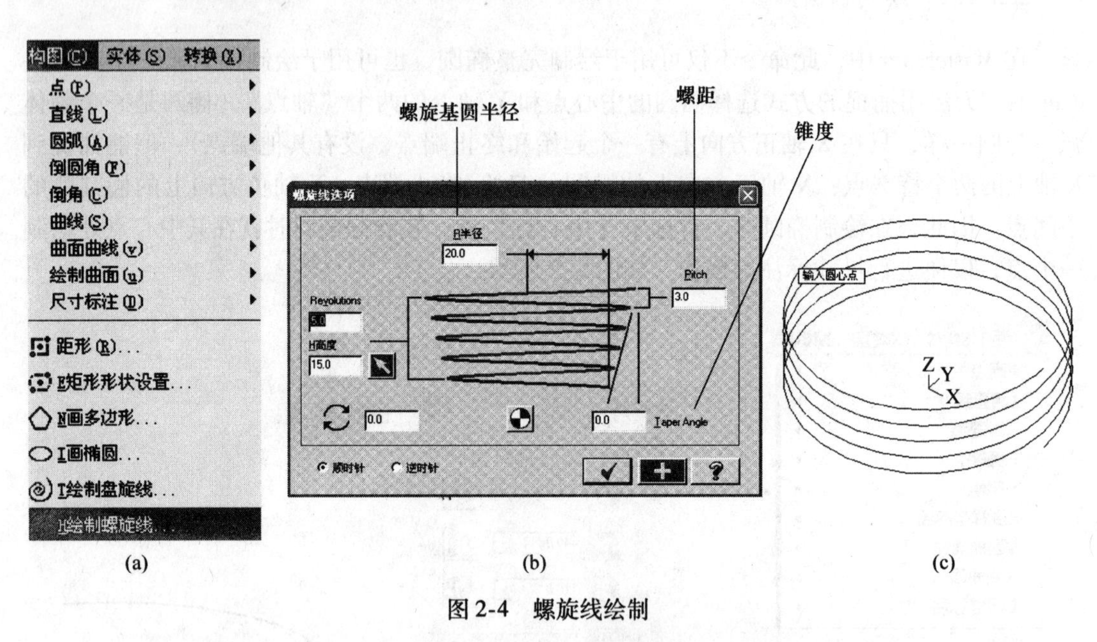

(a) (b) (c)

图 2-4 螺旋线绘制

2.3.1.4 绘制样条曲线

选择主菜单上的【构图】→【画样条曲线】命令，出现如图 2-5 所示的 4 种画样条曲线命令选项。单击【手动…】命令，出现如图 2-6 所示的【画样条曲线（spline）】对话框，所画样条曲线如图 2-7 所示。

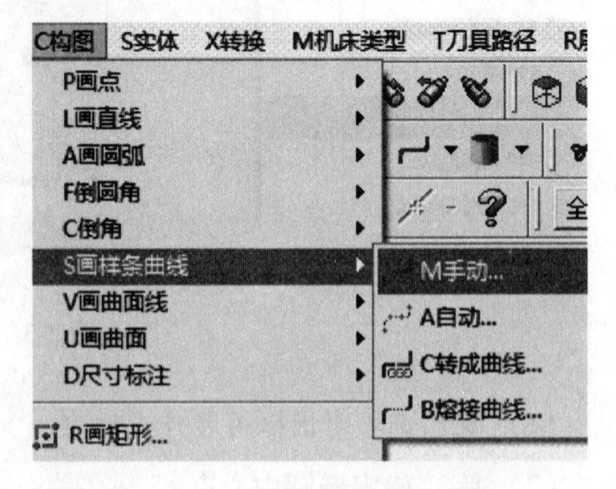

图 2-5 画样条曲线菜单

2.3.2 图素编辑命令

2.3.2.1 镜像命令

镜像命令是以某一轴线为镜子反射图素。

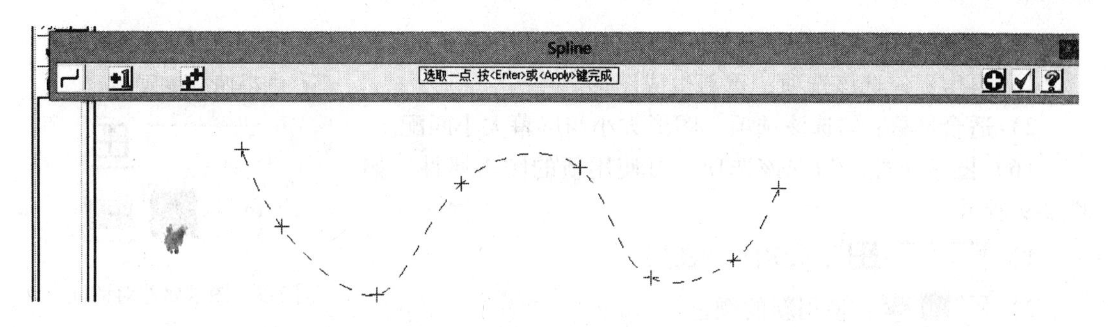

图 2-6 手动画样条曲线对话框

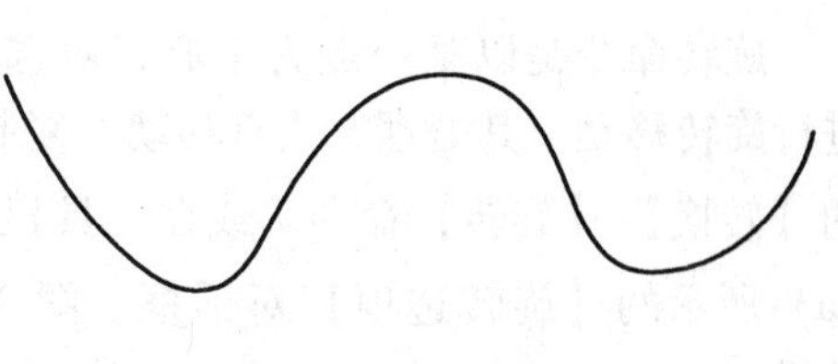

图 2-7 样条曲线

其处理方法有移动、复制、连接三种方式，常用的是复制方式。单击主菜单上的【转换】→【镜像】命令，或在工具栏上单击镜像快捷按钮，将出现如图 2-8（a）所示的【镜像选项】对话框。图 2-8（b）所示为将圆以任意直线为镜像轴线进行镜像操作的结果。

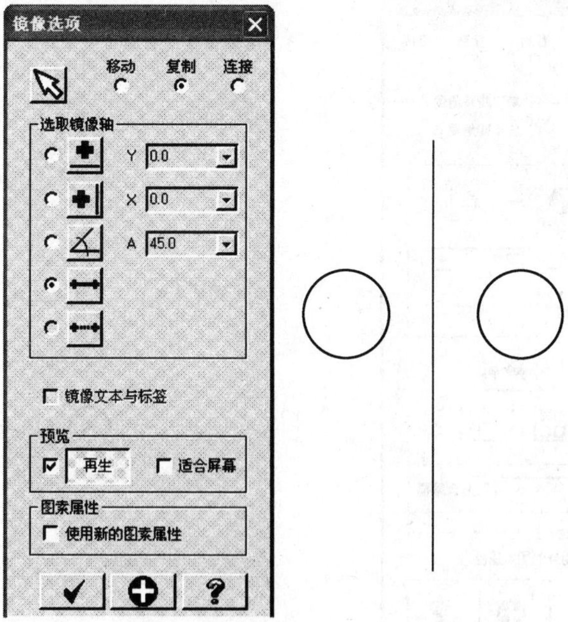

(a) (b)

图 2-8 镜像命令操作

（1）移动。只保留镜像后的图素。

（2）复制。镜像前、后的图素均保留。

（3）连接。镜像前、后的图素相邻端点直线相连。

（4）选取镜像轴。用于设置镜像的轴线，有 X 轴、Y 轴、极坐标、任意直线、两点 5 种方式。

（5）预览。

1）再生：勾选该选项，重新生成图形。

2）适合屏幕：勾选该选项，图形大小与屏幕大小匹配。

（6）图素属性。勾选该选项，可使用新的图素属性，如图2-9所示。

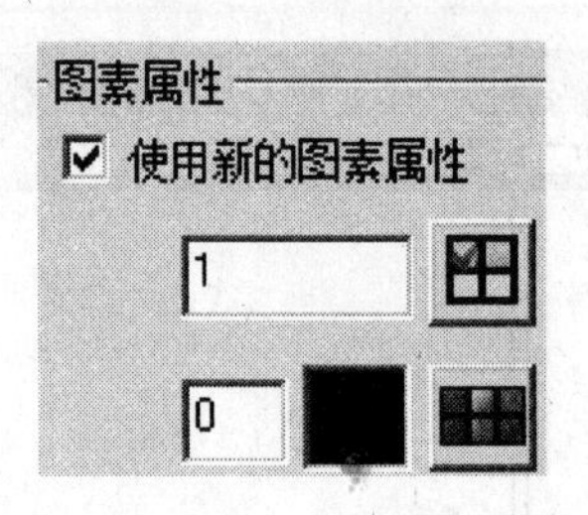

图2-9　图素属性对话框

1）：使用新的图层。

2）：使用新的颜色。

2.3.2.2　旋转命令

旋转命令是以某一点为中心，对选定的图素按给定角度进行旋转移动。其处理方法有移动、复制、连接三种，常用的是复制方式。单击主菜单上的【转换】→【旋转】命令，或在工具栏上单击【镜像】快捷按钮，将出现如图2-10（a）所示的【旋转选项】对话框。图2-10（b）所示为将圆进行“旋转”操作4次的结果。

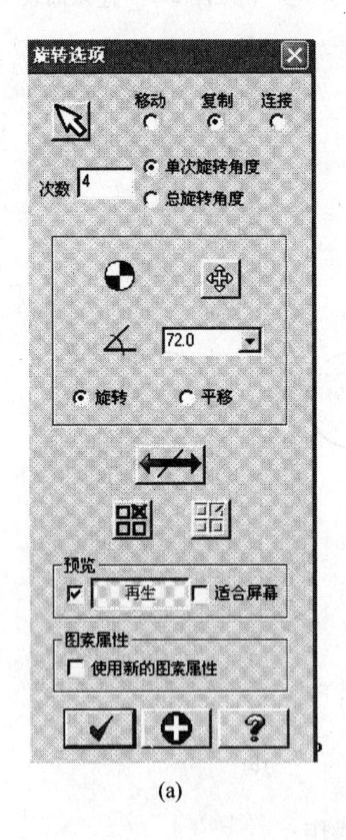

(a)

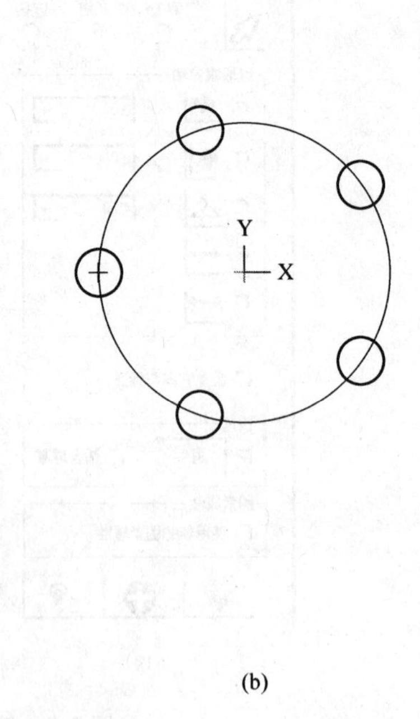

(b)

图2-10　旋转命令操作

（1）：该方式设置图素旋转角度，共有两个选项。一是【单次旋转角度】，表示设定的角度值为相邻旋转图素之间的角度；二是【总旋转角度】，表示设定的角度值为总的旋转角度值。

（2）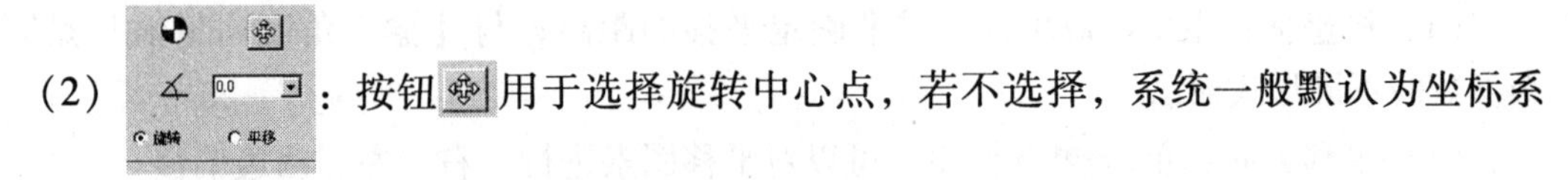：按钮用于选择旋转中心点，若不选择，系统一般默认为坐标系原点。

2.3.2.3 平移命令

平移命令主要用于线性复制。其处理方法有移动、复制、连接三种，常用的是移动和复制。单击主菜单上的【转换】→【平移】命令，或在工具栏上单击【平移】快捷按钮，将出现如图2-11（a）所示的【平移选项】对话框。图2-11（b）所示为将圆进行平移（复制）2次、两图素间距为30的操作结果。

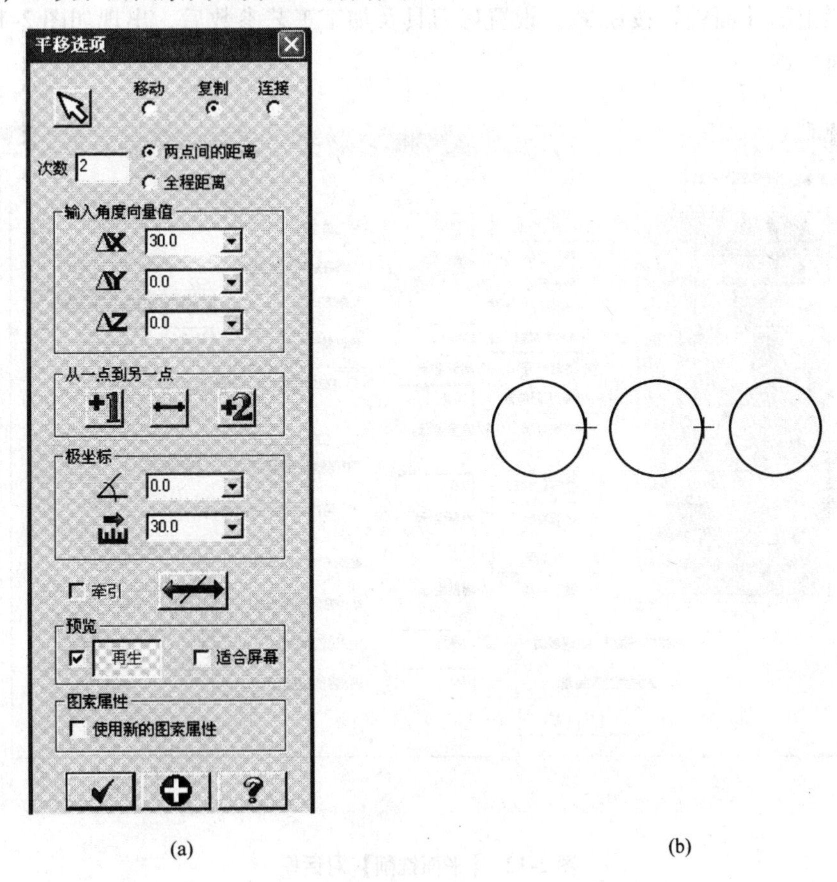

(a) (b)

图2-11 平移命令操作

（1）移动：将不保留原对象。

（2）复制：重复原对象。

（3）次数：主要用于设置复制图素的个数，不包含原始图素。

（4）输入角度向量值：主要用于输入图素在各个方向上平移的偏移量。

（5）从一点到另一点：主要通过选择起始点和终止点来确定平移距离或者通过选择直线来确定。

（6）极坐标：主要以极坐标方式来确定平移的距离，与【输入角度向量值】是同一个参数的不同形式而已。

（7）平移方向：单击按钮，可以对平移图素进行向右、左、两边偏移。

2.3.3　二维加工

2.3.3.1　平面铣削

平面铣削简称面铣，其主要功能是加工工件的平面部分，可以选择一个或多个外形边界线进行加工。面铣时由于吃刀深度浅，可采用大刀具，加工速度快、效率高。

面铣加工与外形铣削操作步骤相似，打开主菜单上的【刀具路径】→【面铣】命令或单击工具栏上的【面铣】按钮，设置好刀具及加工工艺参数后，出现如图 2-12 所示的平面铣削对话框。

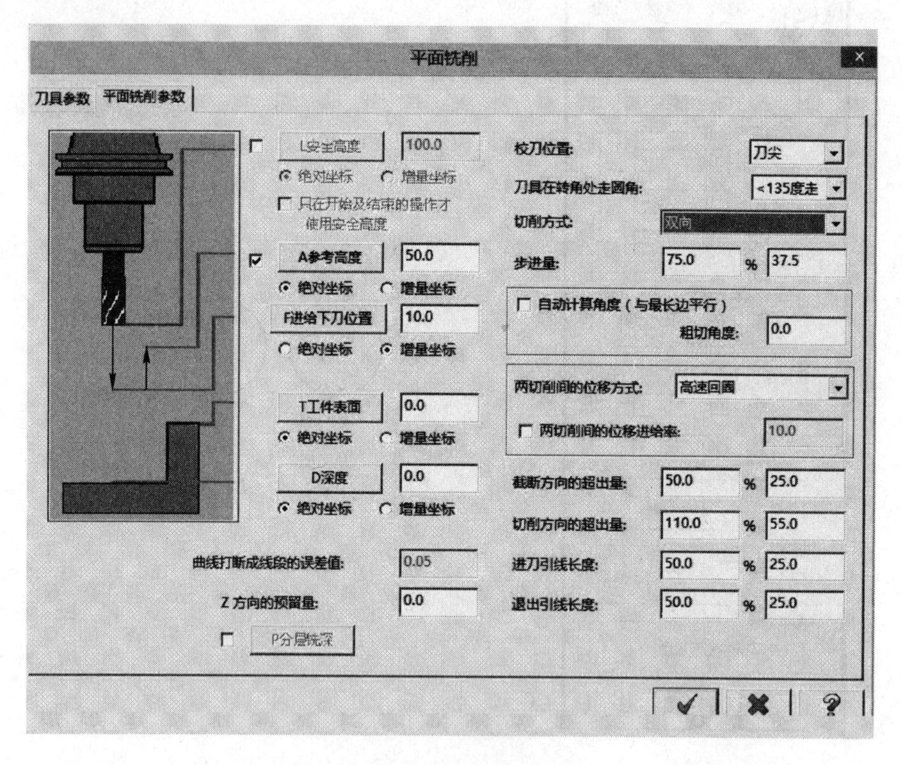

图 2-12　【平面铣削】对话框

（1）切削方式。切削方式有四种类型可供选择。

1）双向切削：刀具在工件表面双向来回切削，切削效率较高。

2）单向切削（逆铣）：单方向按逆铣方向切削，吃刀量可选大些。

3）单向切削（顺铣）：单方向按顺铣方向切削。

4）一刀式：刀具直径大于加工表面时，采用此方式。

（2）两切削轨迹间的位移方式。两切削轨迹间的位移方式主要有高速回圈、线性进给、快速位移三种，如图 2-13 所示。

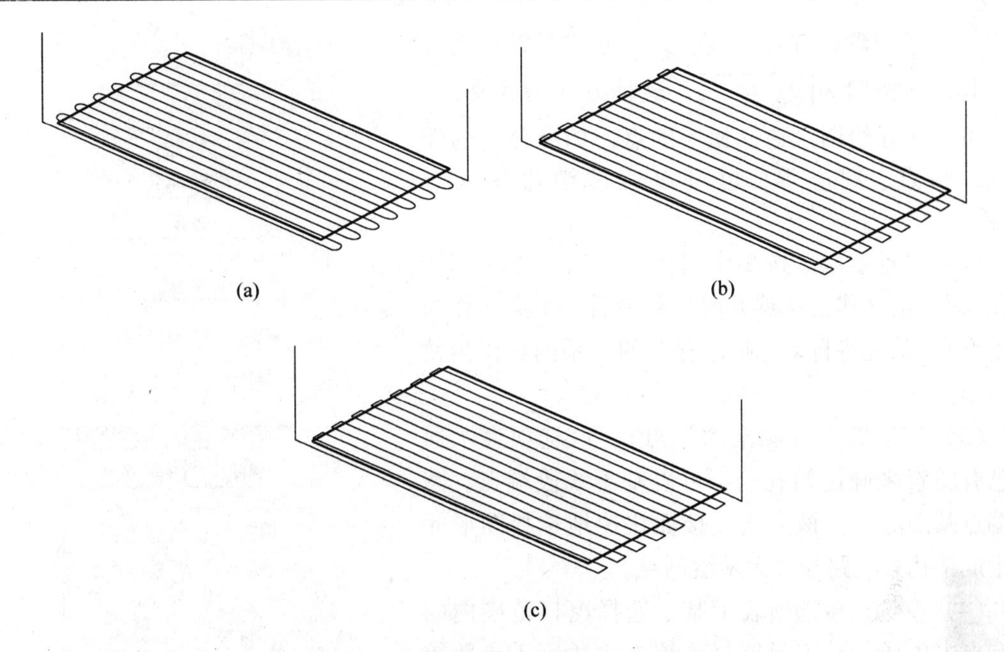

图 2-13　两切削轨迹间位移方式的三种类型

（a）高速回圈；（b）线性进给；（c）快速位移

（3）切削方向量参数。为保证刀具能完全铣削工件表面，面铣参数需设置非切削方向和切削方向的延伸量；为保证刀具不碰到工件侧面，面铣参数需设置进刀引线延伸长度和退刀引线延伸长度，如图 2-14 所示。

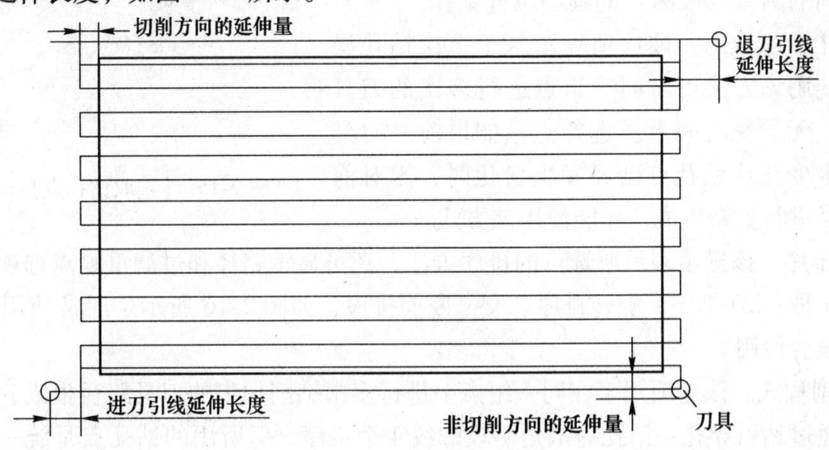

图 2-14　切削方向量参数

2.3.3.2　钻孔加工

钻孔加工主要应用于钻孔、铰孔、镗孔和攻丝等。

A　钻孔点的选取方式

打开主菜单上的【刀具路径】→【钻孔】命令或单击工具栏上的【钻孔】按钮，出现如图 2-15 所示的【选取钻孔点】对话框。

（1）系统默认方式。系统默认方式即以手动选点，其选项按钮为 。这种方式最为常用，用户可直接在绘图区选择相应的点，如屏幕上的任意点、站点、圆心等，也可以通过键盘输入点坐标。

（2）自动选取。按顺序选择第 1 点（作为起始点）、第 2 点（作为选点方向）和最后一个点（作为终止点），系统将自动选择已存在的一系列点作为钻孔中心。

（3）选取图素（图素的端点）。该选项表示通过已有图素来确定钻孔点，可以基于线段端点、圆弧端点及圆心等。该方式直接而快速地选择图形元素生成钻孔刀具路径，无须绘制点。

（4）窗选。该选项表示基于选择窗口范围内的所有点去生成钻孔刀具路径。该方式适用于点数较多的钻孔加工。

（5）限定圆弧。该选项表示基于一指定直径（在一公差值内）选择圆弧（或圆）的中心点钻孔，可选择开放或封闭的圆弧（或圆）。该方式常用于大量直径相同的圆弧（或圆）的圆心位置钻孔。

（6）上次选取的。该选项表示基于上次钻孔操作的点。使用该方式可对同一组点进行多次的刀具路径生成，无须花时间重新选择点。如果前一刀具的参数发生变化或钻孔点已经发生变化时，需对前一刀具路径进行重新生成，才能使用该方式。

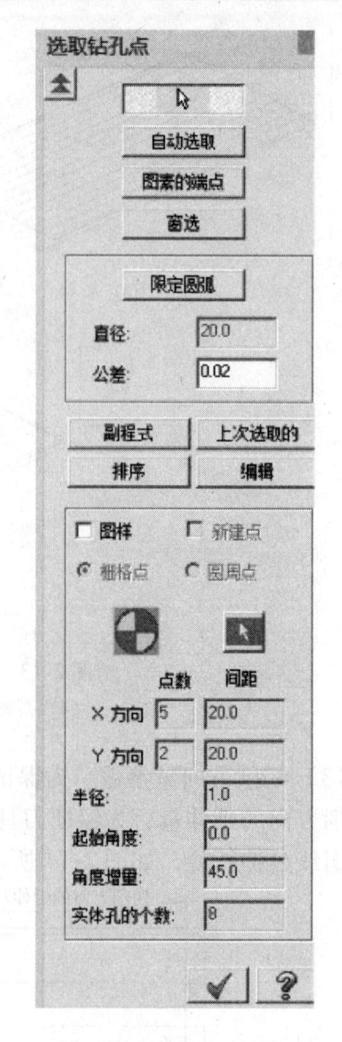

图 2-15 【选取钻孔点】对话框

（7）排序。该选项表示所选点的排序方法，还可显示路径和过滤重复点选项。点的排序方式有 3 种：2D 排序、旋转排序、交叉断面排序，如图 2-16 所示。通常使用 2D 排序，其他方式很少使用。

（8）副程式。该选项用于在同一组点上进行多次钻削加工的刀具路径生成，如加工螺纹孔，需通过钻引导孔→钻孔→倒角→攻螺纹 4 个工序，但所用的钻孔点是统一的，当然也可使用子程序方式进行钻削加工的刀具路径生成。

（9）编辑。该选项表示基于所选钻孔加工点后对其进行编辑。可对点进行编辑深度（调整点的 Z 值）、编辑跳跃高度、插入辅助操作指令等。

（10）图样选点。单击【选取钻孔点】展开按钮 ，出现如图 2-17 所示对话框，其中选取【栅格点】为矩形阵列点群，【圆周点】为环形阵列点群。该方式主要通过预置的图样定义钻孔点，适用于指定一系列排列规则的点（矩形阵列或环形阵列），如法兰盘上的螺纹孔等。

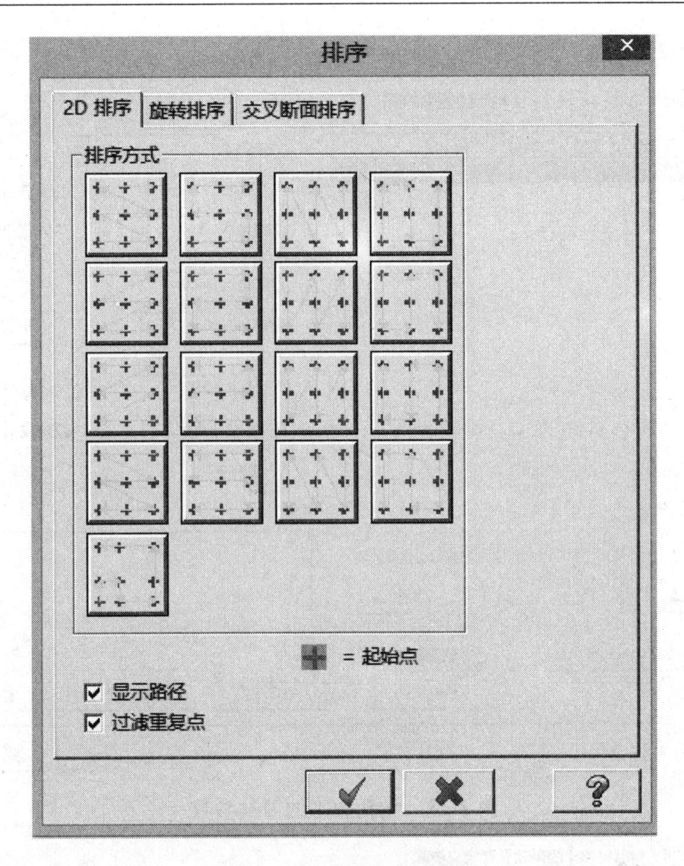

图 2-16 【排序】对话框

B 钻孔加工参数设置

当完成钻孔点的选择后，系统将弹出钻孔加工参数设置对话框。

a 刀具参数

钻孔加工的刀具参数相对于其他加工方式所需设置的参数要少。如图 2-18 所示，在钻孔加工中，由于没有横向的切削移动，故【刀径补正】选项不能使用。另外【下刀速率】、【提刀速率】选项也不能使用，其他各选项参数设置与铣床加工相同。对于使用刀尖方式确定深度的钻孔而言，其刀具参数对刀具路径不会产生影响，因此在某些情况下可以使用一把钻头或铣刀完成钻孔加工程序的编制。

b 钻削参数

选择【simple drill-no peck】（即深孔钻-无啄钻）选项卡，出现如图 2-19 所示对话框。此对话框主要用于设置安全高度、参考高度、钻孔循环加工方式、刀尖补偿等。

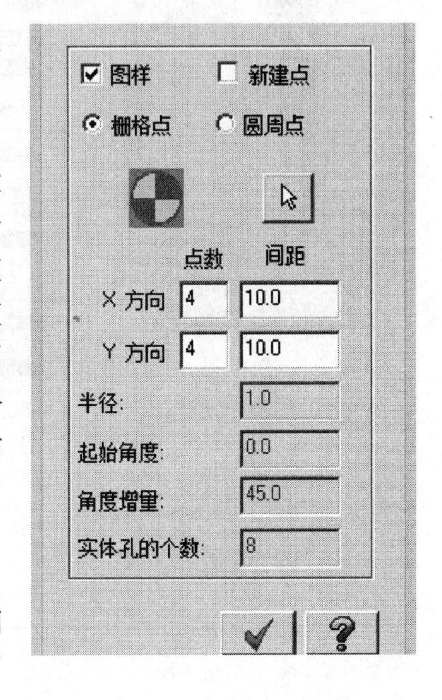

图 2-17 【图样】对话框

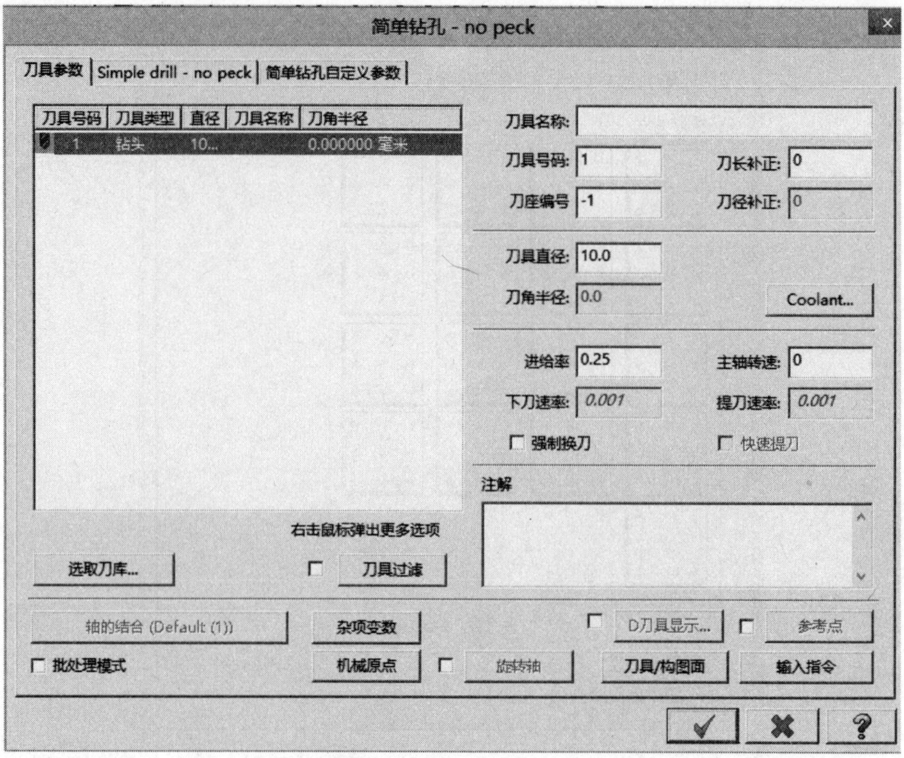

图 2-18　钻孔加工的刀具参数

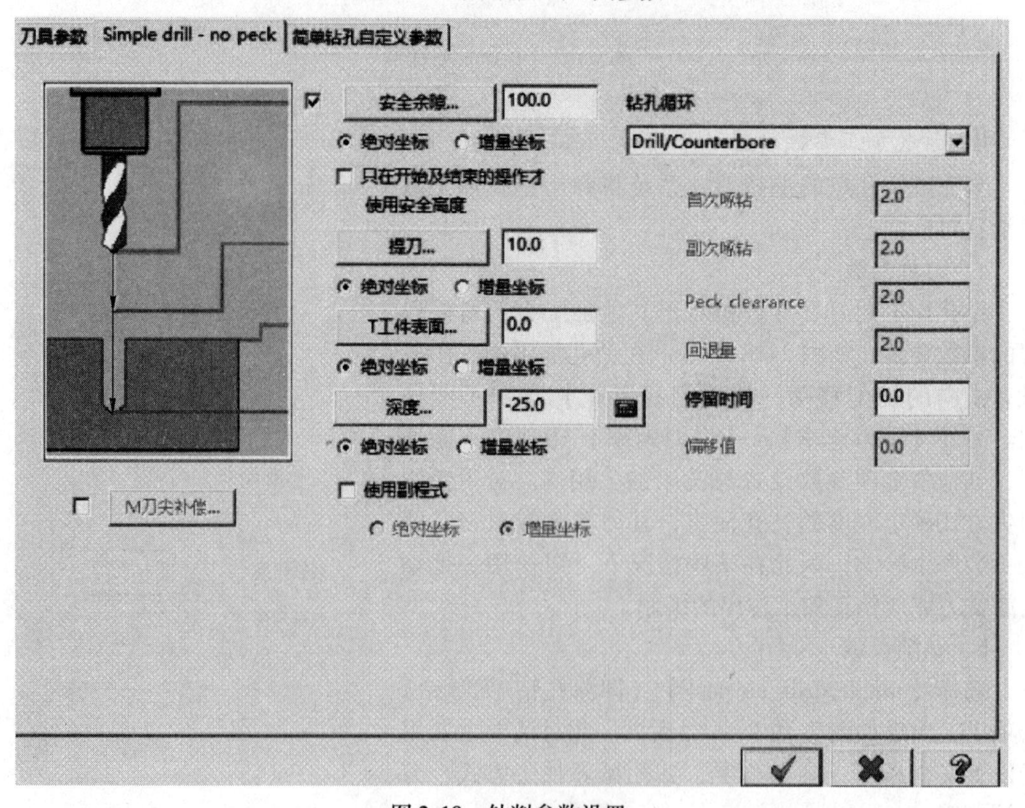

图 2-19　钻削参数设置

(1) 刀尖补偿。如图 2-20 所示，当选中【刀尖补偿】选项时，钻头的端部斜角（即钻尖）部分将不计入钻孔深度尺寸内；当不激活【刀尖补偿】选项时，钻孔深度将按刀尖计算。

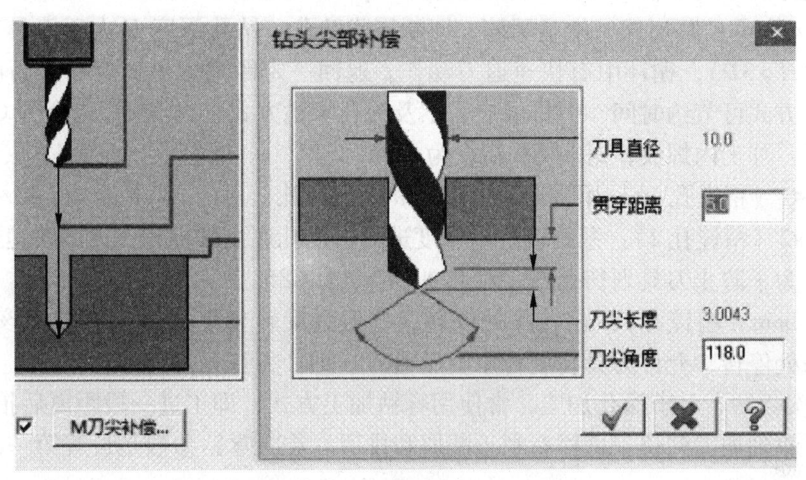

图 2-20 【钻头尖部补偿】对话框

(2) 钻孔循环。钻孔循环参数设置主要设置钻孔循环方式及其对应的参数，如图 2-21 所示。

1) 钻孔循环方式。在钻孔循环方式下拉列表中共有 20 种钻孔循环方式，如图 2-22 所示。其中有 7 种标准模式和 13 种自定义方式，下面重点介绍 7 种标准模式。

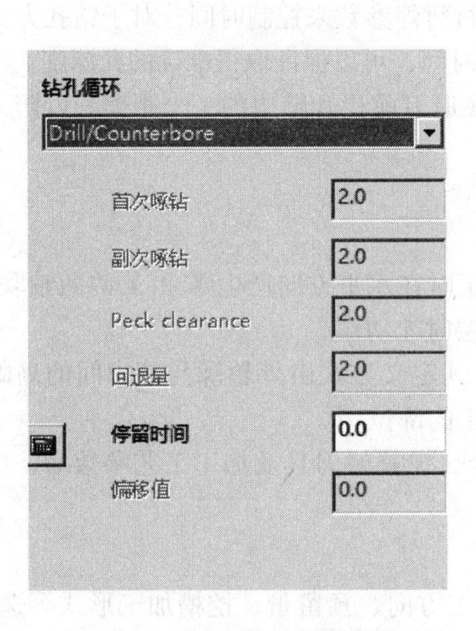

图 2-21 钻孔循环参数设置

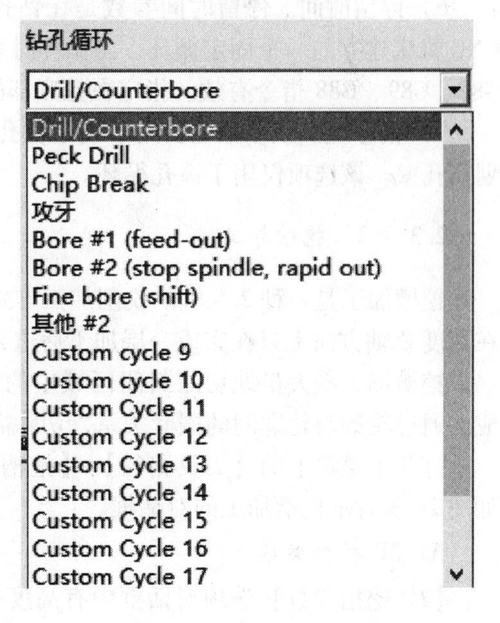

图 2-22 钻孔循环方式

①Drill/Counterbore：钻孔或镗盲孔，其孔深 H 一般小于刀具直径 D 的 3 倍（$H<3D$），孔底要求平整，可在孔底暂停，对应 NC 指令为 G81/G82。

②Peck/Drill：深孔啄钻，完整回缩，即步进式钻孔。钻孔深度 H 大于刀具直径 D 的3倍的深孔（$H>3D$），循环中有快速退刀动作，退刀至参考高度，以便强行排除铁屑和强制冷却。此方式常用于切屑难以排除的场合，对应 NC 指令为 G83。

③Chip/Breck：断屑式，增量回缩，即断屑式钻孔。钻孔深度 H 大于刀具直径 D 的3倍的深孔（$H>3D$），循环中有快速退刀动作，退回一定距离但不退至参考高度，以便排除铁屑。该方式可节约时间，但排屑能力不及深孔啄钻方式，对应 NC 指令为 G73。

④攻牙：加工内螺纹，对应 NC 指令为 G84。

⑤Bore#1（精镗孔1）：用进给速度进刀和退刀镗孔，对应 NC 指令为 G85/ G89。

⑥Bore#2（精镗孔2）：系统以进给速度进刀，至孔底主轴停止，刀具快速退回。其中主轴停止是为了防止刀具划伤孔壁，对应 NC 指令为 G86。

⑦Fine bore（精镗孔）：在孔深处停转，将刀具旋转角度后退刀。采用该方式镗孔，刀具在孔深处停转，允许刀具在旋转角度后退刀（即让刀）。

2）首次啄钻。对于深孔加工，常使用啄钻加工方式，即工进一段距离后抬刀再工进，如此循环，直到加工到位。这样有利于断屑和排屑。首次啄钻参数是设置第一次步进钻孔深度。

3）副次啄钻。副次啄钻主要用于设置随后的步进深度值。

4）Peck clearance。Peck clearance 即安全余隙，主要设置刀具快速进刀至上次步进钻削深度处留的一个间隙。

5）回退量。回退量主要设置钻削退刀做的一个步进移动距离。回退量常是个负值，不表示绝对 Z 高度。

6）停留时间。停留时间参数是在钻孔底部钻削保留一段时间（单位为毫秒），它是 CNC 机床建立的一个固定循环，当循环时系统执行暂停参数来控制时间，对于钻孔方式即 G82、G89、G88 指令有效。指定在孔底部的停留时间，可以保证取得准确的孔深度。

7）偏移值。该参数主要用于设定镗孔刀具在退刀前让开壁边的一个距离，以防刀具划伤孔壁。该选项仅用于镗孔循环。

2.3.3.3　挖槽加工

挖槽加工是一种2.5轴的铣削加工方式，加工时在水平方向产生 X 和 Y 的两轴联动，在深度 Z 轴方向上只在完成一层加工后进入下一层时才动作。

挖槽加工是大量地切除封闭区域中的材料，其定义方式由外轮廓与其中间的岛屿组成。通过轮廓与轮廓间的嵌套关系，切除需要加工的部位。

打开主菜单上的【刀具路径】→【挖槽】命令，设置好刀具及加工工艺参数后，出现如图2-23所示挖槽加工的对话框。

A　2D 挖槽参数

【2D 挖槽参数】选项对话框中有高度类、加工方向、预留量、挖槽加工形式等选项，其中高度类、预留量等参数设置与前述外形铣削、面铣等类似。下面主要介绍加工方向和挖槽加工形式的参数设置方法。

a　加工方向

加工方向分为顺铣和逆铣两种形式。在加工零件表面较粗糙、有硬皮，铣床的进给机

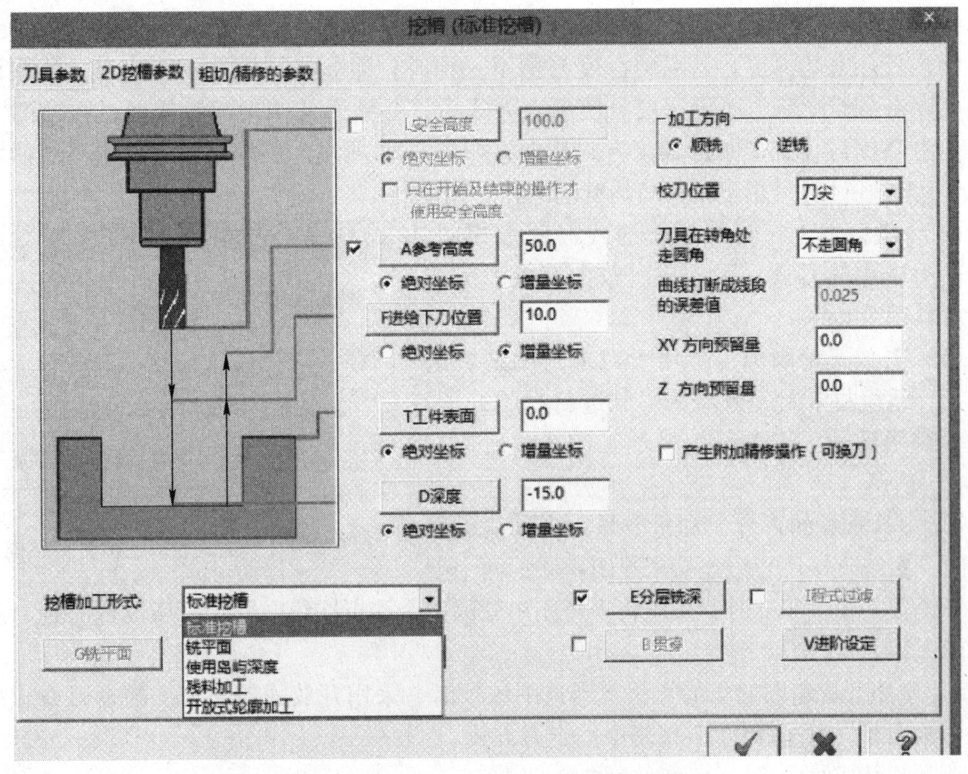

图 2-23 【挖槽（标准挖槽）】对话框

构有间隙时采用逆铣；在一般情况下采用顺铣方式，以利于延长刀具寿命和获得较高的表面精度。

b 挖槽加工形式

挖槽加工形式分为标准挖槽、铣平面、使用岛屿深度、残料加工和开放式轮廓加工等 5 种类型。

(1) 标准挖槽：挖槽的主要加工方式，仅铣削定义凹槽内材料，而不会对定义边界外或岛屿进行加工。

(2) 铣平面：在标准挖槽加工时，可能在边界上留有毛刺或未加工完的材料，而用该方式可在进行挖槽加工的同时对边界进行加工。选择【铣平面】加工方式后将出现如图 2-24 所示【面加工】对话框。

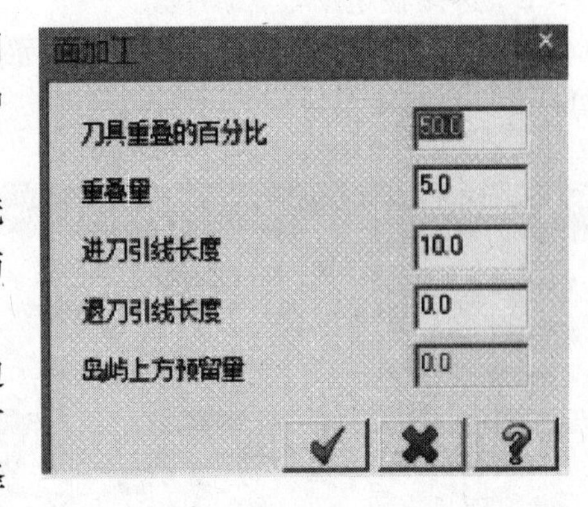

图 2-24 【面加工】对话框

1）刀具重叠的百分比和重叠量：刀具重叠的百分比用于设置在端面加工的刀具路径时，刀具切削部分与毛坯边界重合的百分数。重叠量即为刀具直径乘以刀具重叠的百分比，目的是清除端面加工刀具路径边上的毛刺。

2）进刀引线长度：进刀时的引入长度。

3）退刀引线长度：退刀时的引入长度。

4）岛屿上方预留量：输入岛屿的最终加工深度，该值一般要高于凹槽的铣削深度。

(3) 使用岛屿深度：若岛屿深度与槽不一样时，即岛屿与槽有不同边界，使用该方式，可以将岛屿铣削至所设深度。使用该方式后，会激活【铣平面】按钮，弹出的【面加工】对话框与【铣平面】加工方式相似，如图 2-24 所示。但在此对话框中系统激活了【岛屿上方预留量】，用于设置岛屿铣削的相对深度。

(4) 残料加工：与外形铣削残料基本相同，主要是用较小的刀具去除上一次较大刀具加工留下的材料部分。

(5) 开放式轮廓加工：用于对未封闭区域进行加工，系统将未封闭区域的串联进行封闭处理，然后对封闭后的区域进行挖槽加工。其对话框如图 2-25 所示。

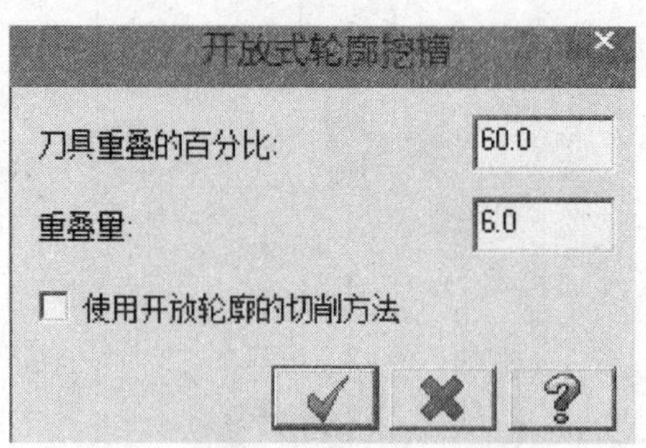

图 2-25 【开放式轮廓挖槽】对话框

1）刀具重叠的百分比和重叠量：当其值设置为 0 时，系统直接用直线连接未封闭串联的两个端点；当设置的值大于 0 时，系统将未封闭串联的两个端点连线向外偏移所设置的距离后形成封闭区域。

2）使用开放轮廓的切削方法：当选中该项时，采用开放式轮廓加工的走刀方式；当未选中该项时，可选择粗切/精修中的走刀方式。

c　分层铣深

打开【分层铣深】后，系统弹出如图 2-26 所示对话框，其内容与外形铣削基本相同，仅多一个【使用岛屿深度】选项。当选中该选项时，表示当铣削深度低于岛屿加工深度时，先加工到岛屿深度，再加工至凹槽的最后深度。

d　进阶设定

打开【进阶设定】后，系统弹出如图 2-27 所示对话框，用于设置残料加工和等距环切时的计算误差值。

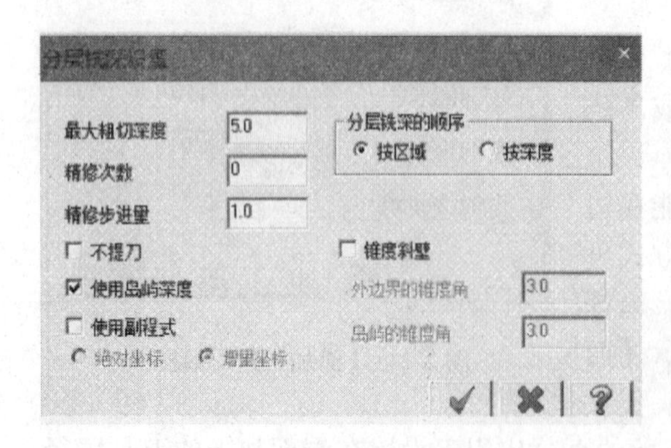

图 2-26 【分层铣深设置】对话框

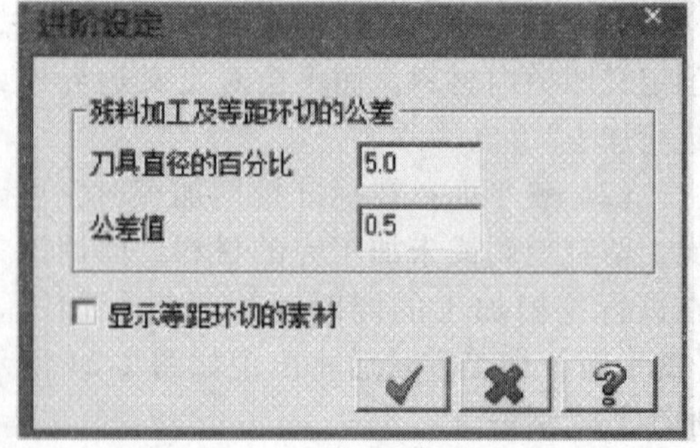

图 2-27 【进阶设定】对话框

B　粗切/精修的参数

【粗切/精修的参数】对话框如图 2-28 所示。它分两大块：粗切和精修。

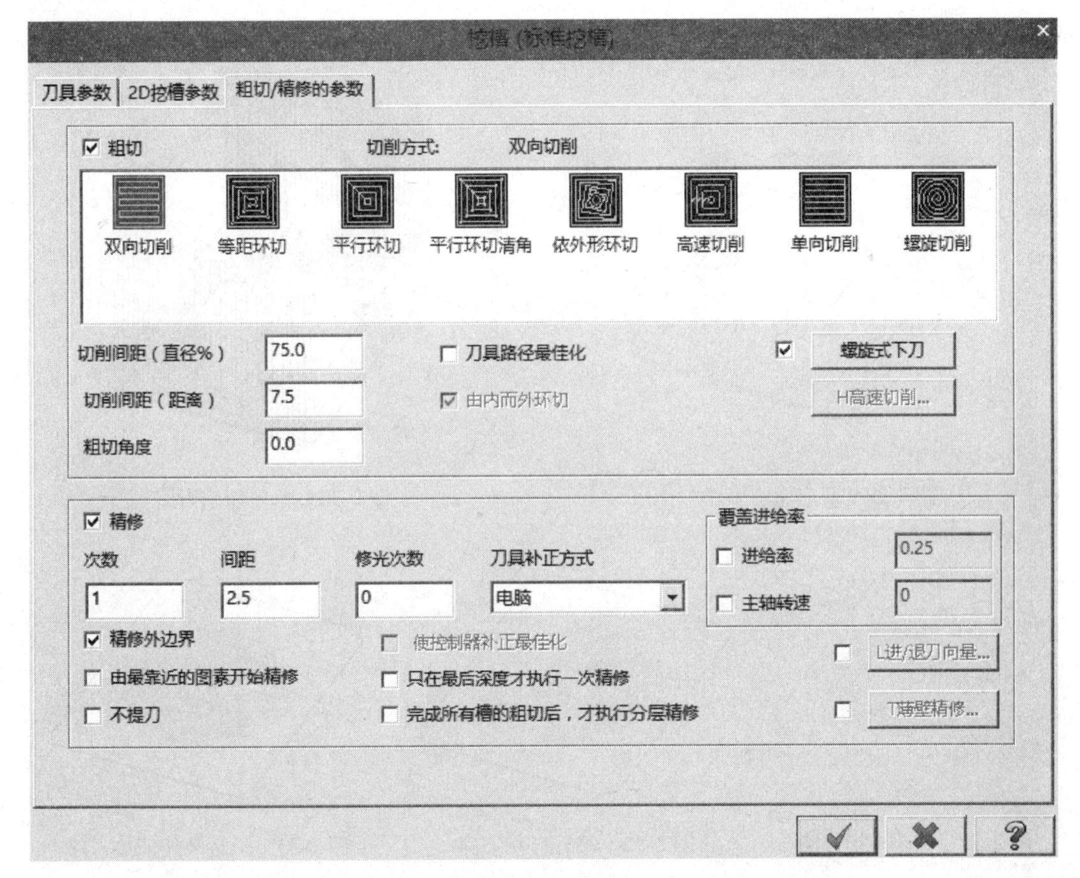

图 2-28 【粗切/精修的参数】对话框

a 粗切

(1) 切削方式。粗切中的切削方式分为双向切削、等距环切、平行环切、平行环切清角、依外形环切、高速切削、单向切削、螺旋切削 8 种形式。其中双向切削和单向切削属直线（平行）切削方式，而其余 6 种方式属螺旋（环切）方式。这 6 种方式是以围绕轮廓方式清除材料，并逐步加大轮廓，直到无法放大为止，生成的刀路轨迹在同一层内不抬刀，并且可将轮廓及岛屿边缘加工到位，是做粗加工或精加工时较好的选择。

1) 双向切削：产生一组来回往复的平行有间隔的不提刀的直线刀具路径，如图 2-29 所示。这种走刀方式最经济、最节省时间，特别适合于粗铣面加工。

2) 单向切削：所构建的刀具路径将互相平行，且在每段刀具路径的终点提刀至安全高度后，以快速移动速度行进至下一段刀具路径的起点，再进行加工下一段刀具路径的动作。如图 2-30 所示。

3) 等距环切：生成一组相等间距的粗加工刀路，如图 2-31 所示。这种方式可干净清除所有的毛坯。

4) 平行环切：以平行螺旋方式粗加工内腔，每次用横跨步距补正轮廓边界，如图 2-32所示。该加工方式可能不能干净清除毛坯。

5) 平行环切清角：以与平行环切相同的方式粗加工内腔，但在内腔角上增加小的清除加工，可切除更多的毛坯，如图 2-33 所示。该方式增加了可用性，但不能保证将所有的毛坯都清除干净。

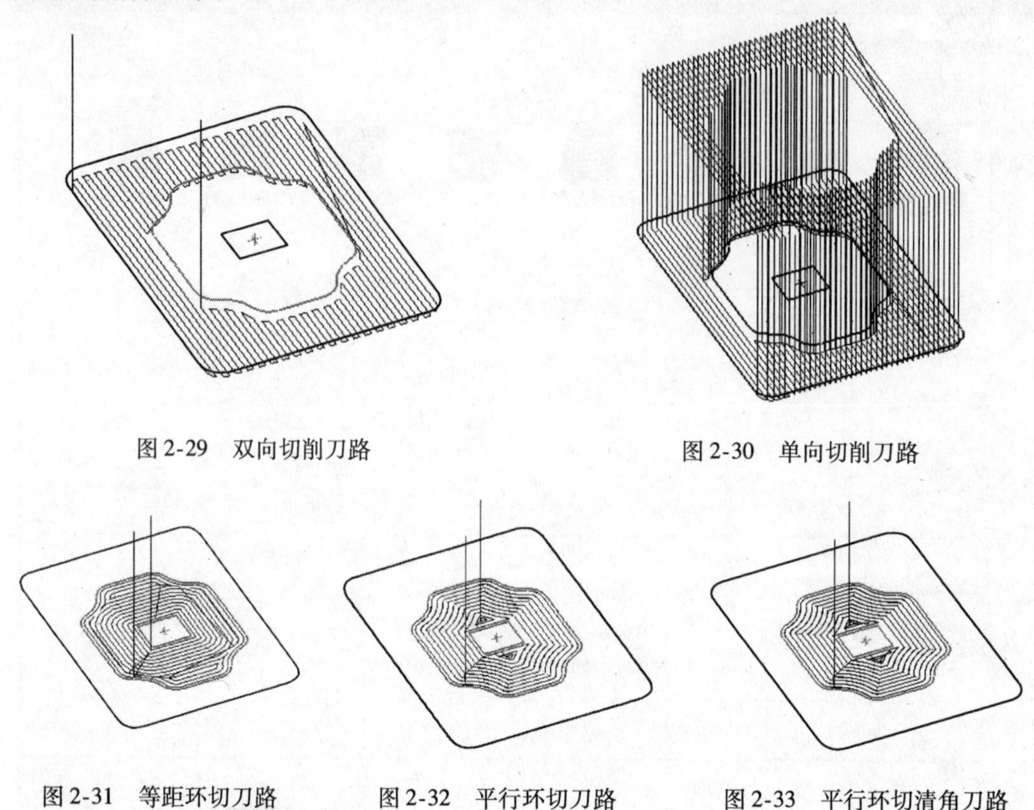

图 2-29　双向切削刀路　　图 2-30　单向切削刀路

图 2-31　等距环切刀路　　图 2-32　平行环切刀路　　图 2-33　平行环切清角刀路

6）依外形环切：依外形螺旋方式产生挖槽刀具路径，在外部边界和岛屿间用逐步过滤进行插补的方法粗加工内腔，如图 2-34 所示。该方式最多只能有一个岛屿。

7）高速切削：以与平行环切相同的方式粗加工内腔，但在行间过渡时采用一种平滑过渡方式，在转角处以圆角过渡，以切削时间最短为目标产生刀路，保证刀具整个路径平稳、高速，如图 2-35 所示。当选择【高速切削】方式时，H高速切削... 按钮可用，单击它便弹出如图 2-36 所示对话框，可设置是否用摆线式切削、其回圈半径及间距、转角平滑过渡的半径等项目。

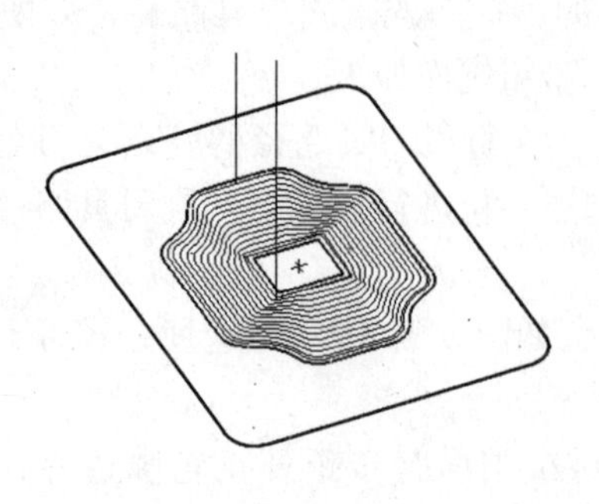

图 2-34　依外形环切刀路

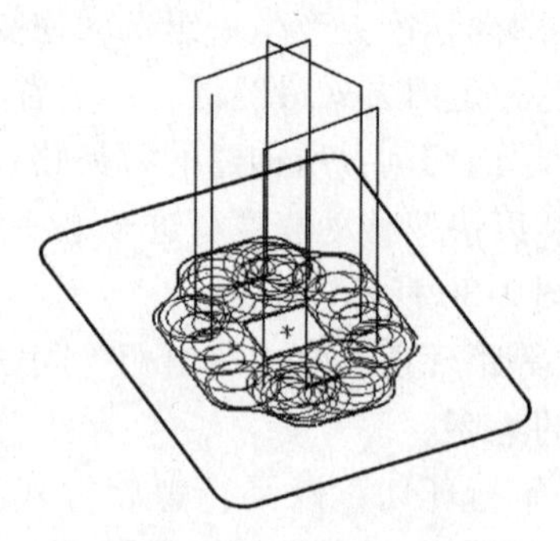

图 2-35　高速切削刀路

8）螺旋切削：以圆形、螺旋方式产生挖槽刀具路径，如图 2-37 所示。该方式对于周

6.4　次要反应

图 6-3 为充电/放电和二次反应。图 6-3 的 x 轴使用了两个尺度，表明在同一溶液中参考了氢电极，即考虑的是氢气的实际压强和溶液中氢离子的实际浓度。这个刻度独立于电解质的浓度，因为所有反应的平衡电位随 pH 值的变化以同样的方式改变，即 pH 值每变化 1 电压变化 0.059V。下面的刻度是指参考了标准氢电极电位，即设氢电极电位为 0。所有图中的电位随 KOH 浓度改变而变化。镉电极的平衡电位约比氢电极正 20mV，因此，在铅酸电池中出现的生成氢气的自放电现象在 Cd 电极上不会发生。与氧化铅电极的情况类似，氢氧化镍电极的平衡电位略高于水分解的电位，由于这种金属的腐蚀在正常情况下是可以忽略的，所以允许使用镍作为导电元件。只有当基板是表面积非常大的泡沫镍电极时，镍腐蚀才可能扰乱密封电池的电流平衡，但影响也较小。

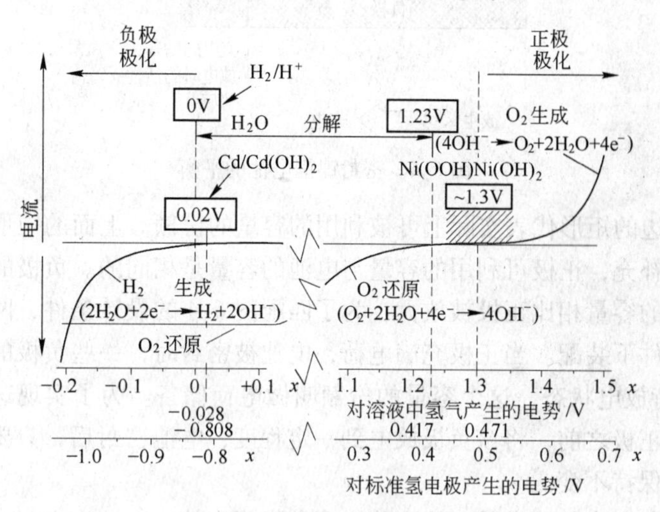

图 6-3　充电/放电和二次反应

6.5　镍镉电池的密封

内部氧循环，即氧气先在镍/氧化镍电极形成，随后在镉电极被还原的过程，已经在 19 世纪 40 年代被发现，这种现象为避免过放电时气体溢出和实现电池密封提供了可能。因此，在 20 世纪 50 年代市场上出现了密封的镍镉电池。通过由聚酰胺或聚丙烯做成的垫吸收而固定碱性电解质。碱性电解质电解液不会出现凝胶，也不会出现氢氧化镍电极及连接体的腐蚀。在 Cd 电极中，不会生成氢气。因此，内部氧循环不会被次级反应所扰乱。镍镉电池可以被密封，前提是氧从正极向负极传递的速度足够快，内部的氧分压在过放电的情况下低于一个标准值。

没有副反应产生板栅腐蚀和析氢腐蚀。因此，理论上只要有内部氧循环存在，电池就不需要减压阀。但实际上，镍镉电池除纽扣电池外，都配有一个阀门，但这只在放电速率较高或电池反极的紧急情况下，内部压力超过其上限时才开启。氢在氢氧化镍电极发生氧化反应的速度非常慢，因此不必建立内部氢循环。如果在负极形成氢气，内部压力就会增加直到阀门打开或电池破裂，但是只要保持负极的电势高于氢平衡电势就不会生成氢气，这意味着负极的电势必须非常接近于平衡值。为了达到上述标准，必须做到以下两点：

(1) 负极电势必须稳定，充电材料（Cd）和放电材料($Cd(OH)_2$)必须存在来维持平衡电势；

(2) 过放电电流不得超过最大氧传递速率，以便所有在正极产生的氧气迅速到达负极并被还原。

负极的稳定通过增加 Cd 电极的尺寸实现，如图 6-4 所示。

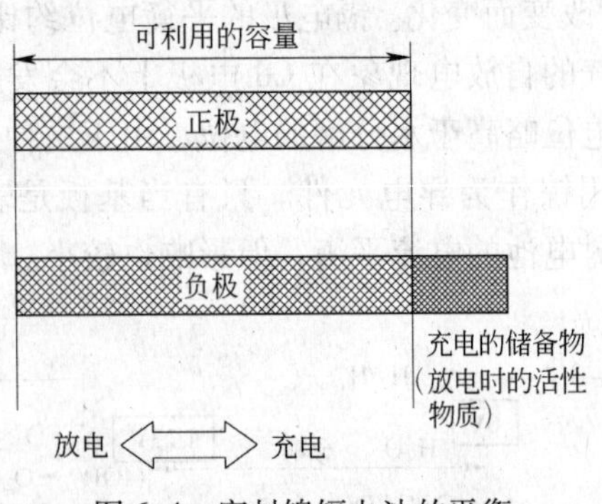

图 6-4　密封镍镉电池的平衡

图 6-4 中左边的矩形代表实际上可被利用的容量的份额。上面的矩形块表明从正极释放出的能量被再补充，正极可利用的容量与电池的容量是相同的。负极的容量由下面的矩形块来表示，它的容量相比正极被放大。为了匹配图 6-4 的设计条件，两个电极必须在一个确定的充电条件下装配。当正极充满电荷，电池被密封时，一些负极的活性材料(如 $Cd(OH)_2$)必须保持放电状态，这个容量的份额叫做电荷储备。为了实现这一设计，在组装一个完全充电的正极之前，将该负极放电到一定程度，电池密封后，只要正常操作，这样的设计很大程度保持不变。

电荷储存在负极中是稳定的，这也稳定了负极的电势。电池充电时，图 6-4 中的两个矩形块由放电状态向充电状态以相同的速率转化。当正极达到全充状态时继续充电，此时不再发生充电反应而是发生氧气析出的反应，这些氧气扩散至负极被还原。过充电电流仅在正极产生氧气，产生的氧气在负极被消耗，在负极没有留下电流，因此，电荷储存在一个无限过放电阶段仍然是放电态。起到稳压的作用，阻止负极极化得更负，引起氢气的生成。镍镉电池电极之间的距离短，同时隔板的孔隙率足够大，能使产生的氧气快速地从正极扩散到负极。

6.6　镍镉电池的优点

(1) 在镍镉电池中，电解质不参加电池反应，只起到离子导体媒介的作用。因此，在镍镉电池中，电极之间不需要有一定量的电解质，它们之间可以有很窄的间隔，内阻可以被最小化，这使得镍镉电池适用于较高的负载。(2) 铅酸电池的电解质稀释问题也不会发生在镍镉电池中。因为镍镉电池即使在-60℃仍然可以放电，即使形成冰也没有危险，这使得镍镉电池在极低的温度下也适用。(3) 起支撑和导电作用的镍板腐蚀可以被忽略，使

边余量不均匀的切削区域会产生较多抬刀，增加了加工时间。当选择该方式后，【由内而外环切】选项可用，该选项用于确定每一种螺旋进刀方式的挖槽起点。若选中该选项，系统将以挖槽中心或指定挖槽起点开始，螺旋运动至挖槽边界；不选时，系统自动由挖槽边界外围开始螺旋切削至图形中心。

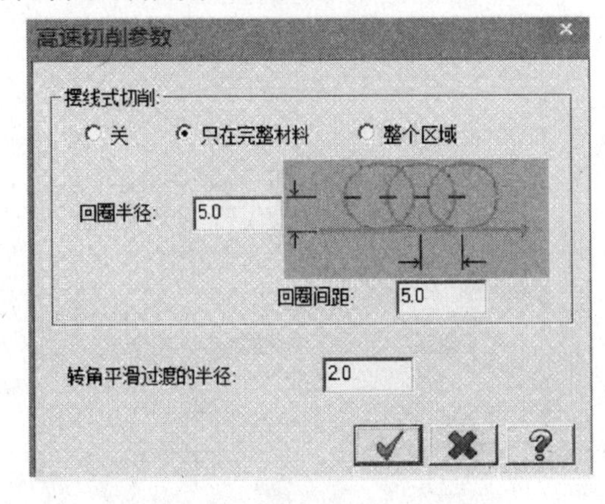

图 2-36 【高速切削参数】设置

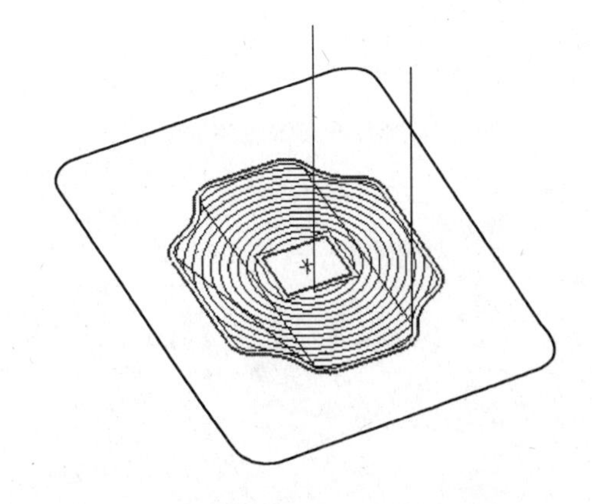

图 2-37 螺旋切削刀路

(2) 切削间距。切削间距用于设置相邻刀具路径间的间距，可直接输入数值，也可设置刀具直径的百分比。在粗加工时，一般设置切削间距为刀具直径的 60% ~80%。

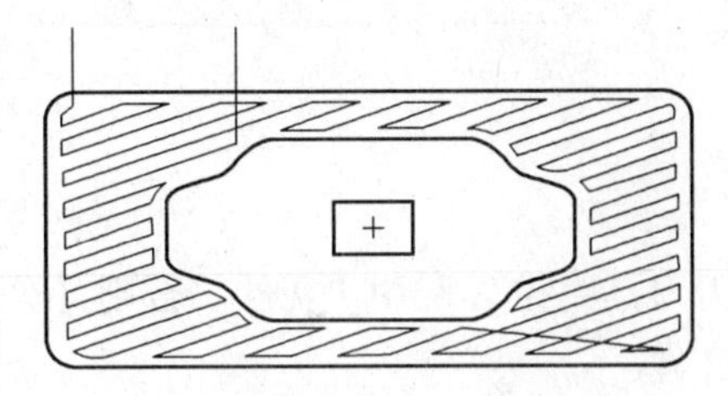

图 2-38 粗切角度为 30°的刀路

(3) 粗切角度。粗切角度表示切削路径与 X 轴的夹角。只有当切削方式选择为双向或单向切削时，粗切角度选项才可用。图 2-38 所示为粗切角度为 30°的双向切削加工刀路。

(4) 粗加工的下刀方式。挖槽粗铣一般用平铣刀，而平铣刀主要用侧面刀刃切削材料，端部的切削能力很弱，通常无法承受直接垂直下刀（不勾选下刀方式时）的撞击，因此，系统提供了两种 Z 向下刀方式：螺旋式下刀和斜插式下刀。

勾选【螺旋式下刀】复选框并单击 ☑ 螺旋式下刀 按钮，弹出【螺旋/斜插式下刀参数】对话框，有【螺旋式下刀】和【斜插式下刀】两个选项卡。

1)【螺旋式下刀】选项卡如图 2-39 所示。

①最小半径/最大半径：用来设置螺旋下刀时的最小/最大半径。

②Z 方向开始螺旋的位置（增量）：用来设定开始螺旋下刀时距离工件表面的高度。系统由该位置开始执行下刀，是螺旋下刀的总深度。该值必须为正值，且保证 Z 方向的预留量大于槽铣削深度。该值越大，刀具在空中的螺旋时间越长。一般设置为粗切削每层的进刀深度即可，大了会浪费时间。

③XY 方向预留间隙：用于设置下刀时刀具与工件内壁在 XY 方向的预留间隙。

④进刀角度：用于设定螺旋下刀时螺旋线与 XY 平面间的夹角，一般设为 5° ~20°。对于相同的螺旋下刀高度而言，螺旋下刀角度越大，圈数越少、路径越短、下刀越陡。

⑤以圆弧进给方式（G2/G3）输出：选择此复选框，系统采用圆弧移动代码将螺旋下

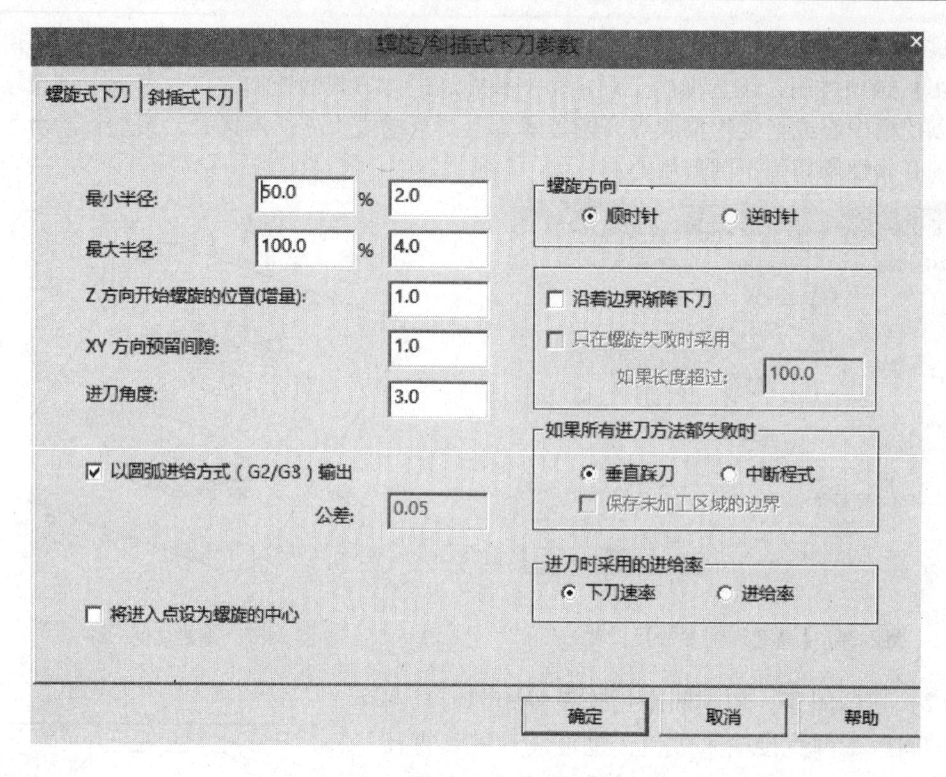

图 2-39 【螺旋式下刀】选项卡

刀刀具路径写入 NCI 文件，否则【公差】文本框设置的误差转换为直线移动代码写入 NCI 文件。

⑥将进入点设为螺旋的中心：选择此复选框后，系统将使用在选择挖槽轮廓前所选择的点作为螺旋式下刀的中心点。

⑦螺旋方向：用于确定螺旋进刀的旋向，有顺时针和逆时针两种。

⑧沿着边界渐降下刀：选择该复选框而未选中【只在螺旋失败时采用】复选框时，表示刀具沿边界移动；若选中【只在螺旋失败时采用】复选框，则表示仅在螺旋进刀失败时刀具沿边界移动。

⑨如果所有进刀方法都失败时：当所有螺旋进刀尝试均失败后，系统将采用【垂直踩刀】或【中断程式】，保留程式中断后的边界为几何图形。【垂直踩刀】表示允许刀具以 Z 轴进给率下刀并开始挖槽，【中断程式】表示系统将脱离此特别的挖槽操作。

⑩进刀时采用的进给率：设定螺旋下刀的速率为 Z 轴方向的下刀速率或水平切削的进给率。

2）【斜插式下刀】选项卡如图 2-40 所示。

①最小长度/最大长度：用来确定斜线下刀刀具路径的最小/最大长度。最大长度可根据加工位置的宽度确定，当最大长度不可进行斜向进刀时将采用最小长度。

②进刀角度/退刀角度：用于指定斜插切进和切出时斜线与 XY 平面间的夹角，一般设为 5°~20°。对于相同的斜插下刀高度而言，斜线切进和切出角度越大，斜插下刀段数越少、路径越短、下刀越陡。

③自动计算角度/XY 角度：选中【自动计算角度与最长边平行】复选框，表示由系

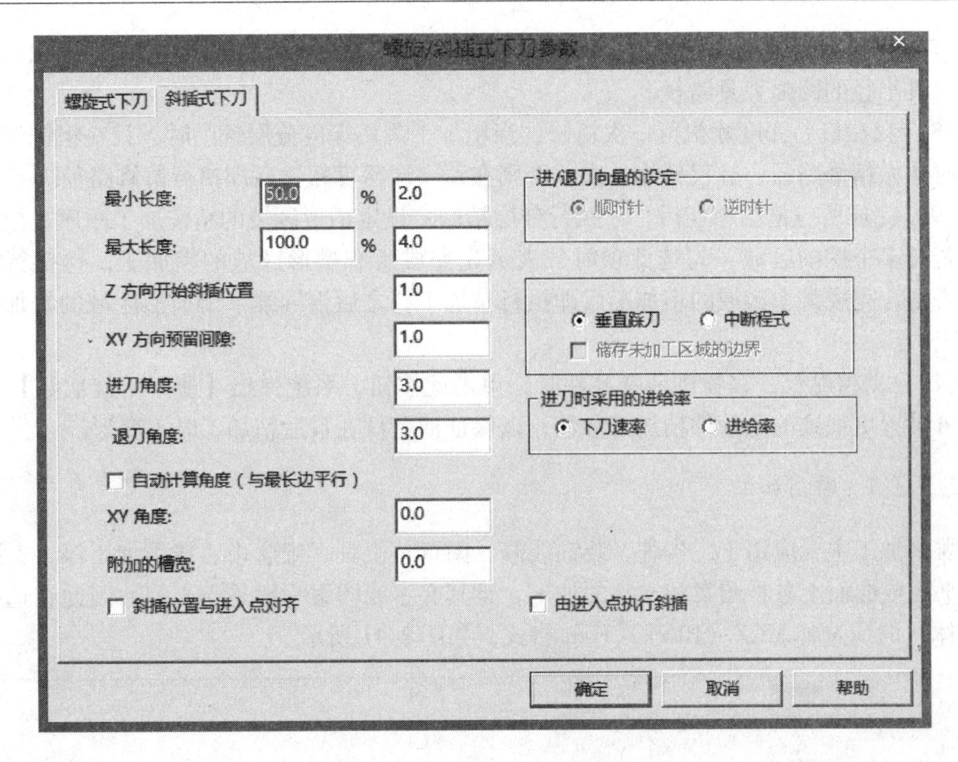

图 2-40 【斜插式下刀】选项卡

统自动决定 XY 轴方向的斜线进刀角度，否则，用户可从【XY 角度】文本框中输入进刀角度值。

④附加的槽宽：用于指定刀具每一次快速直落时添加的额外刀具路径。

⑤斜插位置与进入点对齐：选中该复选框，可调整进刀点直接沿斜线下移至挖槽路径的起点。

⑥由进入点执行斜插：选中该复选框，表示进刀点即为斜线下刀路径的起点。

其余选项与【螺旋式下刀】选项卡中相应选项相同。

b 精修

在粗加工后，为提高加工质量和表面质量，对整个槽形边界及岛屿边界的轮廓进行精加工。

(1) 次数/间距：设置挖槽精加工的次数及每次精加工的切削间距（每层切削量）。

(2) 修光次数：精加工次数完成后，再在精加工完成位置进行精修，可设置多次精修。

(3) 覆盖进给率：该选项区有【进给率】和【主轴转速】两个复选框，可在此设置精加工的进给率和主轴转速，否则进给率和主轴转速将采用粗加工值。

(4) 精修外边界：表示对内腔壁及槽中岛屿外形均执行精铣路径，否则只精铣岛屿外形，而不精铣槽的外形边界。

(5) 由最靠近的图素开始精修：表示从粗加工刀具路径结束处的最近点开始执行槽形区域的精铣加工。

(6) 不提刀：表示在进入精铣时持续保持刀具向下铣削，每次精加工前不再退刀。

（7）使控制器补正最佳化：表示对控制器补正时的精铣路线进行优化，即删除小于或等于刀具半径的圆弧刀具路径。

（8）只在最后深度才执行一次精修：当粗加工采用深度分层铣削时，只在粗铣至最后深度时才做精修路径，且仅精修一次；否则在每一层深度粗铣后即执行精修路径。

（9）完成所有槽的粗切后，才执行分层精修：设定槽形区域的精铣加工顺序。挖槽加工时若有多个挖槽区域，勾选此项时，表示先完成所有槽形区域的粗加工，再执行精加工；否则，完成某个区域的粗加工后即执行精加工，之后再继续下个槽形区域的粗加工和精加工。

（10）薄壁精修：在铣削薄壁零件时，单击此按钮，系统弹出【薄壁精修次数】对话框，可设置更细致的薄壁件精加工参数，以保证薄壁件在最后精加工时不变形。

2.3.3.4　雕刻加工

雕刻加工主要应用于广告牌、装饰装修、图章、模具、纪念币、钱币加工等，一般是针对平面或曲面上各种图案和文字的加工，且其文字或图案一般是空心的，因此在选择字形（体）时应选择 MCX（Block）Font 格式，如图 2-41 所示。

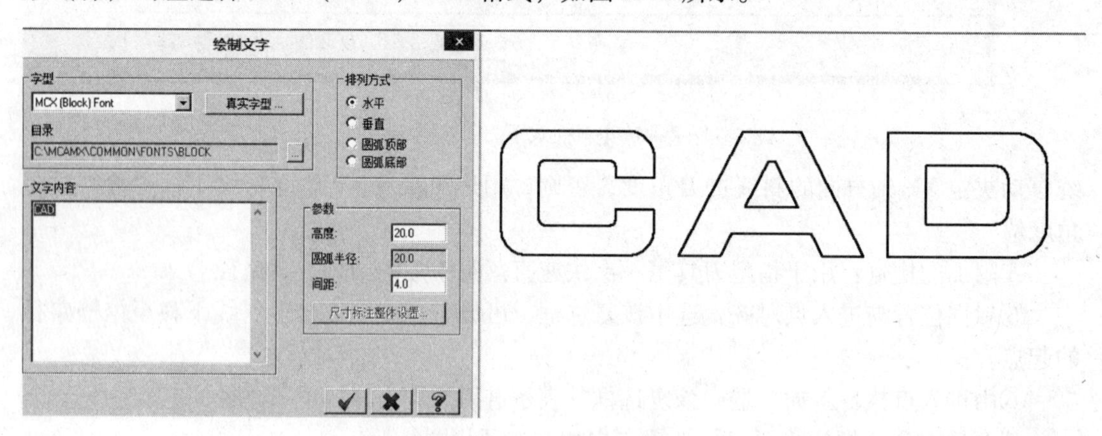

图 2-41　待加工的文字

打开主菜单上的【刀具路径】→【雕刻加工】命令，设置好刀具及加工工艺参数后，出现如图 2-42 所示【雕刻加工】对话框。

（1）刀具参数。雕刻加工刀具可用铣刀、钻头，但一般选较细、较小的刀具，如 1mm 的平底刀、1mm 的中心钻。

（2）雕刻加工参数。【雕刻加工参数】设置对话框中的参数与前述加工方法基本相同，但其加工深度一般较小，如 2mm。

（3）粗切/精修参数。粗切中有双向切削、单向切削、平行环绕和清角 4 种加工方式。若要求较高的雕刻精度，可选中先粗切后精修，同时定义公差值、切削间距，其他可使用默认方式。

（4）雕刻方式。雕刻方式有沿线条轮廓和挖槽雕刻加工两种。

1）沿线条轮廓雕刻加工。当串联选取文字的所有边界线条和外围矩形，在【粗切/精修参数】对话框中不选中【粗切】时，刀具仅沿图形线条轮廓的中心雕刻。

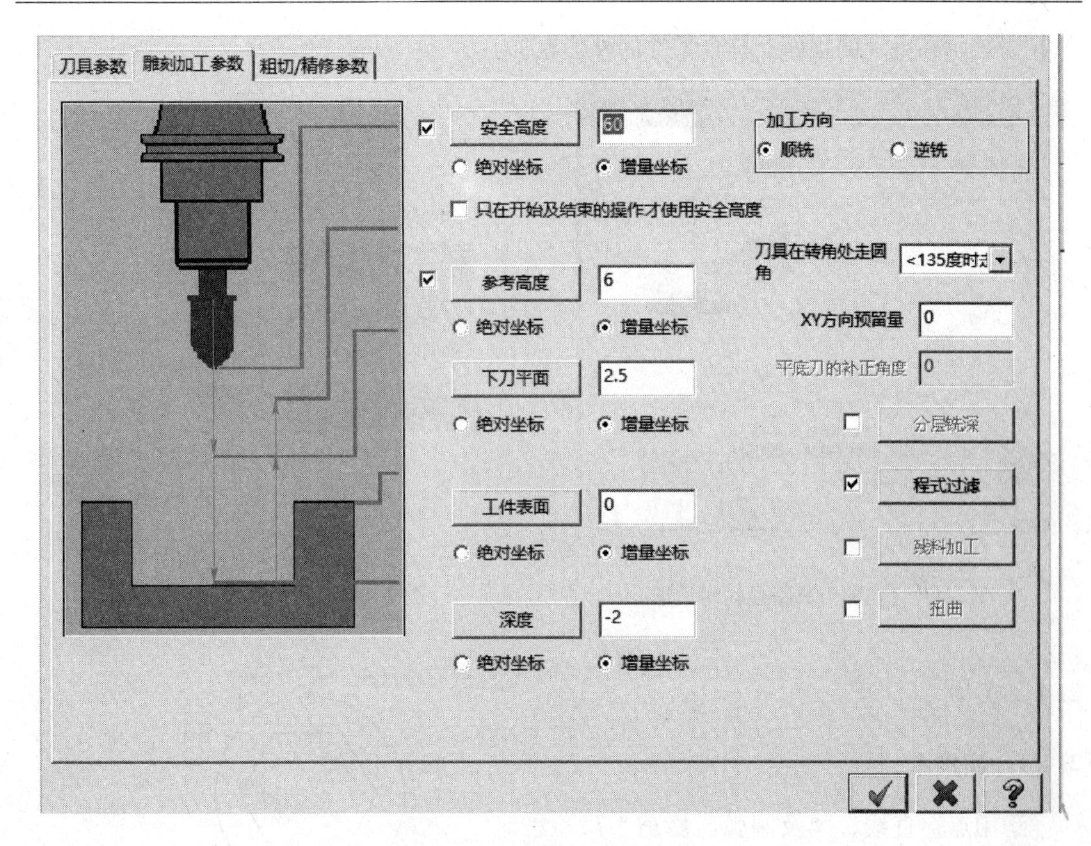

图2-42 【雕刻加工】对话框

在加工时需注意：一是主轴转速应定得较高，可设为2000～10000r/min；二是若加工深度大于或等于刀具直径时，要进行分层铣深的设置。

2）挖槽雕刻加工。挖槽雕刻加工是用铣刀将一个封闭的图形内部或外部挖去，形成凸起或凹下的形状，故称为凸雕或凹雕。它可用“挖槽加工”来实现，也可用“雕刻加工”来实现。

当串联选取文字或图案的所有边界线条和外围矩形，在【粗切/精修参数】对话框中选中【粗切】时，便相当于使用挖槽方式加工，挖的是文字或图案的四周或内部，此时文字或图案相对向上凸起，即为凸雕。

当仅串联选取文字或图案的所有边界线条时，在【粗切/精修参数】对话框中选中【粗切】时，也相当于使用“挖槽方式”加工，只不过挖的是文字或图案的空心内部本身，此时文字或图案相对向下凹沉，即为凹雕。

另外，在【粗切/精修参数】中还有几个选项需要说明：

1）扭曲：当勾选【扭曲】复选框并单击 扭曲 按钮，系统将弹出如图2-43所示的【扭曲刀具路径】对话框，用于4轴或5轴雕刻加工。

2）平滑化轮廓：勾选 平滑化轮廓 复选框，可使雕刻的轮廓平滑。

3）【切削图形】选项区：该选项区有【在深度】和【在顶部】两个单选项，如图2-44所示。选择【在深度】时表示最后的加工深度上符合零件的外形轮廓；若选择【在顶部】时表示在毛坯的顶面上符合零件的外形轮廓。

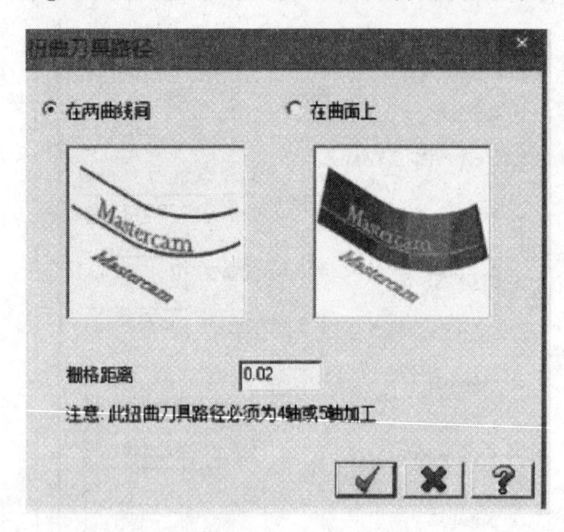

图 2-43 【扭曲刀具路径】对话框

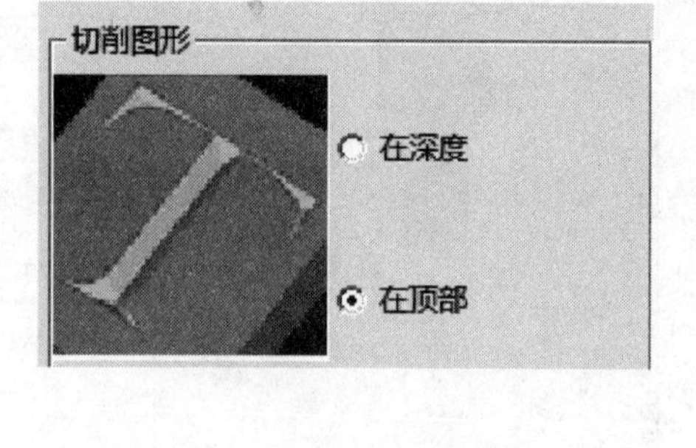

图 2-44 【切削图形】选项区

2.4 实例

2.4.1 实例1

运用点、直线、圆及圆弧、修剪、尺寸标注等命令绘制图2-45所示图形。

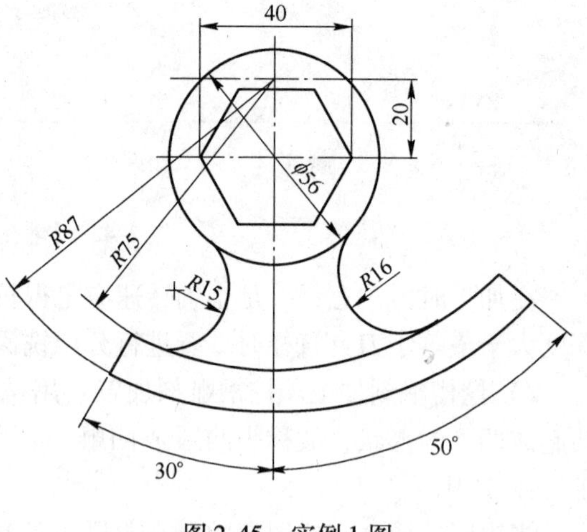

图 2-45 实例1图

（1）基本设置。

1）绘图工作区背景色改为白色，同时显示WCS的XYZ轴。主要操作步骤为：【设置】→【系统规划】→【颜色】→【工作区背景颜色】→【白色】；【设置】→【系统规划】→【屏幕】→【显示WCS的XYZ轴】。经过以上步骤，Mastercam的界面如图2-46所示。

2）状态栏设置：绘图区处于2D状态；屏幕视角为TOP、构图工作面为TOP；其余设置可根据需要而定，如图2-47所示。

3）图层设置：设置3个图层，层别1名字定为中心线；层别2名字定为轮廓线；层别3名字定为标注。

（2）草绘。

1）设置层别1为当前层，单击【构图】菜单中的【绘制任意线】按钮，绘制如图2-48所示的中心线AB。

2）绘制直线AB的平行线EF。单击【构图】菜单中【画直线】命令下的【平行线】按钮，选择水平中心线AB，在绘图工具条中设置“间距”的值为20，补正方向是在中心线AB上方任意位置单击一点，绘制出另一中心线，单击【确定】按钮。

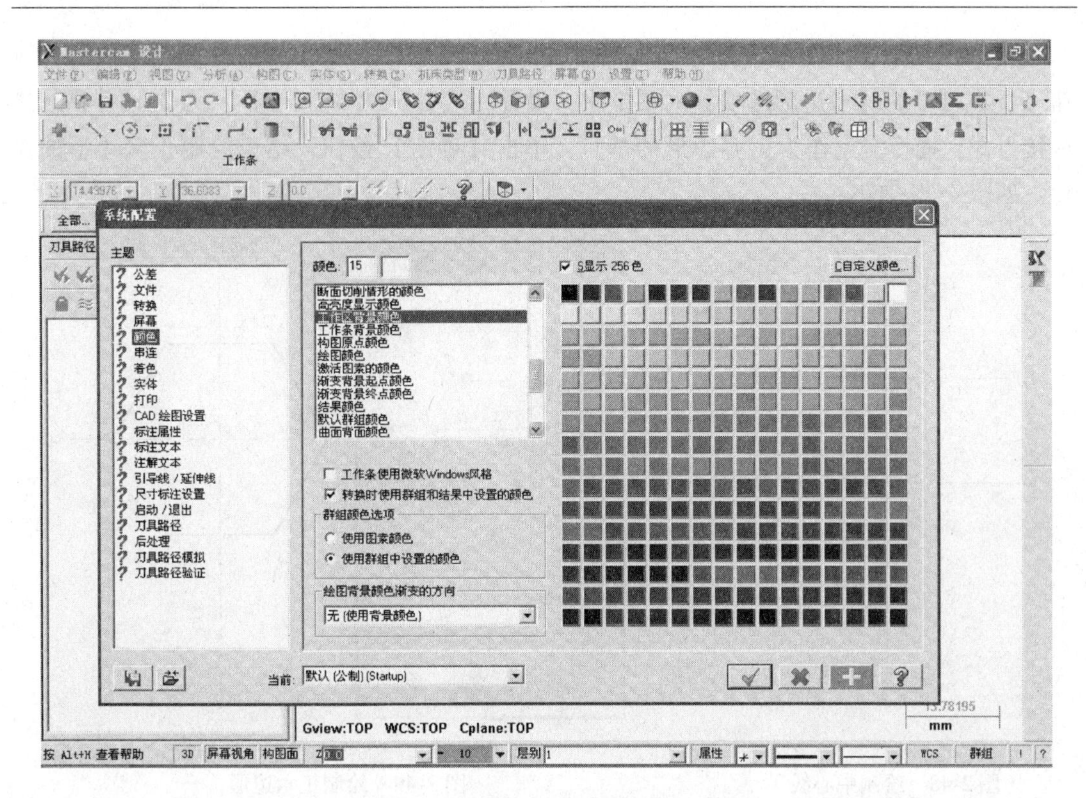

图 2-46 实例 1 工作区背景颜色设置

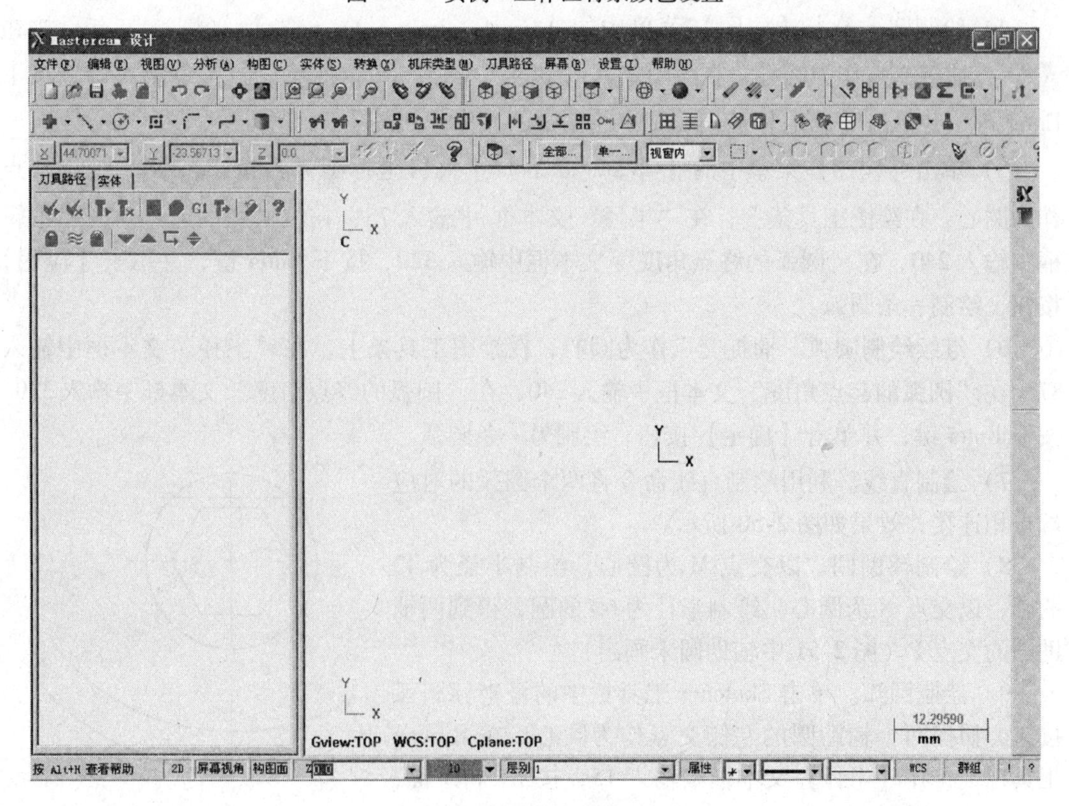

图 2-47 实例 1 状态栏设置

3）绘制正多边形。设置层别2为当前层，单击【构图】菜单中的【画正多边形】按钮，在打开的【多边形选项】对话框中，设置“边数”为6、“半径”为20，并且选择内接方式，捕捉交点作为正多边形的基点，单击【确定】按钮，结束绘制正多边形的操作，如图2-49所示。

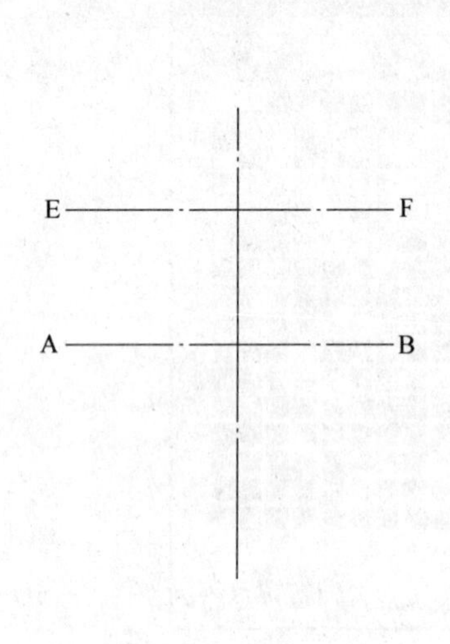

图2-48　绘制中心线

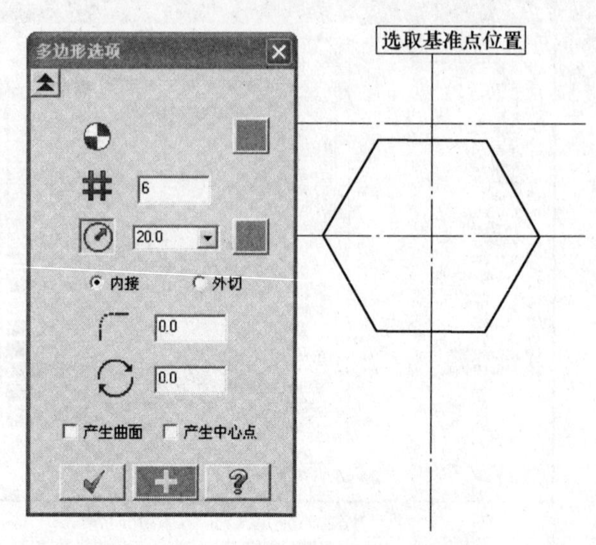

图2-49　绘制正六边形

4）绘制圆。单击【构图】菜单中的【Create circle enter point】（圆心+点）按钮，捕捉交点作为圆心，在绘图工具条中的“半径”文本框中输入28，按下Enter键，并单击【确定】按钮，结束绘制圆的操作，如图2-50所示。

5）单击【构图】菜单中的【Create arc polar】（极坐标圆弧）按钮，捕捉交点作为圆心，在绘图工具条上，在“半径”文本框 中输入75，在“圆弧的起点角度”编辑框中输入240，在“圆弧的终点角度”文本框中输入320，按下Enter键，并单击【应用】按钮，绘制一条圆弧。

6）继续绘制圆弧。捕捉交点作为圆心，在绘图工具条上，在“半径”文本框中输入87，在“圆弧的起点角度”文本框中输入240，在“圆弧的终点角度”文本框中输入320，按下Enter键，并单击【确定】按钮，绘制另一条圆弧。

7）绘制直线。利用绘制直线命令将两个圆弧的对应端点相连接，效果如图2-50所示。

8）绘制辅助圆。以交点M为圆心，绘制半径为43的圆；以交点N为圆心，绘制半径为60的圆，得到两辅助圆的交点P（图2-51中辅助圆未画出）。

9）绘制圆弧。单击Sketcher工具栏中的极坐标圆弧按钮，捕捉两个辅助圆的左侧交点作为圆心，在Ribbon工具栏上，在【半径】文本框中输入15，按下Enter键，然后在AutoCursor工具栏上，单击【设置自动捕捉功能】

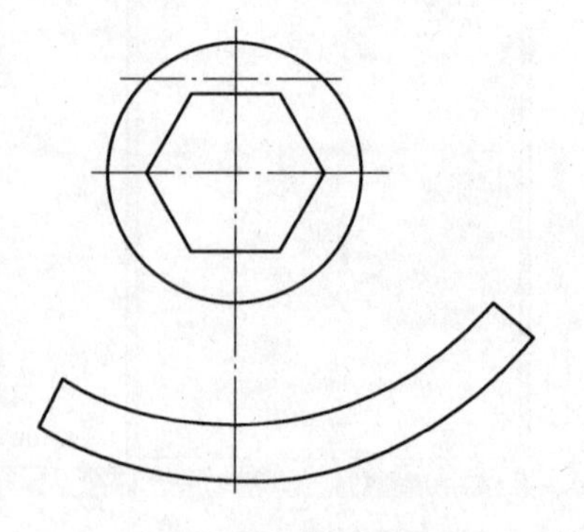

图2-50　绘制圆及圆弧

按钮❗，打开【光标自动抓点设置】对话框，进行如图2-51（a）所示的设置。然后移动光标从切点K的右侧逐渐靠近*R*75的圆弧，直到显示捕捉切点的符号时，单击选择切点K，然后移动光标从J点的右侧逐渐靠近*R*28的圆，直到显示捕捉切点的符号时，单击选择切点J，单击【应用】按钮，绘制一条圆弧。

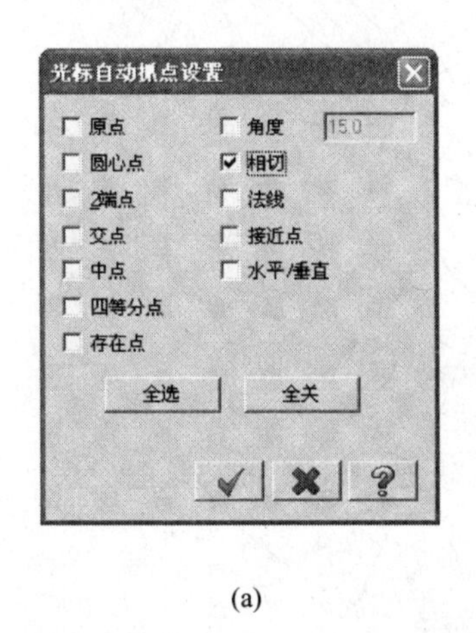

(a)

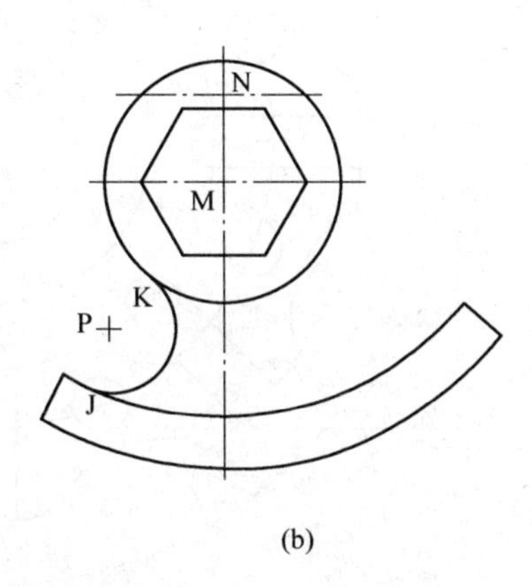

(b)

图2-51 绘制相切圆弧

10）使用同样的方法绘制半径为16的圆弧。单击【确定】按钮，完成图形的绘制。

11）尺寸标注。设置层别3为当前层，运用【构图/尺寸标注/标注尺寸】进行尺寸标注，结果如图2-45所示。

12）选择【文件】→【另存为】命令，将文件保存。

若要将不同图素放置于不同的图层，有两种方法：方法一，如本例所述，在绘图前先建立若干图层，然后在绘图时，分别采用（在不同）不同的图层放置图素；方法二，是将对象图素选中，然后在状态栏上用右键单击【图层】，出现如图2-52所示的【改变层别】对话框，使用【移动】选项，就可进行图层区分。

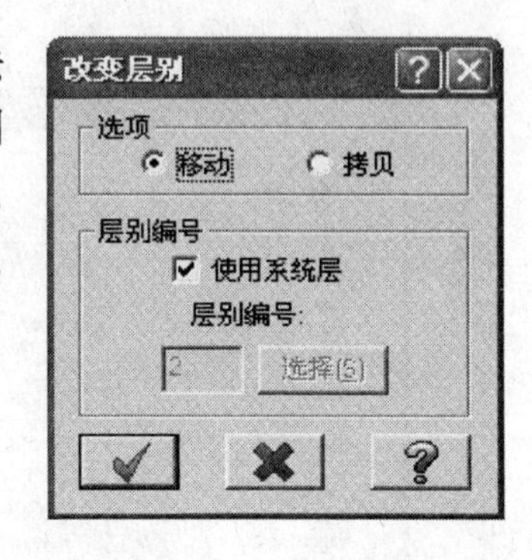

图2-52 【改变层别】对话框

2.4.2 实例2

本例主要运用点、直线、圆以及修剪、旋转等命令绘制如图2-53所示的图形。

（1）基本设置。

1）绘图工作区背景色改为白色，同时显示WCS的XYZ轴。主要操作步骤为：【设置】→【系统规划】→【颜色】→【工作区背景颜色】→【白色】；【设置】→【系统规划】→【屏幕】→【显示WCS的XYZ轴】。经过以上步骤，Mastercam的界面如图2-54、图2-55所示。

2）状态栏设置：绘图区处于2D状态；屏幕视角为TOP、构图工作面为TOP；其余设置可根据需要而定。

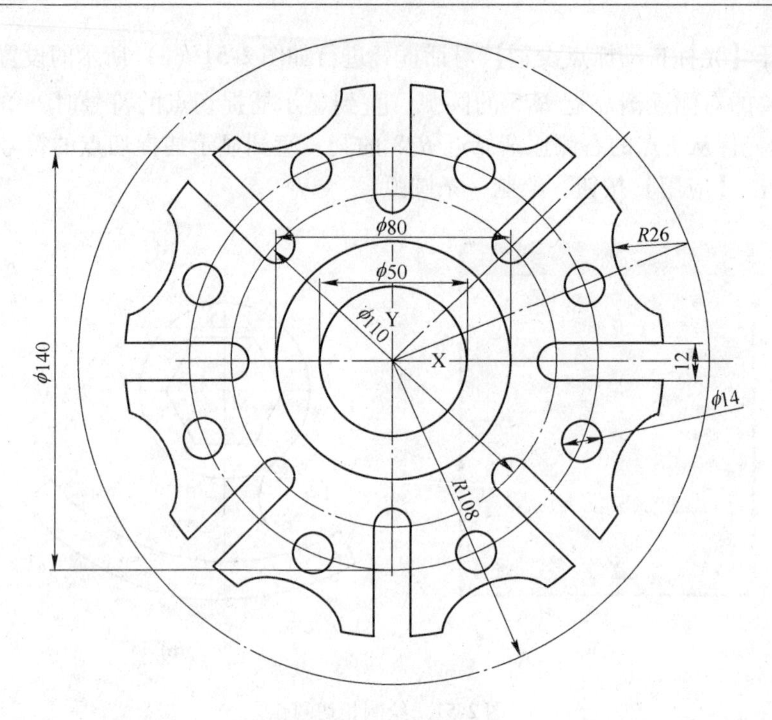

图2-53　实例2图

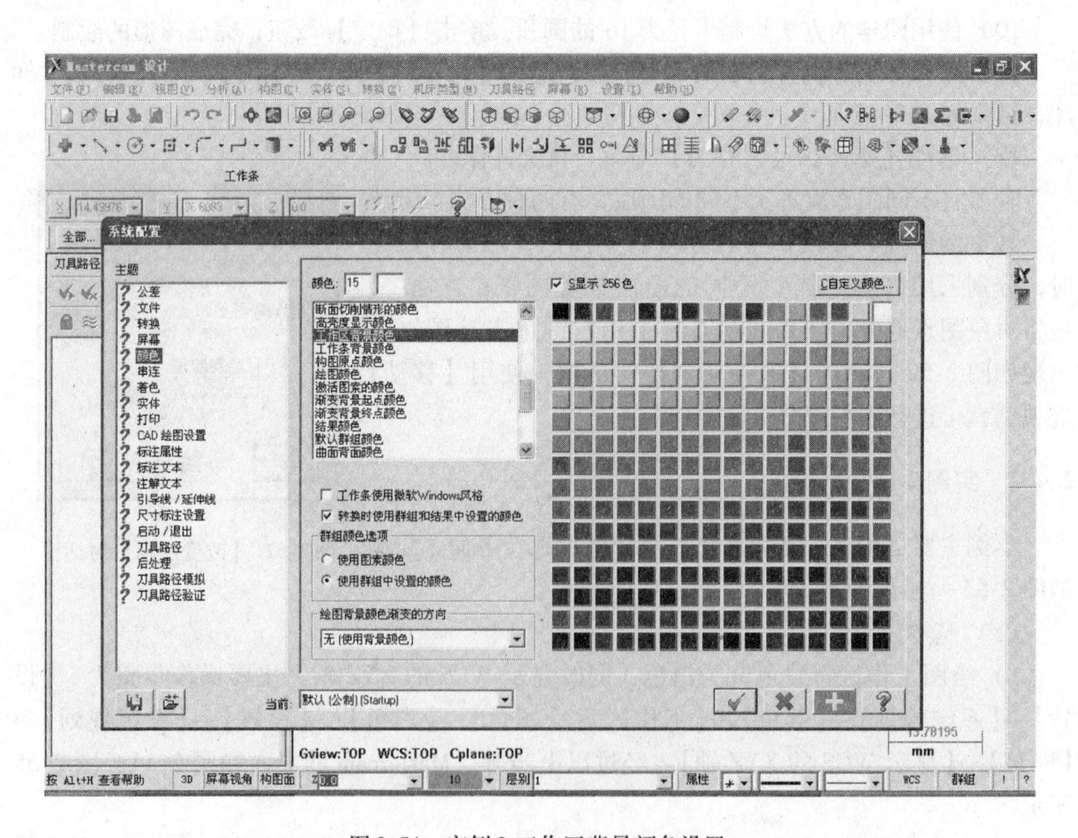

图2-54　实例2工作区背景颜色设置

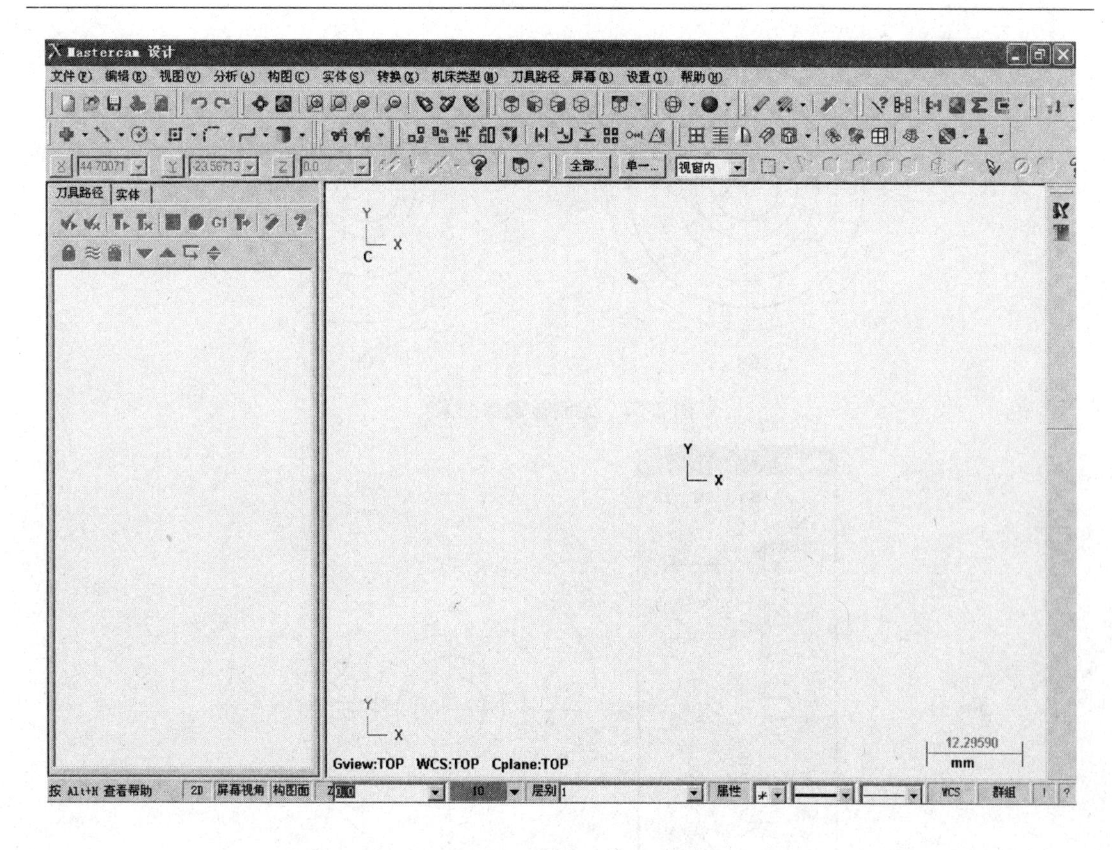

图 2-55 实例 2 状态栏设置

3）图层设置：设置 3 个图层。层别 1 名字定为中心线；层别 2 名字定为轮廓线；层别 3 名字定为标注。

（2）草绘。

1）绘制中心线。设置层别 1 为当前层，绘制如图 2-56 所示的中心线。

2）绘制圆等图素。设置层别 2 为当前层，绘制如图 2-57（a）所示的圆等图素，使用【修剪/分割】命令将图 2-57（a）变成图 2-57（b）。

3）使用【镜像】命令将修剪后图素进行镜像操作，如图 2-58 所示。选中镜像后的图素做【旋转】操作，如图 2-59 所示。

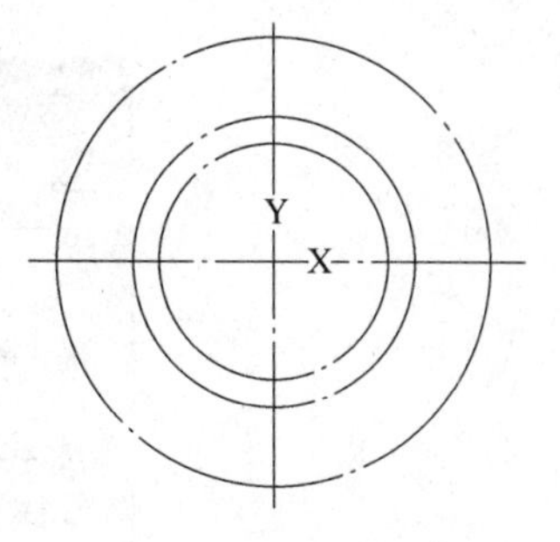

图 2-56 绘制中心线

2.4.3 实例 3

本例运用面铣、钻孔、挖槽等加工方式加工图 2-60 所示零件。

（1）基本设置。

1）绘图工作区背景色改为白色，同时显示 WCS 的 XYZ 轴。主要操作步骤同前述例题。

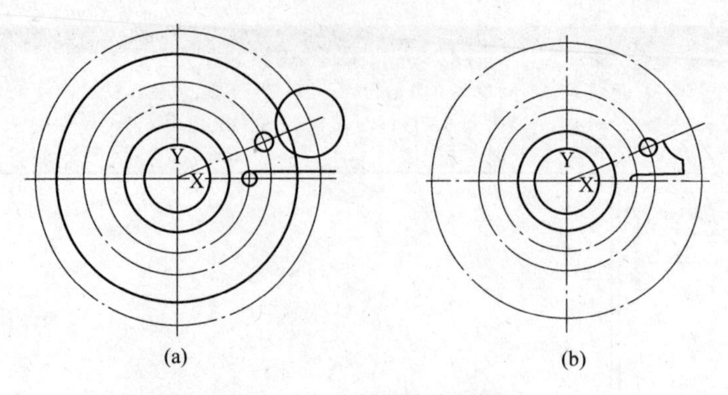

图 2-57　绘制被镜像图素

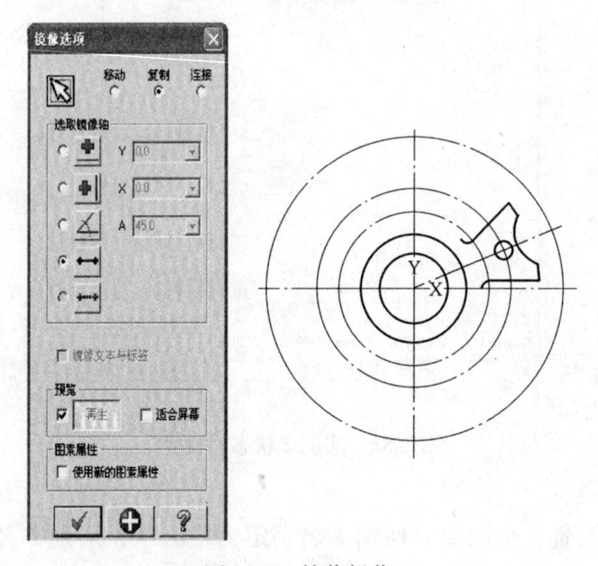

图 2-58　镜像操作

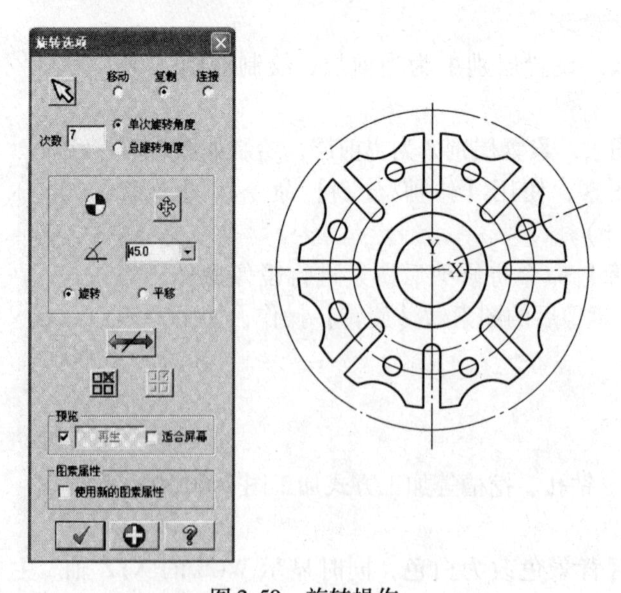

图 2-59　旋转操作

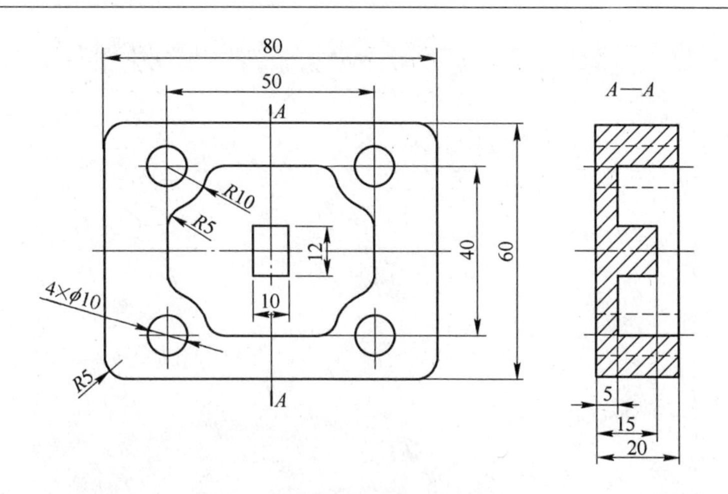

图 2-60 实例 3 图

2）状态栏设置：绘图区处于 2D 状态；屏幕视角为 TOP、构图工作面为 TOP；其余设置可根据需要而定。

3）图层设置：设置 3 个图层。层别 1 名字定为中心线；层别 2 名字定为轮廓线；层别 3 名字定为标注。

（2）草绘。本例草绘主要采用直线、圆以及修剪、旋转、镜像、倒圆角、尺寸标注之剖切线、尺寸标注等命令进行操作，限于篇幅，不再赘述。由此得出零件加工图。

（3）零件加工。本零件加工需采用面铣、钻孔、挖槽等加工方式，其加工步骤如下：

1）设置毛坯。由前述知识设置毛坯加工尺寸。在绘图区左侧【刀具路径】→【加工群组属性】→【材料设置】中，根据尺寸需要设置毛坯，如图 2-61 所示。其中工件材料的形状选立方体，显示方式为线架（或实体），工件原点设在工件中心，毛坯长 85mm，宽 65 mm，厚薄 32 mm。

2）制定合理的加工工艺。根据加工工艺知识并考虑工件的装夹定位等因素，只加工工件的上表面，同时由于具体加工中，图纸上尺寸公差、形位公差和表面粗糙度有不同的要求，为满足要求，实际加工工艺的具体过程需做不同的调整。同时，为提高生产效率、降低生产成本，还应根据产品的批量要求，对刀具路径进行适当优化。

3）钻孔。选择【机床类型】→【铣床】→【系统默认】，再选择【刀具路径】→【钻孔刀具路径】，出现【选取钻孔的点】对话框，如图 2-62 所示。单击【选取图素】按钮，分别选取四个圆后单击该对话框的【确认】按钮，建立刀具参数，如图 2-63 所示。单击该对话框的【确认】按钮，出现如图 2-64 所示的【设置钻孔参数】对话框。在该对话框中主要对【Peck drill-full retract】（深孔啄钻，完整回缩，即步进式钻孔）选项进行设置，如图 2-64 所示。然后单击该对话框的【确认】按钮，出现钻孔刀具路径。单击操作管理器上的【验证指定的操作】按钮，出现【实体验证】对话框，如图 2-65 所示，进行相应的设置后可播放加工过程动画视频，最后可得到仿真加工实体，如图 2-66 所示。

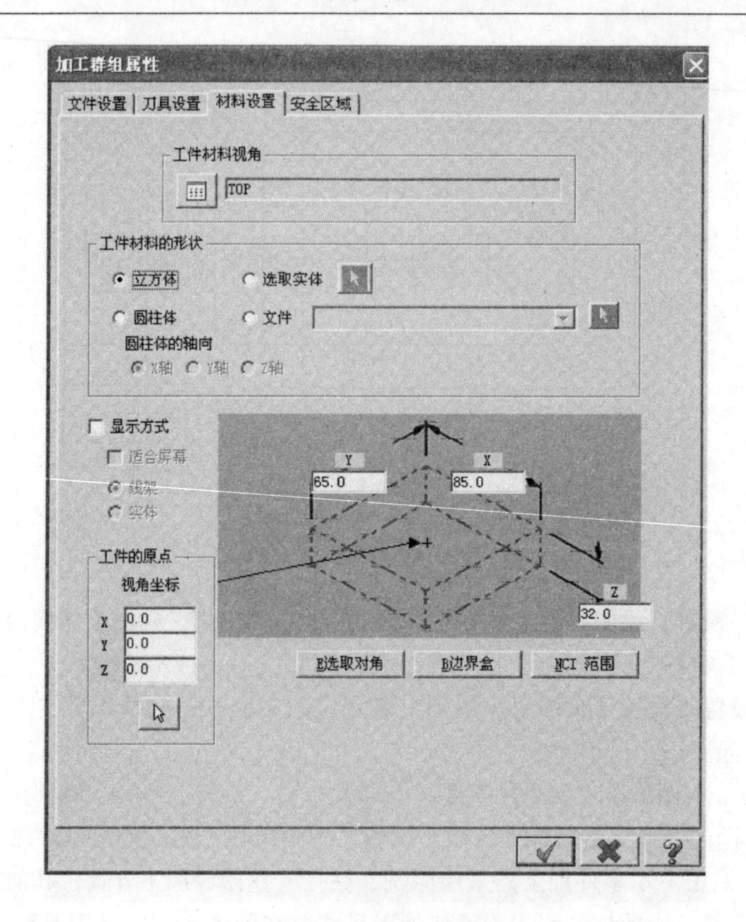

图 2-61　毛坯设置

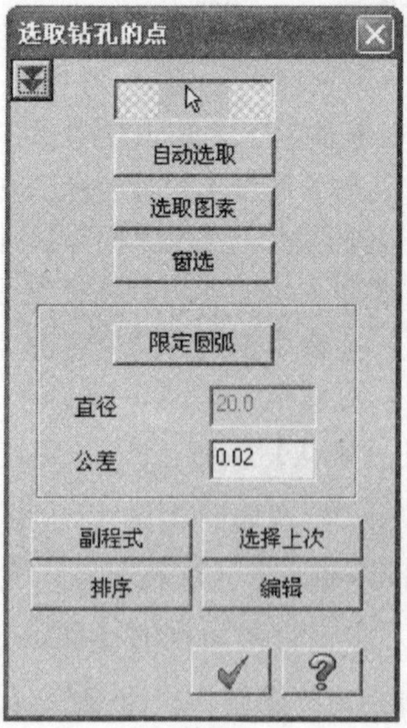

选取钻孔的点
自动选取
选取图素
窗选
限定圆弧
直径 20.0
公差 0.02
副程式
选择上次
排序
编辑

图 2-62　【选取钻孔的点】对话框

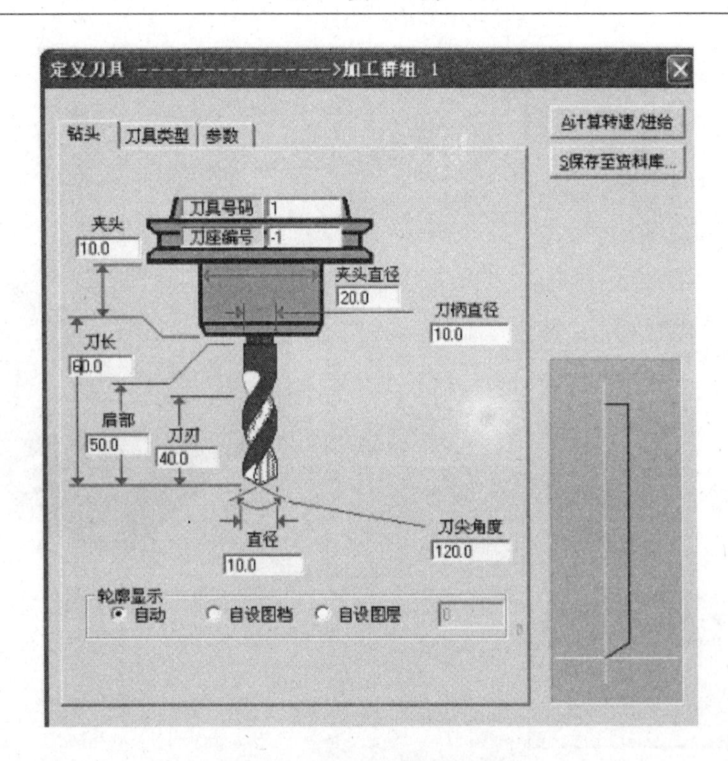

图 2-63 【钻头】设置对话框

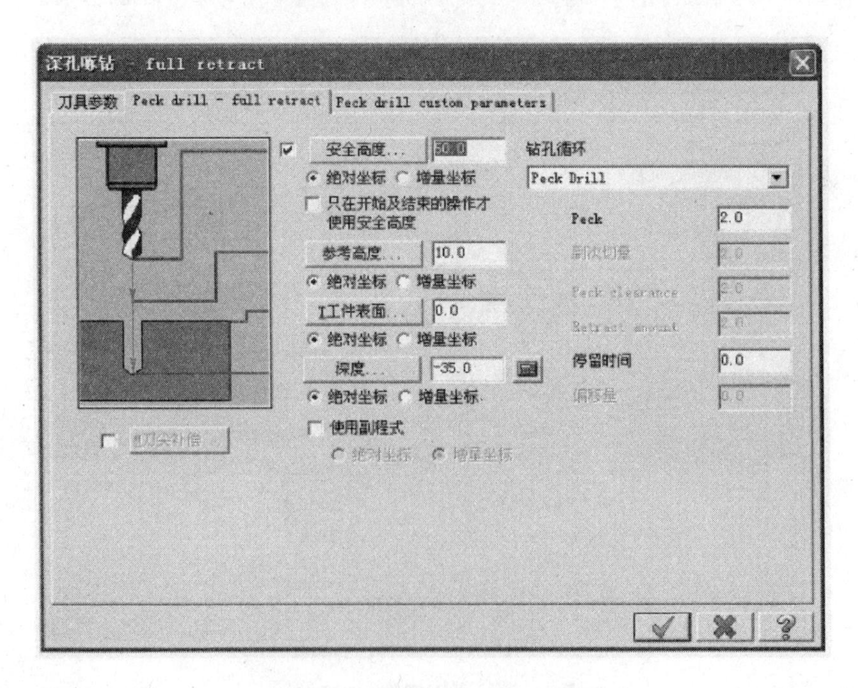

图 2-64 【设置钻孔参数】对话框

4）面铣。选择【刀具路径】→【平面铣削刀具路径】，出现【平面铣削】对话框，如图 2-67 所示。单击【刀具参数】选项卡，设置刀具直径、刀刃长度等参数，如图 2-68 所示。单击【平面铣削参数】选项卡，设置相应加工参数，如图 2-67 所示。然后单击该

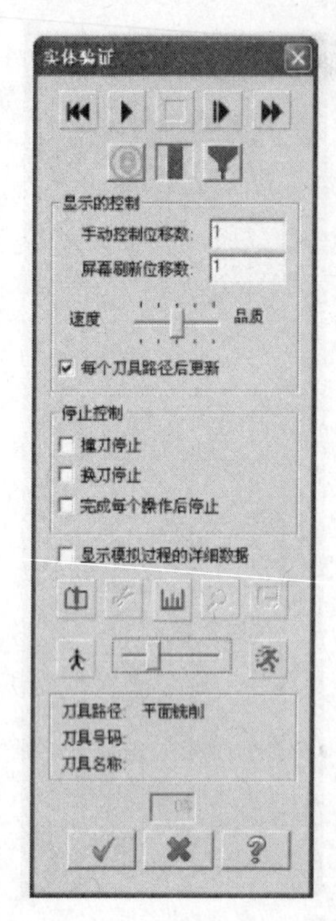

图 2-65 【实体验证】对话框　　　　图 2-66 钻孔后实体

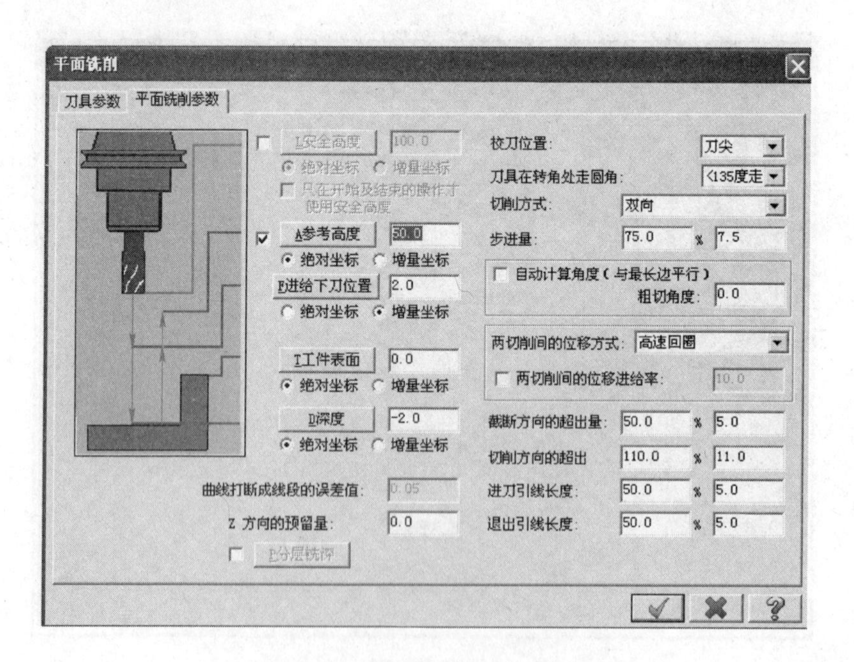

图 2-67 【平面铣削】对话框

对话框的【确认】按钮，出现面铣刀具路径，如图 2-69 所示。单击操作管理器上的【验证指定的操作】按钮，出现【实体验证】对话框，进行相应的设置后可播放加工过程动画视频，最后可得到仿真加工实体，如图 2-70 所示。

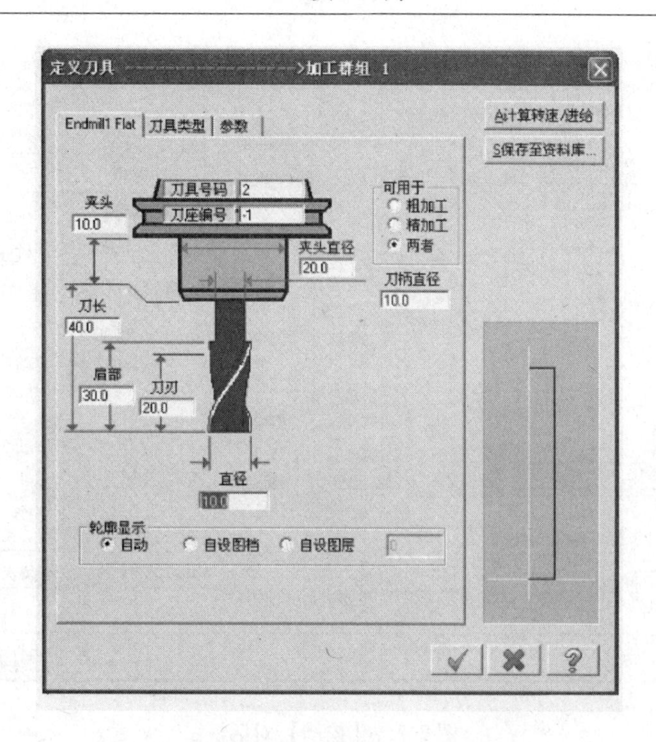

图 2-68 【定义刀具】参数对话框

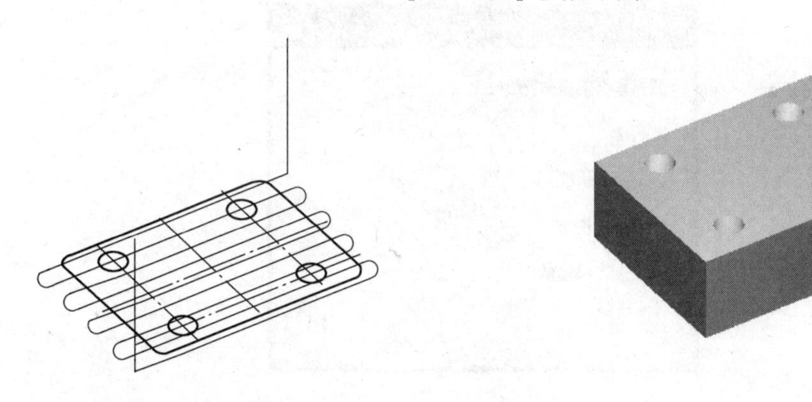

图 2-69 平面铣削刀路　　图 2-70 平面铣削后实体

5）挖槽加工。选择【刀具路径】→【挖槽刀具路径】，出现【挖槽】对话框，如图 2-71所示。

单击【刀具参数】选项卡，设置刀具直径、刀刃长度等参数。

单击【2D 挖槽参数】选项卡，设置相应加工参数，其中【挖槽加工形式】选【铣平面】，并单击【铣平面】按钮，出现【面加工】对话框，如图 2-72 所示，进行相应参数设置；同时还要单击【分层铣深】，出现【分层铣深设置】对话框，如图 2-73 所示，进行相应参数设置。

单击【粗切/精修的参数】选项卡，如图 2-74 所示，设置相应加工参数。其中为保护刀具和提高加工精度，勾选【螺旋式下刀】，出现【螺旋/斜插式下刀参数】对话框，如图 2-75 所示。设置相应参数后，单击该对话框的【确认】按钮 ，出现挖槽加工刀具

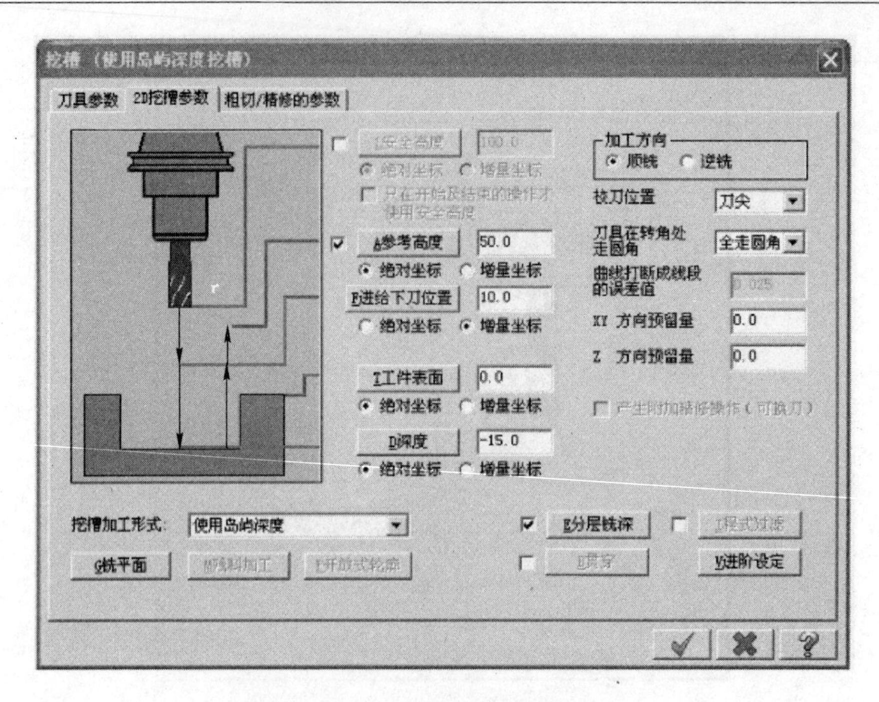

图 2-71　【挖槽】对话框

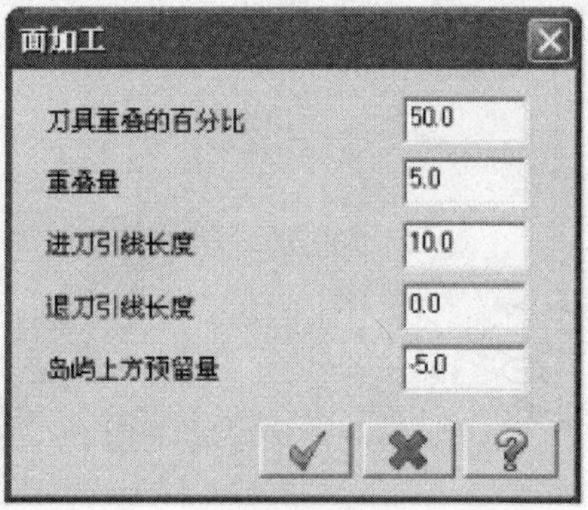

面加工

刀具重叠的百分比	50.0
重叠量	5.0
进刀引线长度	10.0
退刀引线长度	0.0
岛屿上方预留量	-5.0

图 2-72　【面加工】对话框

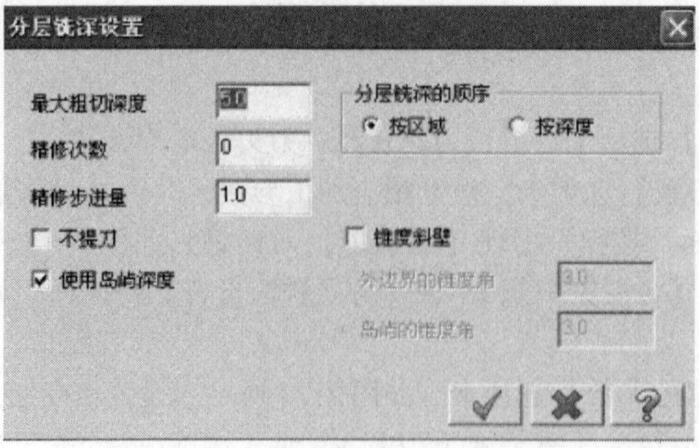

分层铣深设置

最大粗切深度	5.0
精修次数	0
精修步进量	1.0

分层铣深的顺序：按区域　按深度

不提刀

使用岛屿深度

锥度斜壁

外边界的锥度角　3.0

岛屿的锥度角　3.0

图 2-73　【分层铣深设置】对话框

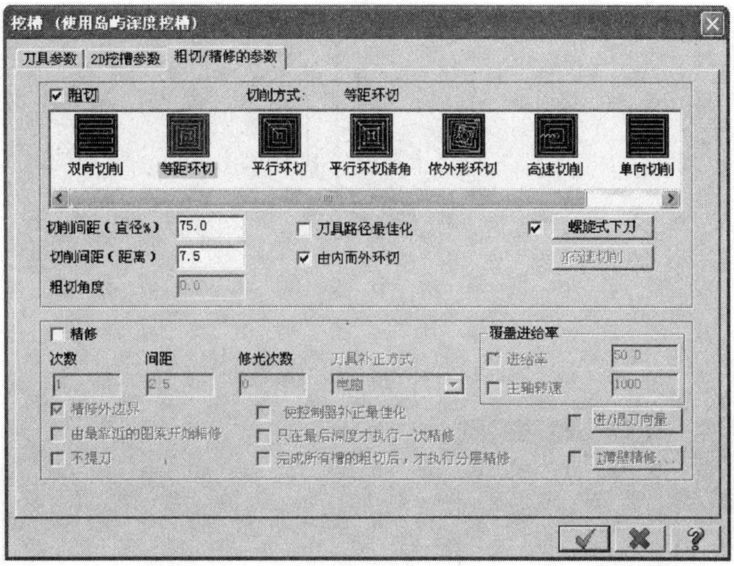

图 2-74 【粗切/精修的参数】对话框

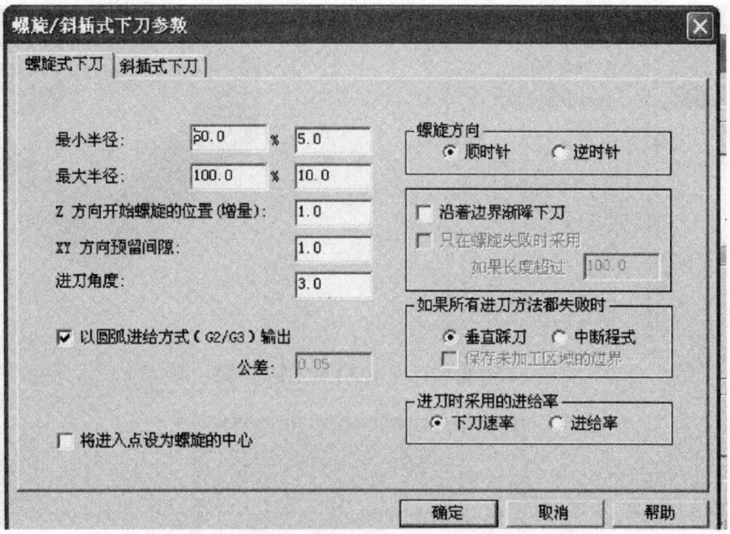

图 2-75 【螺旋/斜插式下刀参数】对话框

路径，如图 2-76 所示。单击操作管理器上的【验证指定的操作】按钮，出现【实体验证】对话框，进行相应的设置后可播放加工过程动画视频，最后可得到仿真加工实体，如图 2-77 所示。

6）后处理。单击刀具路径工具栏下的【G1】（后处理指定的操作）按钮，出现图 2-78 所示的【后处理程式】对话框。单击该对话框中的【确定】按钮，出现图 2-79 所示的【另存为】对话框。选择存盘路径，输入文件名，单击【保存】按钮，出现图 2-80 所示的【Mastercam X 编辑器】对话框，按需要对程序作局部的修改完善即可。

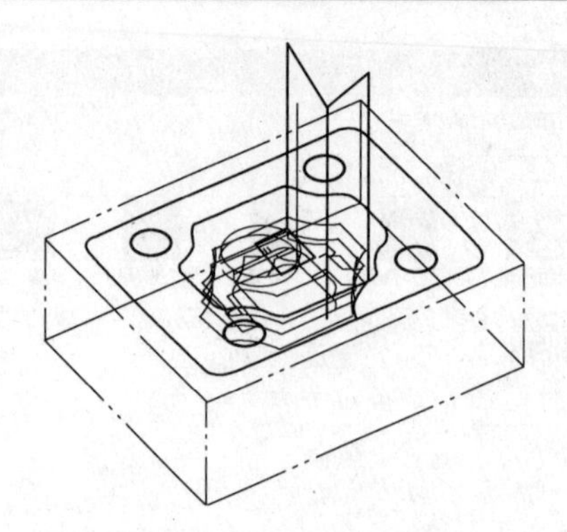

图 2-76　挖槽加工刀具路径

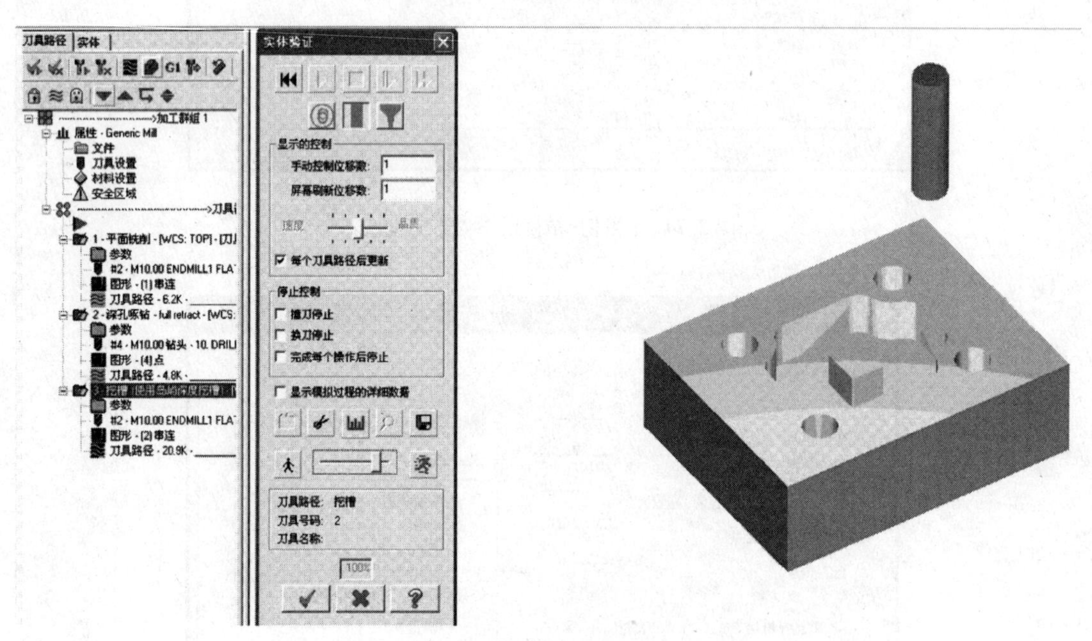

图 2-77　　挖槽加工后实体

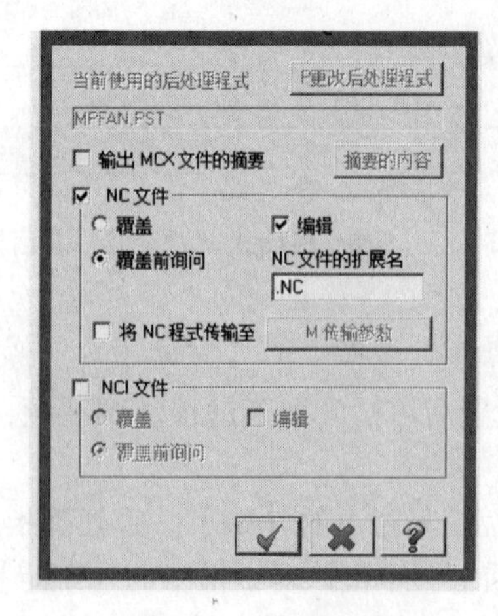

图 2-78　后处理程式

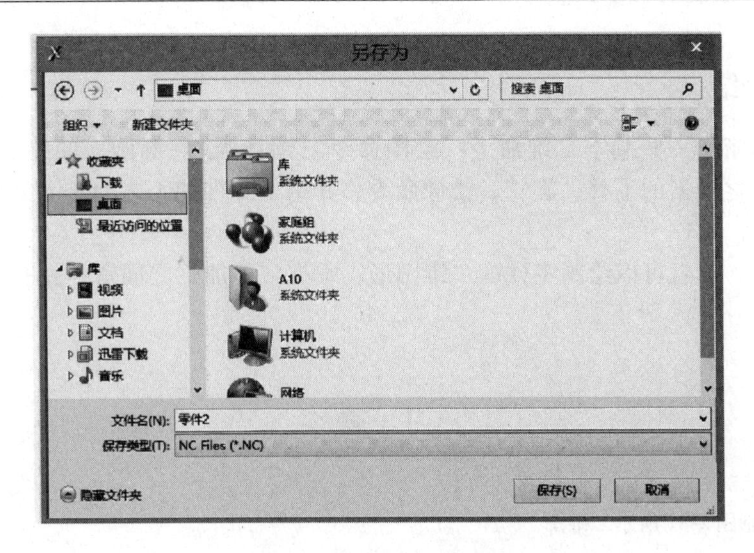

图 2-79 【另存为】对话框

```
0009  (工件坐标= G54 )
0010  N100 G0 G17 G40 G49 G80 G90
0011  N102 G91G28 Z0.
0012  N104 S800 M3
0013  N106 G0 G90 G54 X29.061 Y-8.267
0014  N108 Z50.
0015  N110 Z10.
0016  N112 G1 Z-2. F1000.
0017  N114 X-40.996 F100.
0018  N116 Z10. F1500.
0019  N118 G0 Z50.
0020  N120 X29.061
0021  N122 Z10.
0022  N124 G1 Z-2. F1000.
0023  N126 G3 X32.145 Y-6.78 R4. F100.
0024  N128 G1 X-44.08
0025  N130 Z10. F1500.
0026  N132 G0 Z50.
0027  N134 X32.145
0028  N136 Z10.
0029  N138 G1 Z-2. F1000.
0030  N140 G3 X32.899 Y-5.293 R4.001 F100.
0031  N142 G1 X-44.834
0032  N144 Z10. F1500.
0033  N146 G0 Z50.
0034  N148 X32.899
0035  N150 Z10.
0036  N152 G1 Z-2. F1000.
0037  N154 G3 X33.032 Y-4.267 R4.001 F100.
0038  N156 G1 Y-3.806
0039  N158 X-44.968
0040  N160 Z10. F1500.
0041  N162 G0 Z50.
0042  N164 X33.032
0043  N166 Z10.
0044  N168 G1 Z-2. F1000.
0045  N170 Y-2.319 F100.
0046  N172 X-44.968
0047  N174 Z10. F1500.
0048  N176 G0 Z50.
0049  N178 X33.032
0050  N180 Z10.
0051  N182 G1 Z-2. F1000.
```

图 2-80 【Mastercam X 编辑器】对话框

2.5 项目小结

本项目讲解了一些基本二维命令：绘图命令之圆（弧）、椭圆、曲线、螺旋线命令；图素编辑命令之图素的平移、旋转、镜像命令；介绍了二维加工之面铣、钻孔、雕刻、挖槽等加工方法。

通过学习，读者可以绘制零件的二维图形，掌握二维加工之面铣、钻孔、雕刻、挖槽等加工方法。

习 题

2-1 按要求绘制图2-81所示二维图。

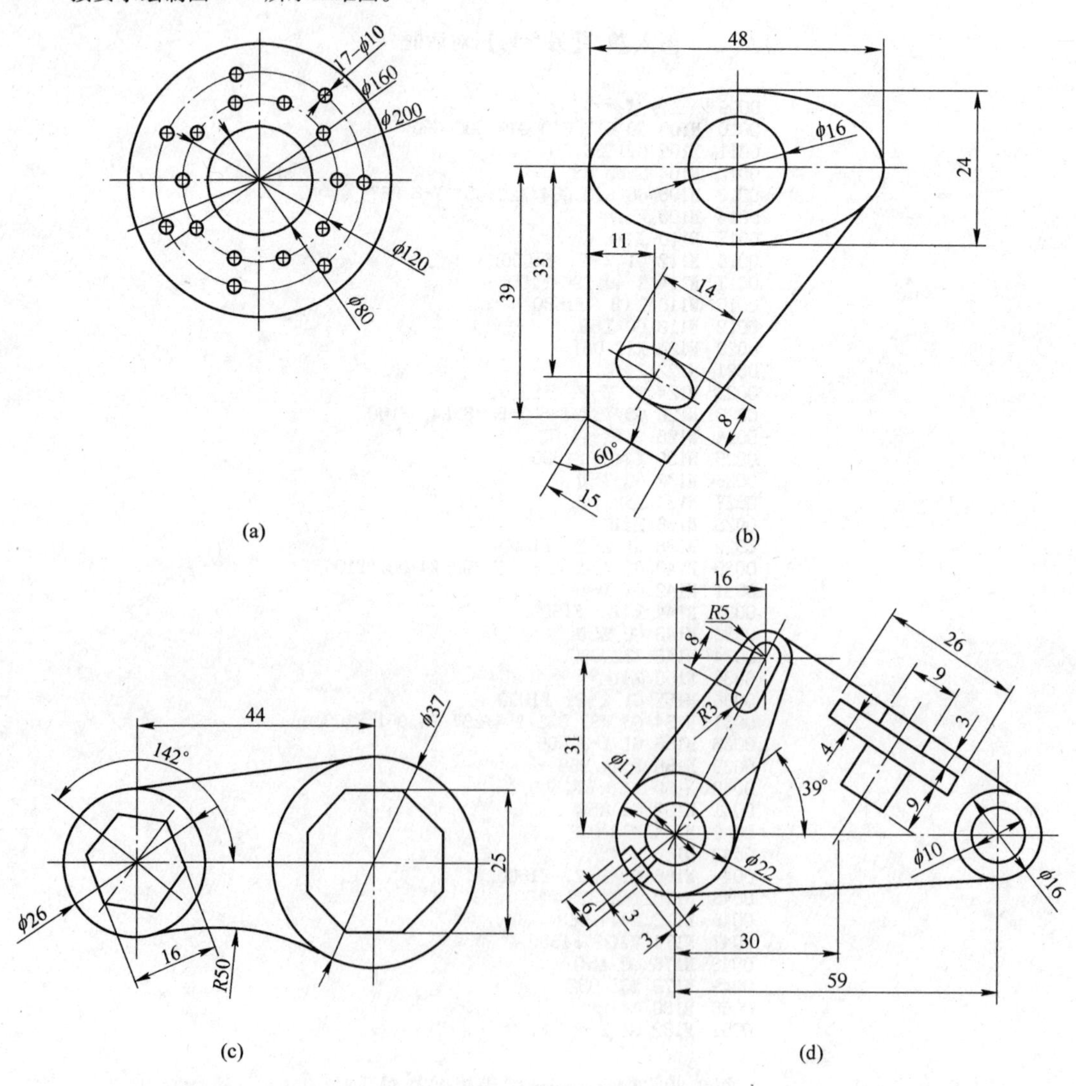

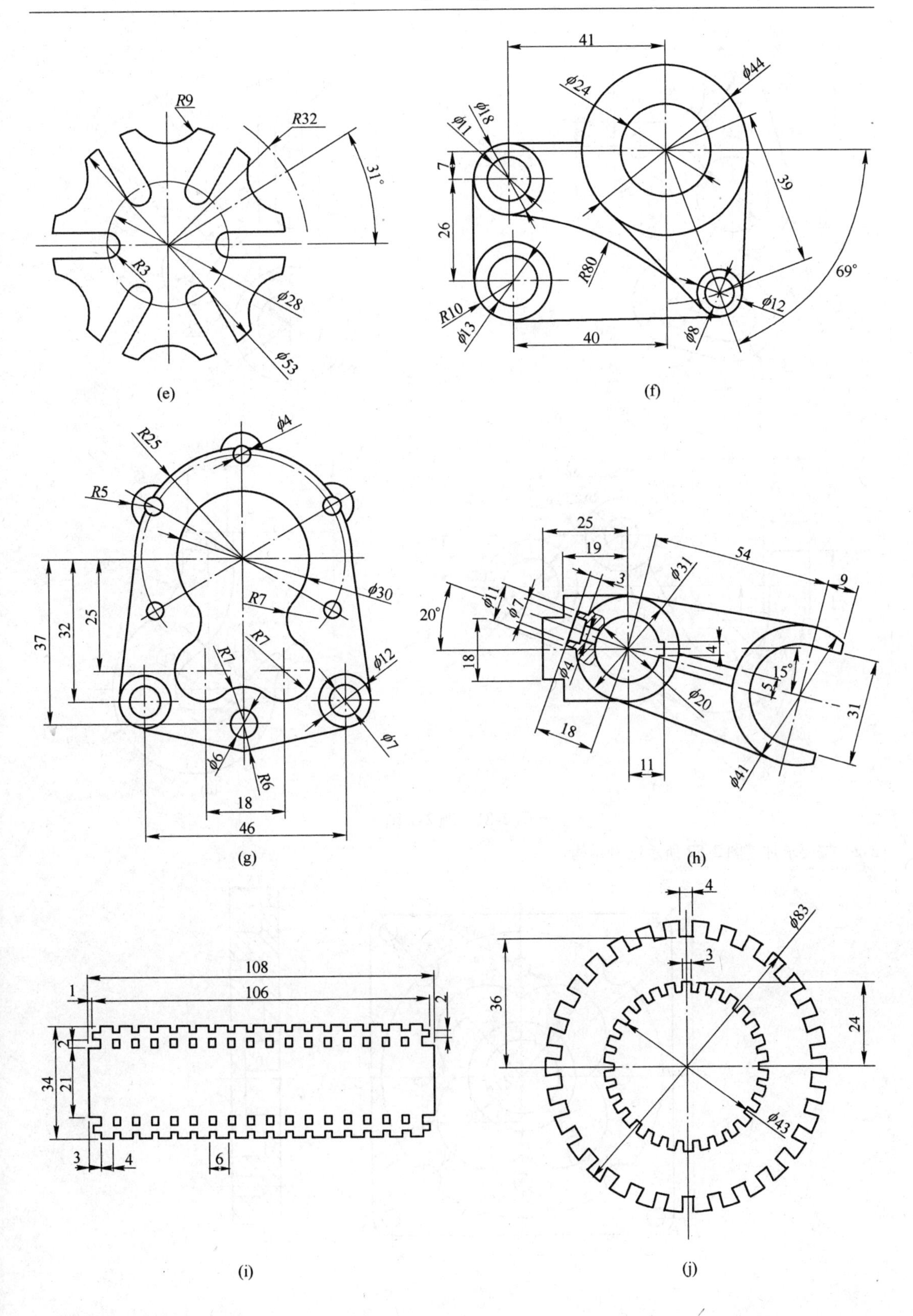
R9
R32
31°
R3
φ28
φ53
41
φ24
φ44
φ18
φ11
7
39
26
R80
69°
R10
φ13
φ12
φ8
40
φ4
R25
R5
φ30
R7
37
32
25
R7
R7
φ12
φ6
R6
φ7
18
46
25
19
54
9
3
φ31
20°
φ11
φ7
4
18
φ4
15°
5
φ20
31
18
11
φ41
4
φ83
3
36
24
φ43
108
106
1
2
2
34
21
3
4
6
(e)　(f)　(g)　(h)　(i)　(j)

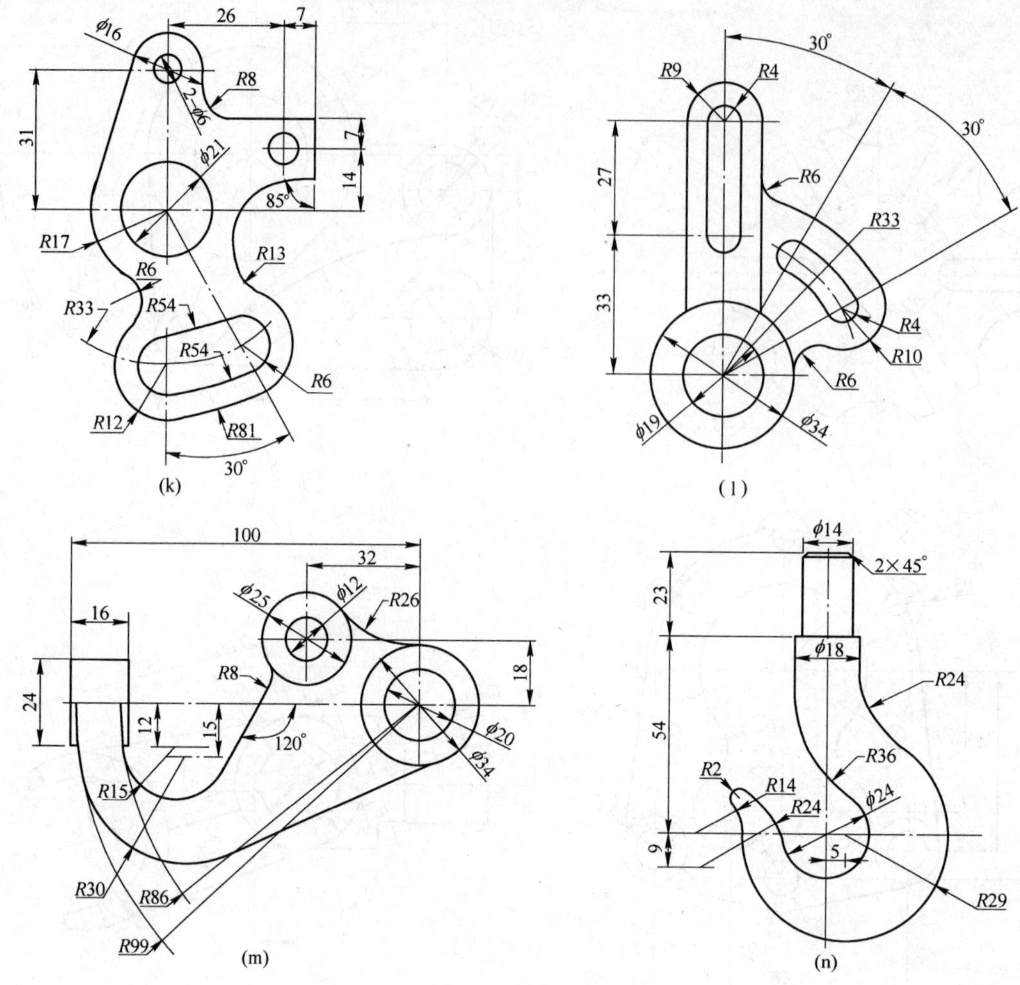

图2-81 题2-1图

2-2 按要求加工图2-82所示图例结构。

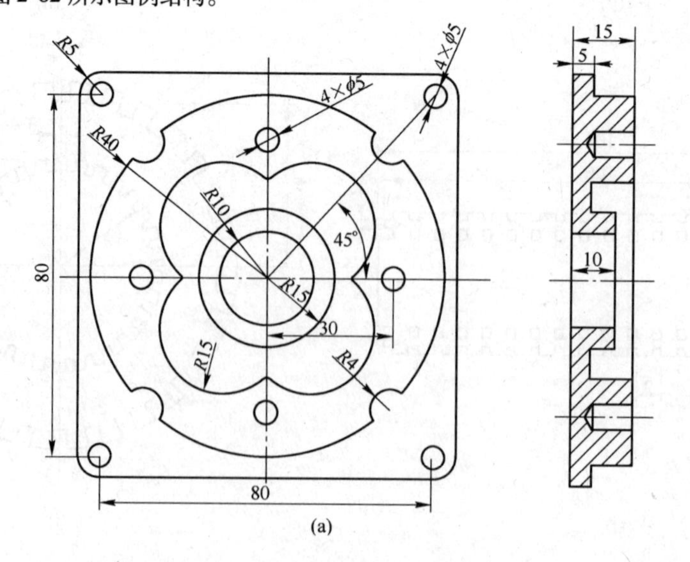

(a)

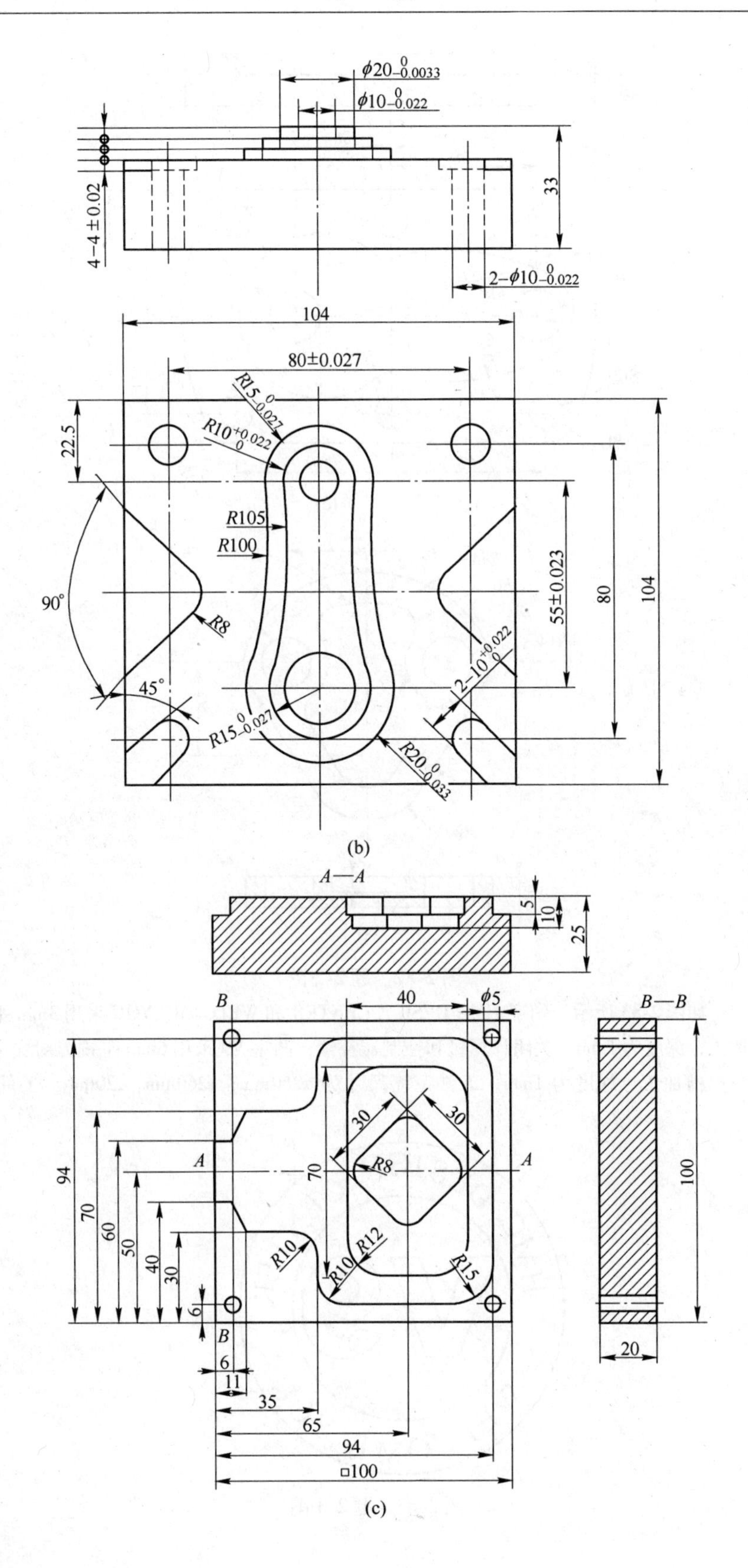

φ20 0 -0.0033
φ10 0 -0.022
4-4±0.02
33
2-φ10 0 -0.022
104
80±0.027
R15 0 -0.027
R10 +0.022 0
22.5
R105
R100
90°
R8
45°
R15 0 -0.027
R20 0 -0.033
2-10 +0.022 0
55±0.023
80
104
A—A
5
10
25
B
40
φ5
B—B
30
30
R8
70
A
A
94
70
60
50
40
30
6
R10
R12
R10
R15
100
B
6
11
35
65
94
□100
20

(b)

(c)

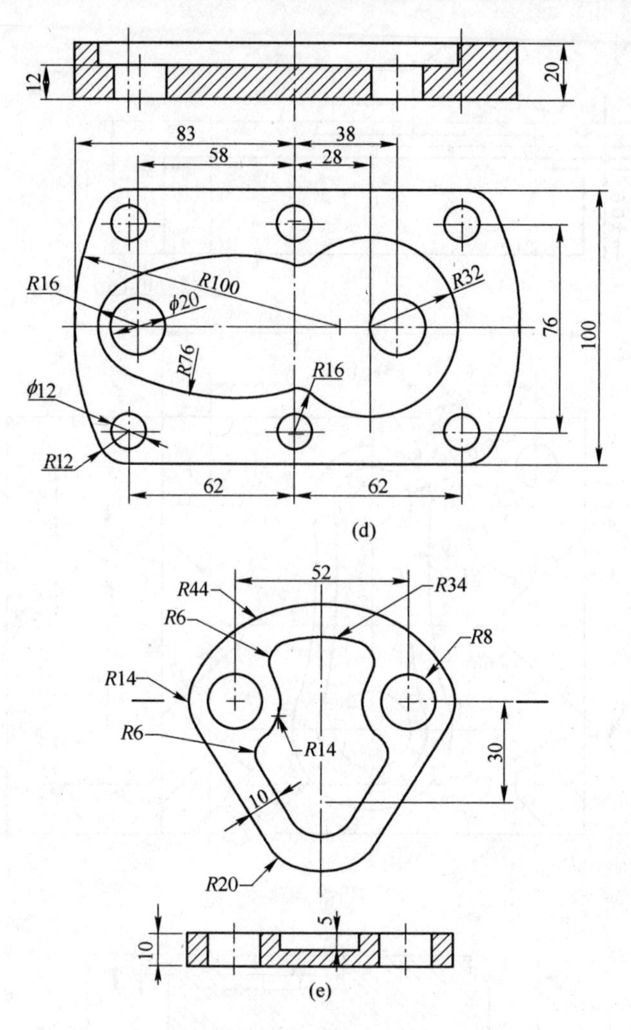

(d)

(e)

图 2-82　题 2-2 图

2-3　文字加工，如图 2-83 所示。凹字 HMC DESIGN CENTER 和 WELCOME YOU 采用 3mm 平铣刀进行外形铣削加工，深度为 1mm，关闭计算机和控制器补偿；凸字 V9 采用 6mm 平铣刀对文字与圆组成的区域进行挖槽加工，深度为 1mm；工件毛坯尺寸为 x260mm，y260mm，z20mm，工件原点为图形中心。

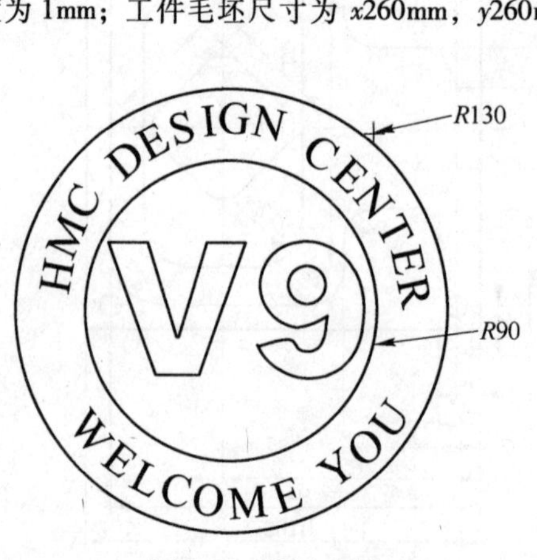

图 2-83　题 2-3 图

项目3　零件3的CAD/CAM

3.1　零件图

绘制并加工图3-1所示零件，要求：年产5000件，精度IT7。

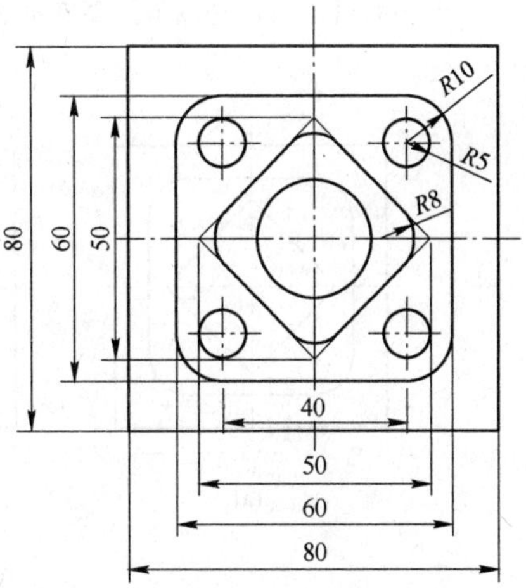

图3-1　台阶零件

3.2　能力目标

（1）掌握绘图命令之倒（圆）角、阵列命令。

（2）掌握二维综合绘图所涉及的相关线、图形及编辑和标注命令。

（3）掌握二维加工之车削加工方法。

（4）掌握二维加工之综合加工方法。

3.3　知识点

3.3.1　倒（圆）角、阵列命令

Mastercam的倒（圆）角、阵列命令是一种绘图的简便方法。

（1）倒圆角。选择如图3-2所示的【绘图】→【倒圆角】菜单命令，或者单击如图3-3所示Sketcher工具栏上的倒圆角工具按钮，即可进行倒圆角操作。

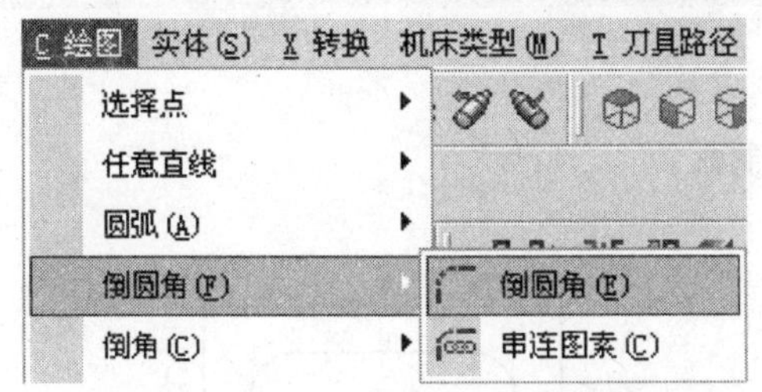

图3-2　【绘图】→【倒圆角】菜单命令

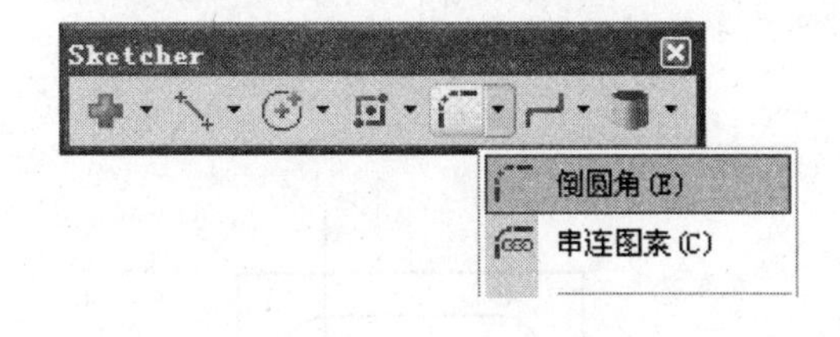

图3-3　Sketcher工具栏中倒圆角的工具按钮

（2）倒角。选择如图3-4所示的【绘图】→【倒角】菜单命令，或者单击如图3-5所示Sketcher工具栏上的倒角工具按钮，即可进行倒角操作。

绘制图3-1所示中间正方形的倒圆角，基准图形为图3-6（a），步骤如下：选取倒圆角命令，输入半径值8，选取目标线条，得到图3-6（c）。

（3）阵列。绘制图3-1所示4×ϕ10mm的小圆，基准图形为图3-6（c），步骤如下：利用图形的中心线绘制辅助线条确定其中一个圆的中心位置，利用圆绘制命令（见图3-7），选取图3-8所示的中心基准绘制图3-9。

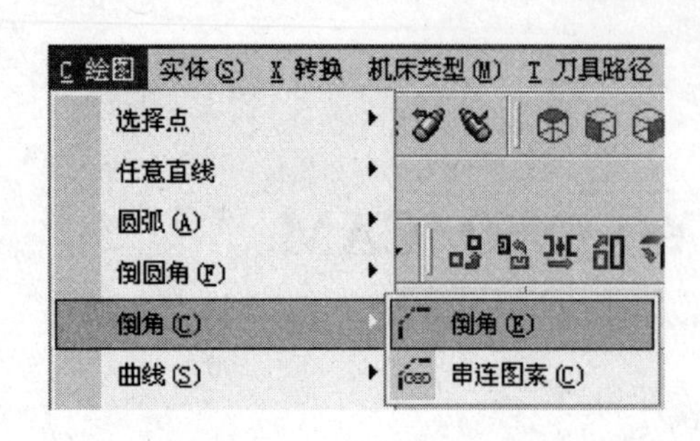

图3-4 【绘图】→【倒角】菜单命令

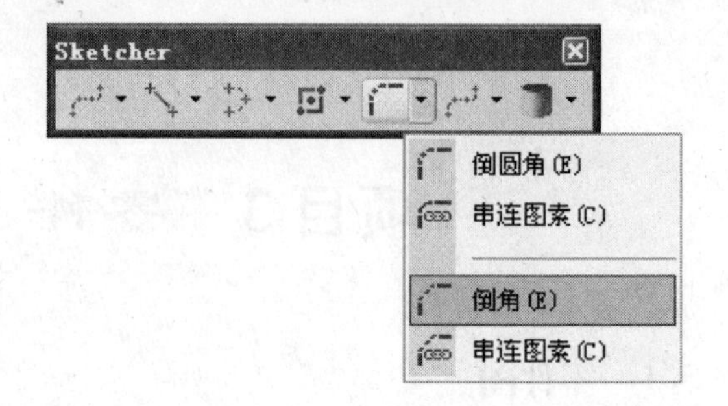

图3-5 Sketcher工具栏中倒角的工具按钮

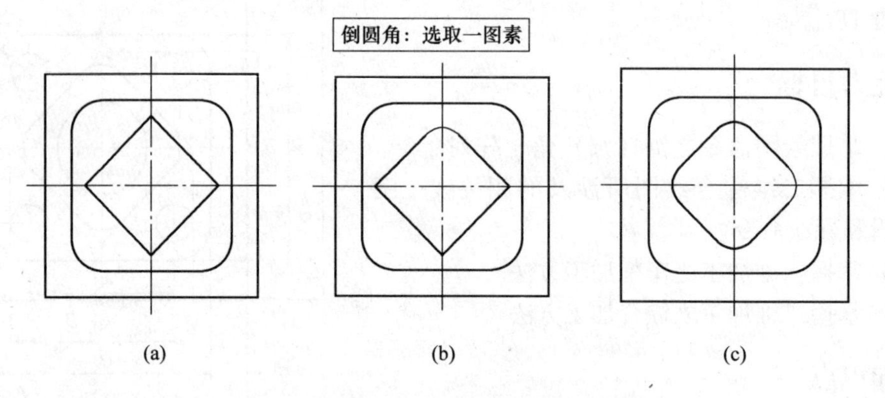

图3-6 倒 $R8$ 的圆角

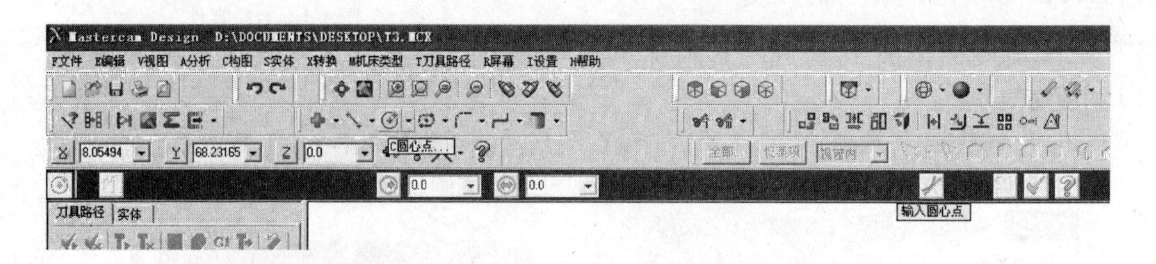

图3-7 圆绘制命令

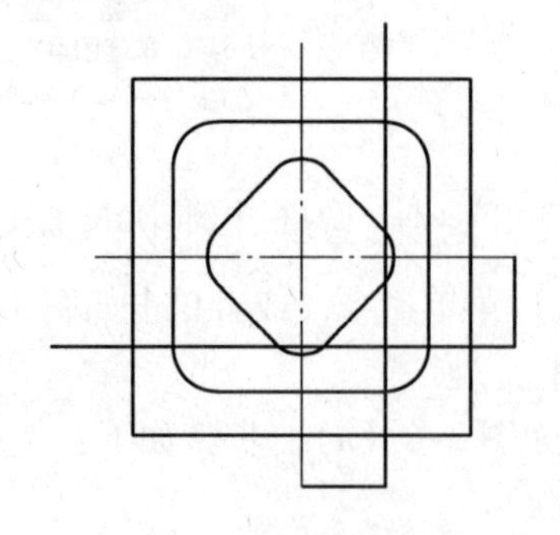

图3-8 绘制辅助线条

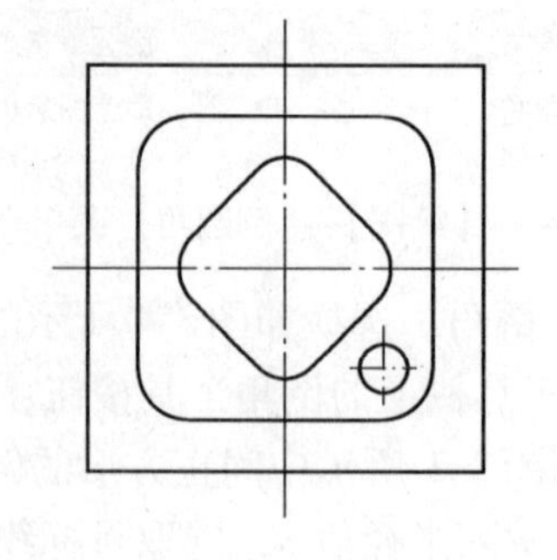

图3-9 圆绘制

利用图3-10的阵列命令，得到图3-11。

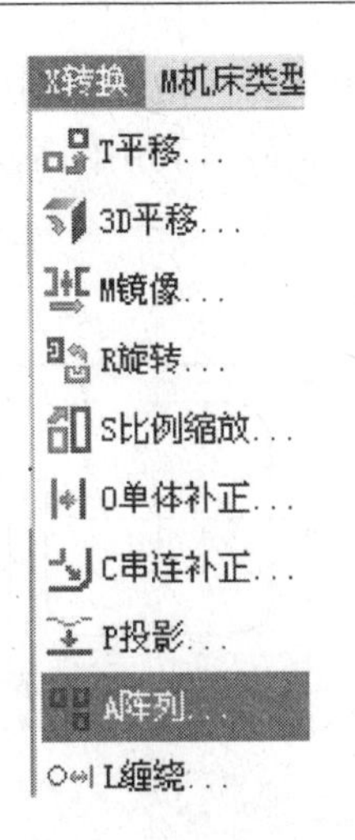

图 3-10 阵列命令

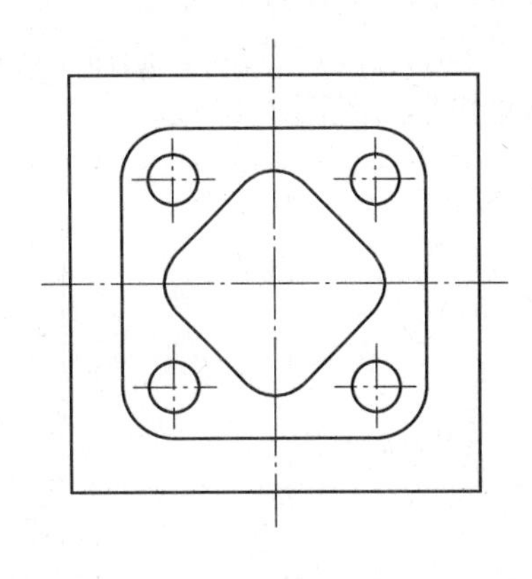

图 3-11 阵列命令结果

3.3.2 二维综合绘图

Mastercam 的默认初始参数不一，为了能清楚地看到图形，需设置绘图区域的颜色和工作条的颜色。在菜单栏的系统设置里边分别设置工作区背景颜色和工作条颜色，如需设置其他的绘制参数，则另行设置即可，如图 3-12 所示。在工具栏的系统配置选项里按图 3-13 进行设置。

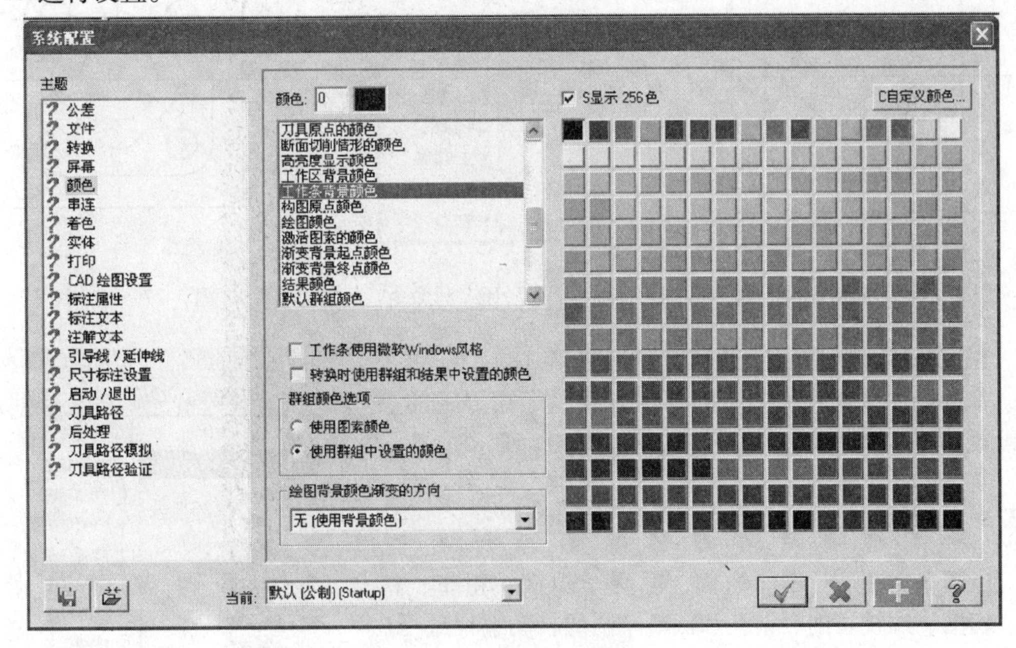

图 3-12 工作条颜色设置

图 3-13 工作区域颜色设置

基本目标参数设置完成之后，就可以按照基本图形绘制步骤开始，绘制中心线如图3-14（a）所示，再利用矩形绘制命令绘制矩形（见图3-14b），最后利用倒圆角矩形命令绘制倒圆角矩形（见图3-14c）。

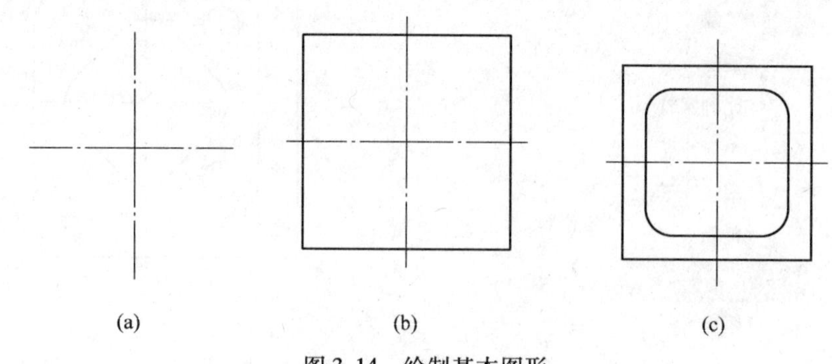

图3-14　绘制基本图形
（a）中心线；（b）矩形；（c）倒圆角矩形

利用类似图3-8的绘图方式和镜像命令绘制图3-15，在镜像命令时分别选取镜像对称轴X轴或者旋转命令。利用圆命令（见图3-16），经镜像、阵列得到如图3-17所示结果。

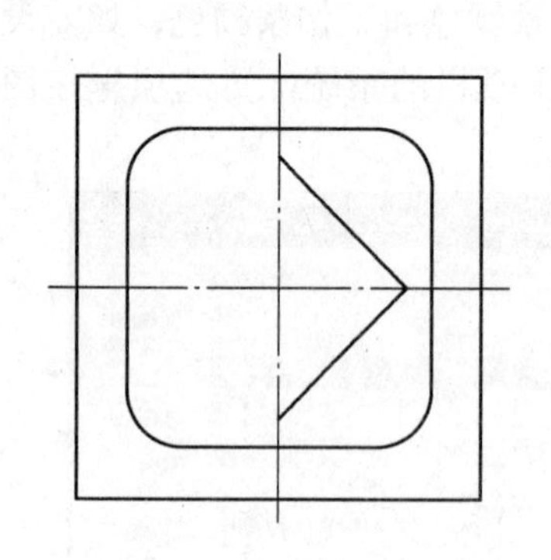

图3-15　不规则矩形的边

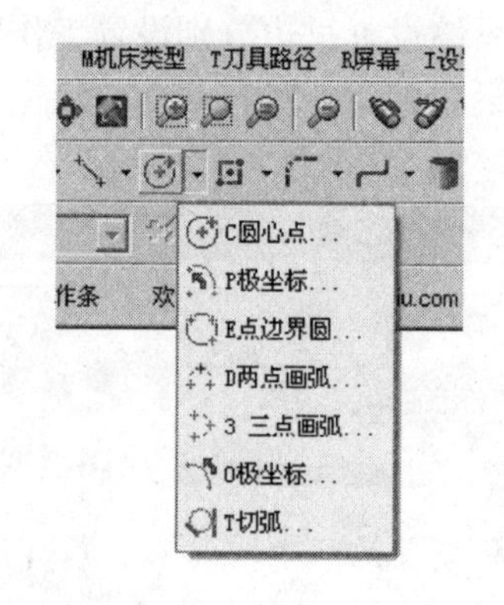

图3-16　圆命令

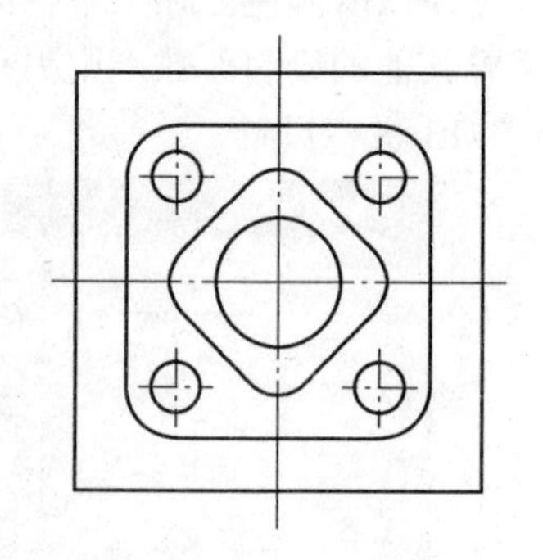

图3-17　基本图素

在工具栏命令里找标注工具（见图3-18），利用水平、垂直标注等合适于图形的标注方式，标注方式的参数设置如图3-19所示，得最终结果如图3-1所示。

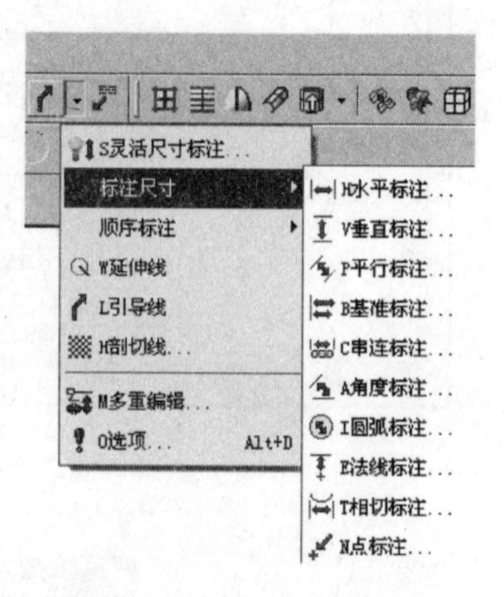

图3-18　标注命令

3.3.3　二维加工之车削加工

以图3-20所示零件为例，说明车端面、粗车、精车、切槽、螺纹切削、钻孔和截断车削的自动编程过程。

3.3.3.1　二维模型的绘制

（1）零件的二维模型如图3-21所示，将坐标系原点选在零件的右端面位置。

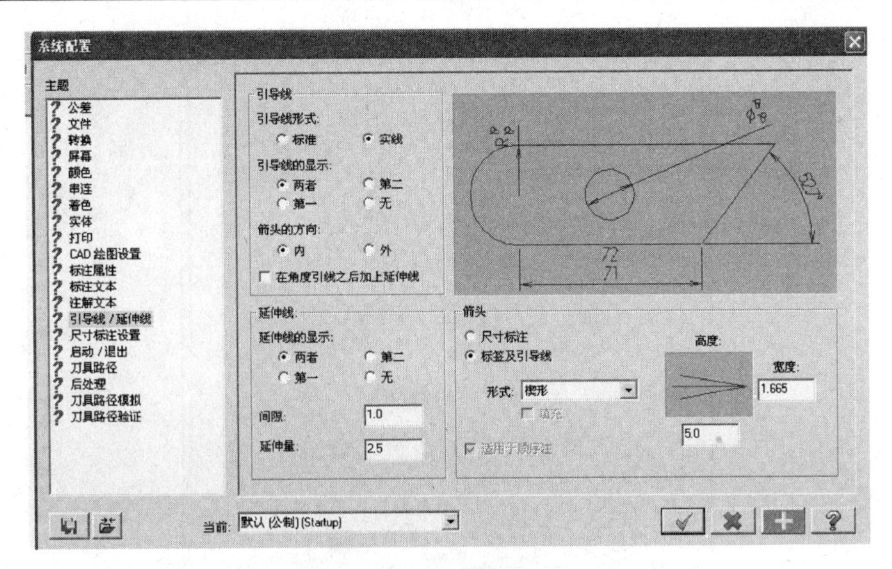

图 3-19 标注参数设置

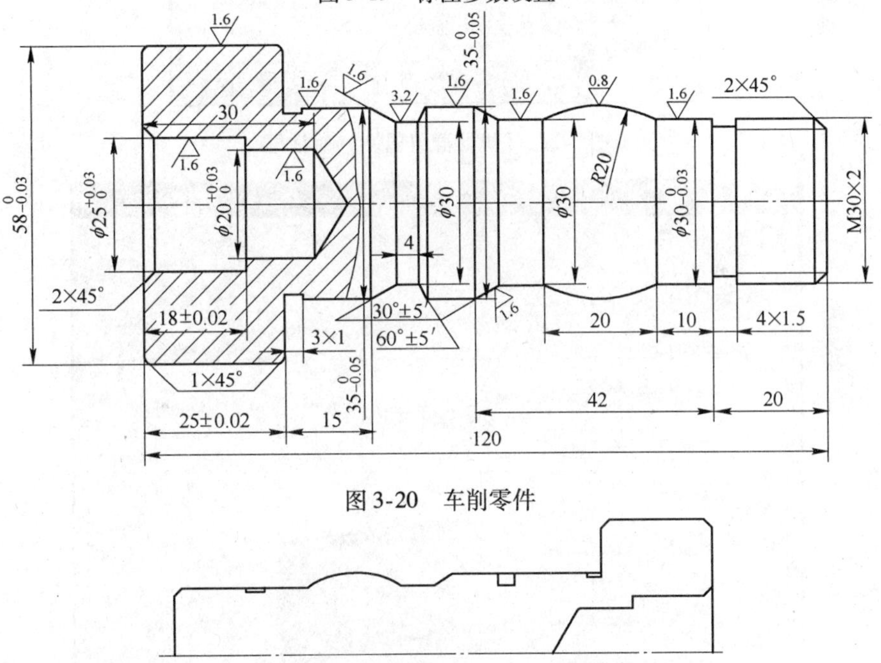

图 3-20 车削零件

图 3-21 车削零件二维模型

(2) 加工前的设置——选择机床类型。根据本零件的特点选择普通数控车床，方法如下：单击菜单栏 →【数控车床】。此时操作管理窗口【刀具路径】下，出现“机床群组 1”。

(3) 加工工艺分析。

1) 设定毛坯尺寸。此零件毛坯材料为 45 号（ϕ60mm × 125mm）圆钢。

①单击操作管理窗口中的【材料设置】按钮，进入【机器群组属性】对话框并自动切换到【材料设置】选项卡，如图 3-22 所示。

②在【素材】选项组中，单击目标按钮，系统弹出【机床组件素材】对话框并自动切换到【图形】选项卡，如图 3-23 所示，单击毛坯设置，设置毛坯的左下角点为（ -124,

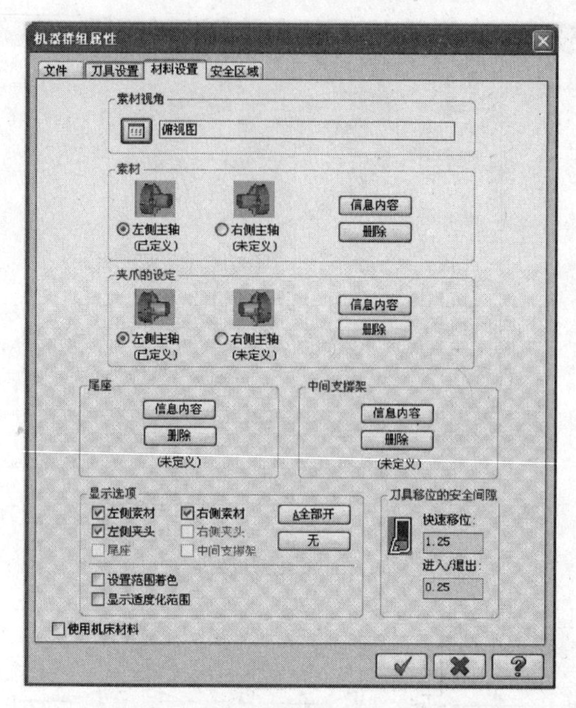

图 3-22　【机器群组属性】对话框

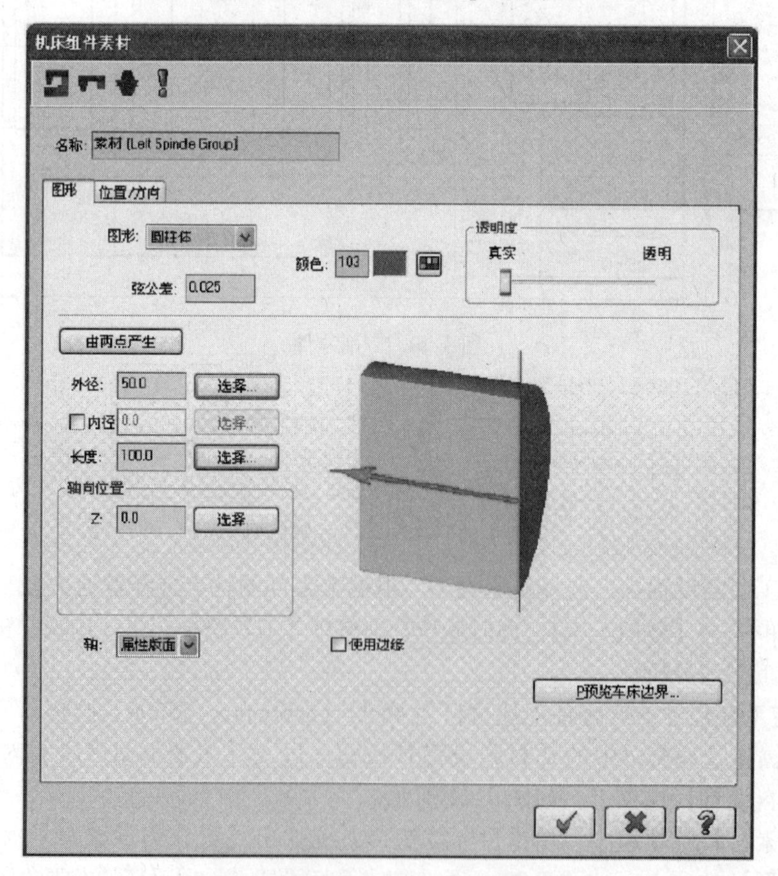

图 3-23　【机床组件素材】对话框

-30)，右上角点为（1，30)，然后单击【确定】按钮。

③在图3-22的【材料设置】选项卡的【夹爪的设定】选项组中，单击对象，系统弹出【机床组件夹爪的设定】对话框并自动切换到【图形】选项卡。选中【从素材算起】和【夹在最大直径处】复选框，夹持长度设为85，其他参数的设置如图3-24所示，然后单击【确定】按钮。回到图3-22所示的【材料设置】选项卡，按图所示设置【显示选项】，然后单击【确定】按钮，完成工件毛坯和夹爪的设置，如图3-25所示。

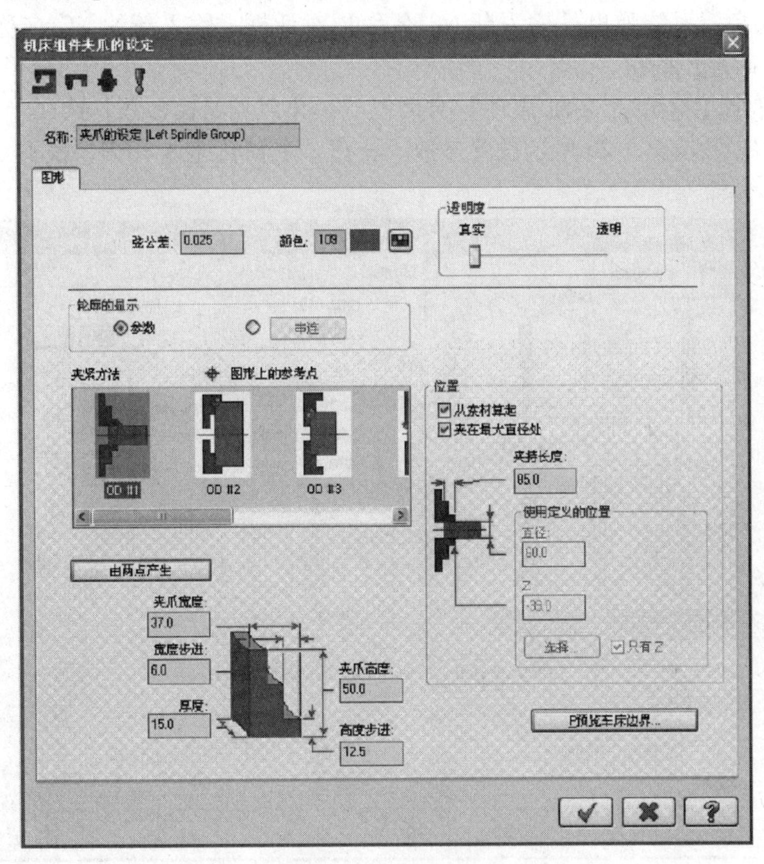

图3-24 【机床组件夹爪的设定】对话框

2）加工路线和装夹方法。

①1次装夹：毛坯伸出三爪卡盘的爪面约35mm。

加工路线：车大头端面→钻孔→车内孔→车削ϕ58mm外圆。

②工件换边装夹：用护套夹ϕ58mm的外圆。

加工路线：车端面→粗精车外轮廓→切3mm×1mm和4mm×1.5mm的退刀槽及ϕ35mm外圆上的凹槽→加工螺纹。

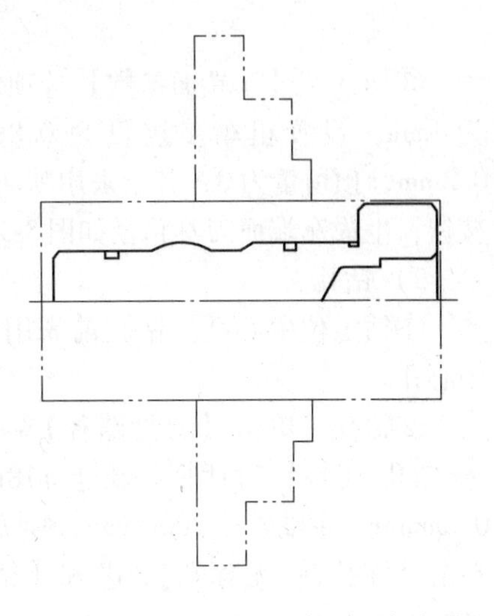

图3-25 设置完成的工件毛坯与卡爪

3）刀具的选用。所用刀具有外圆端面车刀、外圆车刀、内孔车刀、切槽刀（刀宽3mm）、标准A3规格中心钻、ϕ18mm麻花钻、螺纹车刀。

（4）左端加工刀具路径。

1）车左端面。

①单击对象，系统弹出【输入新NC名称】对话框，输入新的NC名称为“车削零件”，单击【确定】按钮。

②系统弹出【车床-车端面 属性】对话框。在【刀具路径参数】选项卡中选80°菱形端面外圆车刀，并按图3-26所示设置参数。注意：主轴转速选RPM，换刀点设为自定义（X100，Z100）。

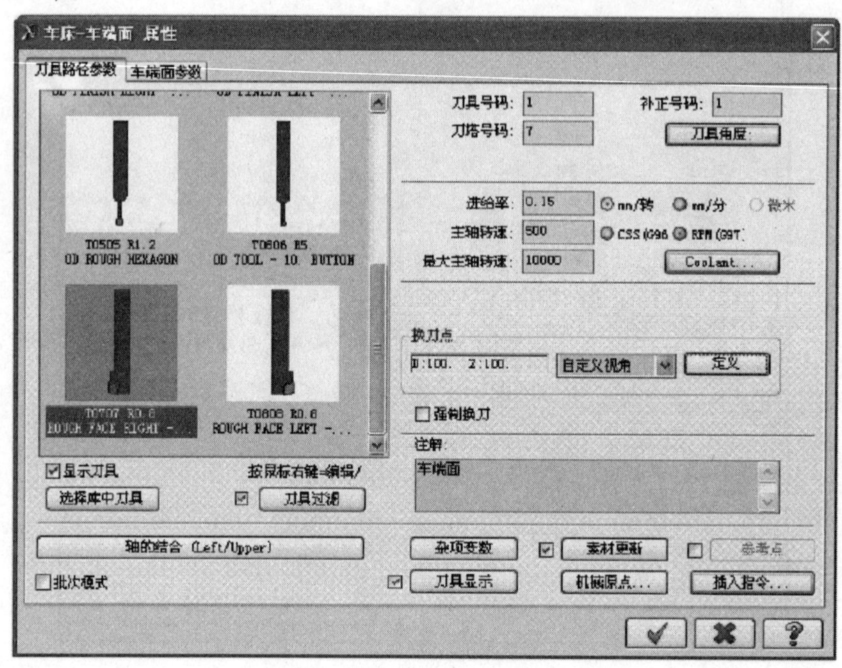

图3-26 车端面设置

③切换至【车端面参数】选项卡，设置进刀延伸量为4mm，设置粗车步进量为0.8mm，精车步进量为0.2mm，预留量为0，其余采用默认设置。单击【确定】按钮，生成车端面刀具路径如图3-27所示。

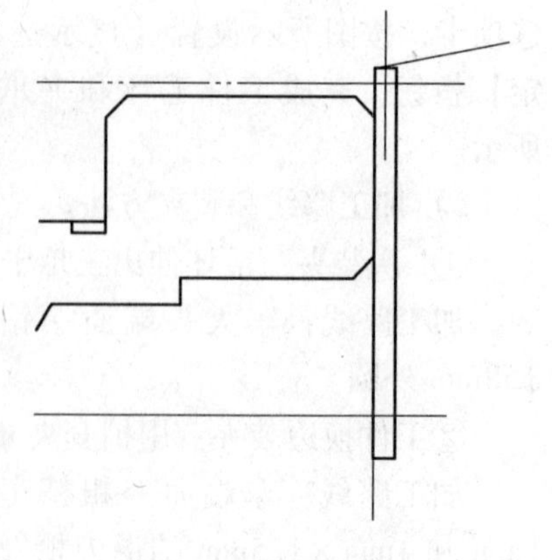

图3-27 端面刀具路径

2）钻孔。

①钻定位中心孔。钻孔前先用A3中心钻，钻定位中心孔。

②钻孔。单击【刀具路径】→【钻孔】，进入【车床-钻孔 属性】对话框。新建ϕ18mm麻花钻，进给率0.2mm/r，主轴转速200r/min，换刀点（X100，Z100）。单击【深孔钻-无啄孔】，进入【钻孔参数设置】对话框，设定深度为-35.5mm，暂留时间为200ms，其余采用默认设置。单击【确定】按钮，

生成钻孔刀具路径。

3）车内孔。

①单击对象，系统弹出串联对话框，选中【部分串联】，且选中【连续】复选框，按顺序指定加工轮廓，如图3-28所示。在串联对话框中单击【确定】按钮。

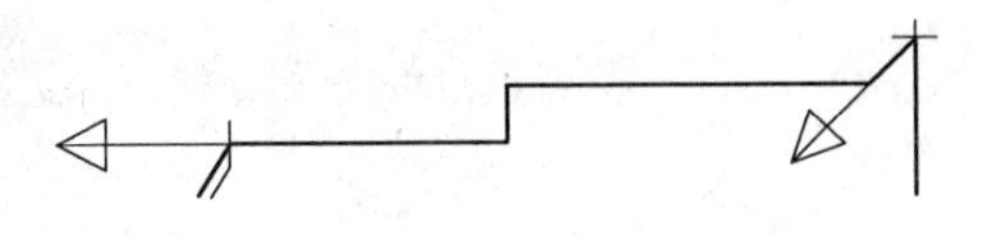

图3-28 路径串联

②进入【车床-精车 属性】对话框，在【刀具路径参数】选项卡中选择80°菱形刀片内孔车刀（注意刀杆尺寸建议设为12mm），进给率0.1mm/r，主轴转速600r/min，换刀点同上。单击【精车参数】按钮，进入精车参数设置对话框，设定精车步进量0.6mm，精修次数4次。选中并单击【进/退刀向量】，进入【进/退刀向量设置】对话框，在【引入】选项卡下，设置延伸数量2mm，不勾选【使用进刀向量】；在【引出】选项卡，勾选【使用退刀向量】，将进退刀向量设为目标数据，其他采用默认设置，单击【确定】按钮，返回【精车参数】对话框，单击【确定】按钮，生成内孔加工刀具路径，如图3-29所示。

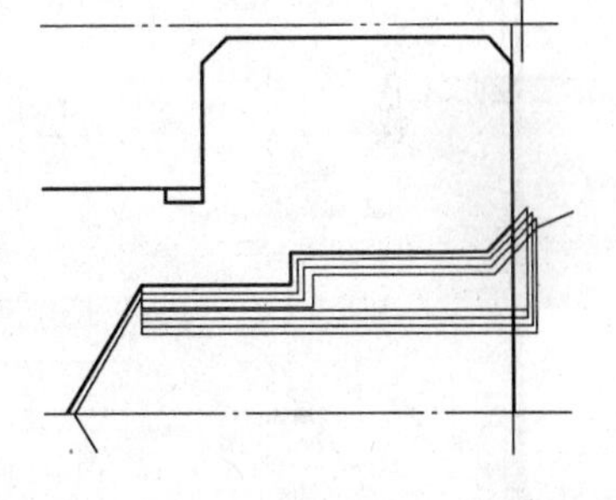

图3-29 内孔加工刀具路径

4）车削ϕ58mm外圆，串联端面倒角及ϕ58mm外圆轮廓线，确认后，进入【精车刀具参数】对话框，选择93°外圆精车刀，进给率0.1mm/r，转速1000r/min，换刀点同上。单击【精车参数】按钮，进入【精车参数】对话框，设定精车步进量0.4mm，精修次数2次。选中并单击【进/退刀向量】，进入【进/退刀向量设置】对话框，在【引入】选项卡下，选中【延伸/缩短起始轮廓线】，设置延伸数量2mm，不勾选【使用进刀向量】；在【引出】选项卡下，设置延伸数量2，将进退刀向量设为目标数据，其他采用默认设置，单击【确定】按钮，返回【精车参数】对话框，单击【确定】按钮，生成ϕ58mm外圆车削刀具路径，如图3-30所示。

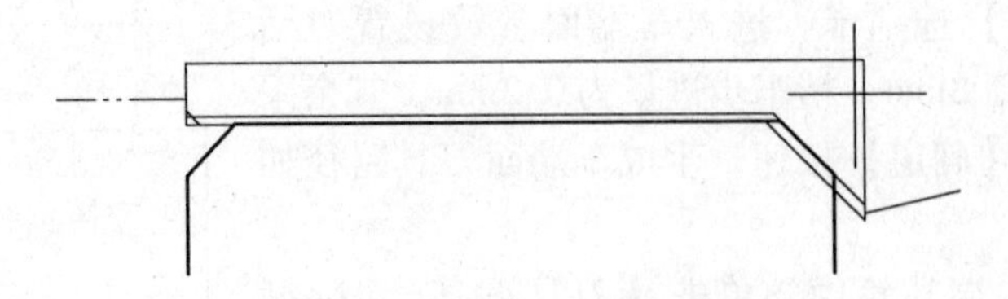

图3-30 ϕ58mm外圆车削刀具路径

（5）左端加工实体切削验证。单击实体，进行实体切削验证。

（6）后置处理，生成左端NC加工程序。单击刀具路径管理器下按钮，选择所有操作。单击刀具路径工具栏下的【G1】（后处理指定的操作）按钮，弹出【后处理程式】对话框。单击【确定】后，出现【另存为】对话框。输入文件名，单击【保存】，产生该零件左端加工程序。

（7）右端加工刀具路径。

1）工件掉头。进入【车削素材翻转 属性】对话框，如图 3-31 所示。单击【图形】选项组中的【选择】按钮，框选绘图区中图形，回车返回，其他参数如图 3-31 所示。单击【确定】按钮，返回绘图区，如图 3-32 所示。

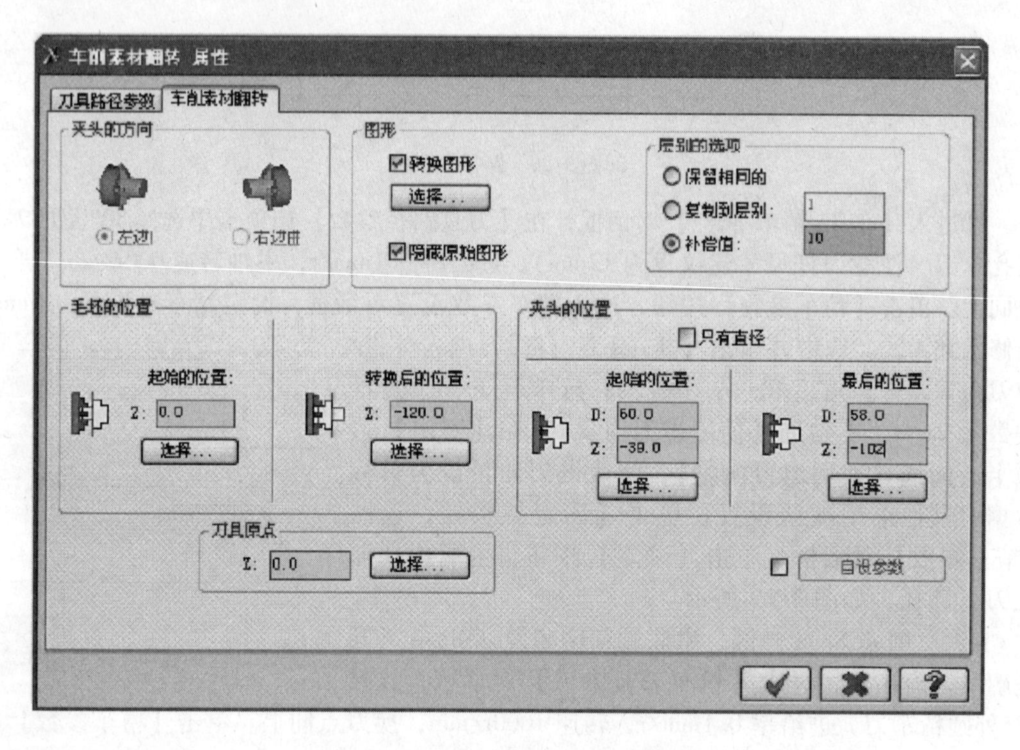

图 3-31　【车削素材翻转 属性】对话框

2）车右端面。单击【刀具路径-车端面】按钮，进入车端面刀具参数设置对话框。选择 80°菱形端面外圆车刀，设置参数并勾选【参考点】，设置进退刀点为（X70，Z5），以下各操作可参照此设置参考点（进退刀点）。切换至【车端面参数】选项卡，进入车端面参数设置对话框，粗车步进量为 0.8mm，精车步进量为 0.2mm，其余采用默认设置。单击【确定】按钮，生成车端面刀具路径如图 3-33 所示。

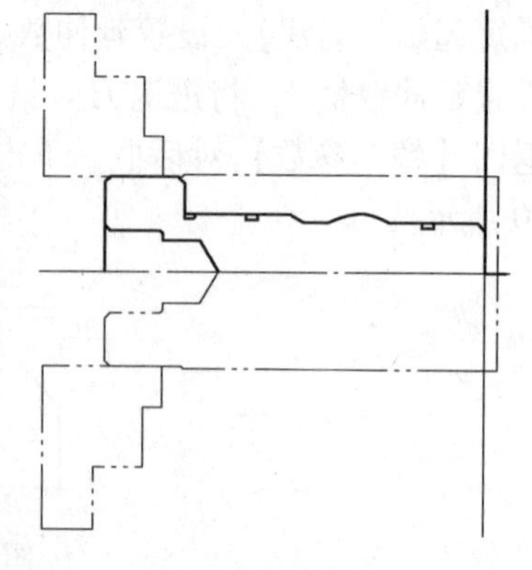

图 3-32　工件掉头后的图形

3）循环粗车右端外轮廓。单击【刀具循环-切削循环】按钮，部分串联（点选【接续】）选取右端轮廓线，如图 3-34 所示。确认后，进入【车床 粗车循环 属性】刀具设置对话框，选择 80°菱形粗车刀，参照端面车削设置参数及参考点。单击【循环粗车的参数】按钮，进入粗车循环参数设置对话框，粗切步进量 1mm，X 向预留量 0.2mm，Z 向预留量 0.2mm，单击【进刀参数】，设定如图 3-35 所示进刀形式。连续两次确定，生成右端部分粗车刀具路径，如图 3-36 所示。

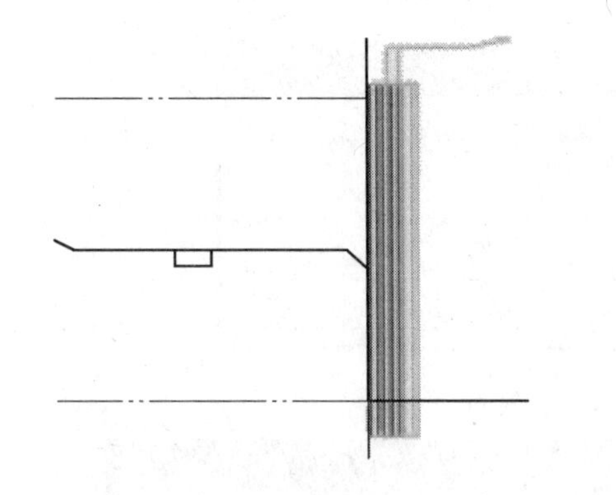

图 3-33 车右端面刀具路径

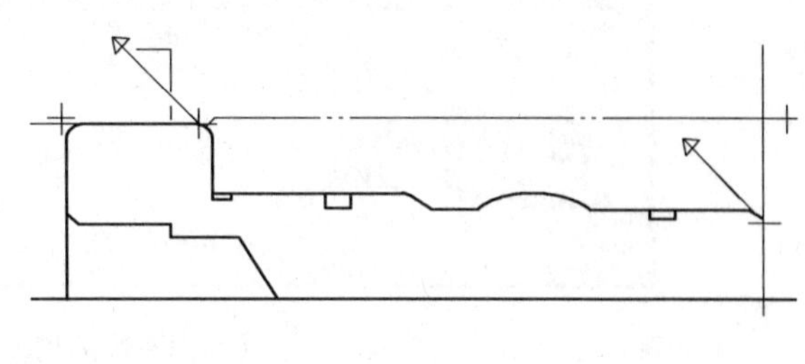

图 3-34 右端外轮廓串联

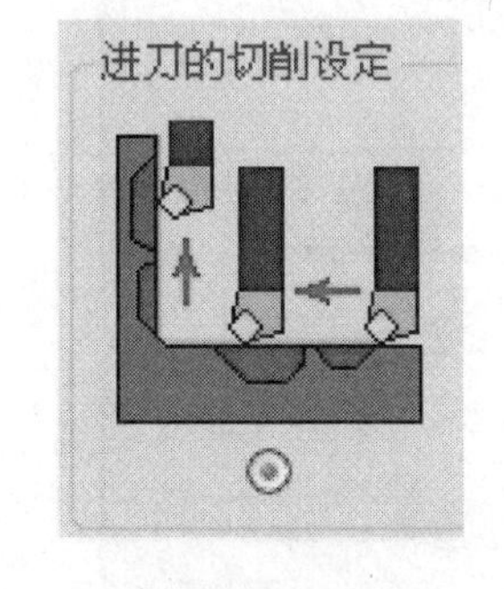

图 3-35 轮廓粗车进刀形式

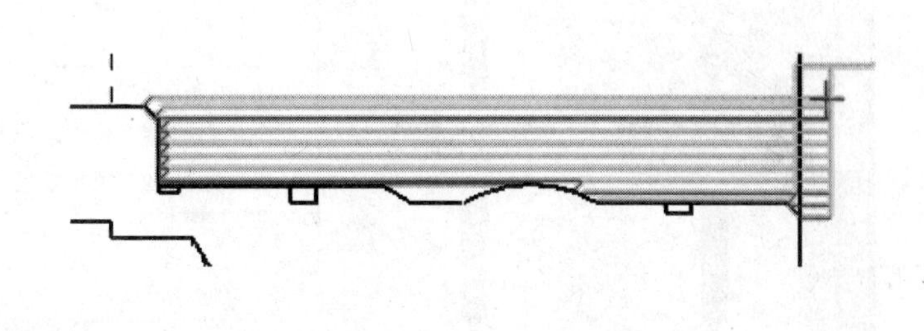

图 3-36 右端外轮廓粗车刀具路径

4）精车右端外轮廓。单击【刀具路径-精车】按钮，串联选取右端外轮廓线（同粗车循环），确认后，进入【精车刀具设置】对话框，选择 35°菱形精车刀，设置进给率 0.1mm/r，转速 1000r/min。选项卡，进入精车参数设置对话框，设置精车步进量为 0.6mm，精车次数 4，设置进退刀延伸为 2mm，不使用进退刀向量。单击【精车参数】按钮，选择如图 3-37 所示进刀形式。连续两次确认后，得到右端精车刀具路径如图 3-38 所示。

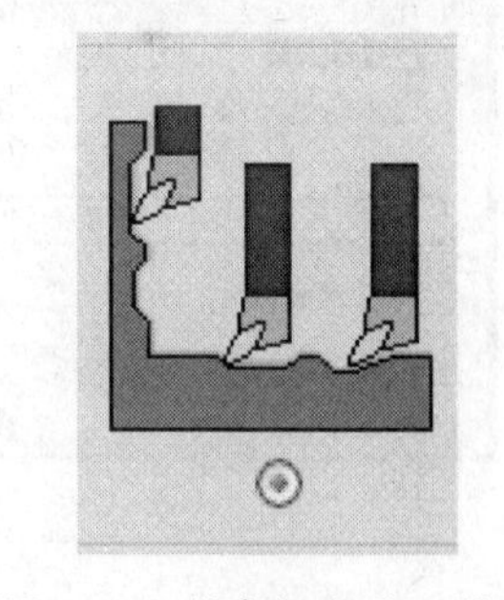

图 3-37 轮廓粗车进刀形式

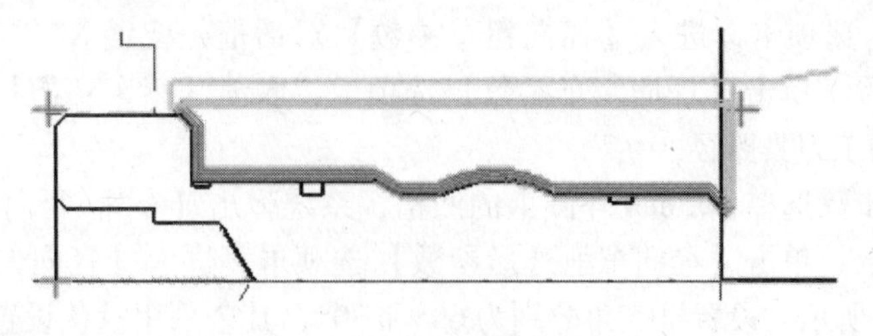

图 3-38 右端外轮廓串联

5）加工退刀槽及凹槽。

①单击【刀具路径-车床径向车削刀具路径】按钮，弹出如图 3-39 所示切槽选项，选中【两点】方式，确定后，选择 4mm ×1.5mm 退刀槽的右上角点和左下角点，回车确定。

②系统弹出【车床-径向粗车 属性】对话框，如图 3-40 所示，设置相应参数。单击

图3-39　【径向车削的切槽选项】设置

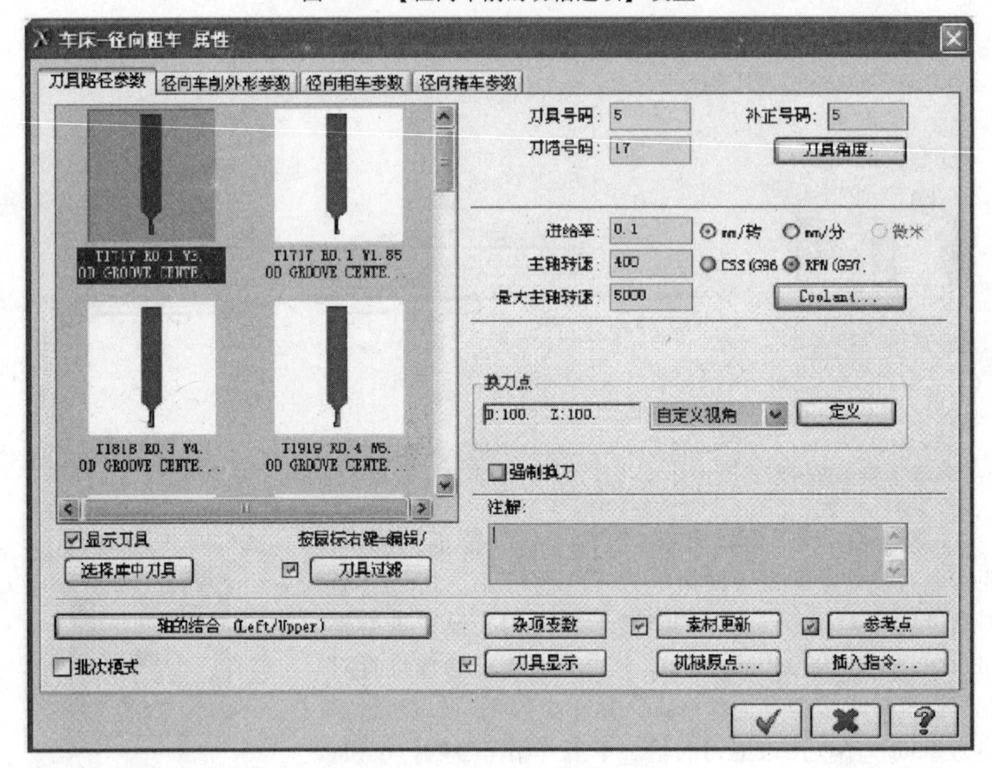

图3-40　径向粗车循环属性对话框

【径向车削外形参数】选项卡，进入【径向车削外形参数】对话框，采用默认设置。单击【径向粗车参数】选项卡，进入【径向粗车参数】对话框，设置X、Z方向预留量为0，其余采用默认设置。单击【径向精车参数】选项卡，取消【精车切槽】选项。单击【确定】，生成凹槽加工刀具路径。

③以同样的步骤选择ϕ35mm外圆上的凹槽，系统弹出【车床-径向粗车 属性】对话框，设置相应参数。单击【径向车削外形参数】选项卡，进入【径向车削外形参数】对话框，如图3-41所示，设置锥底角分别为60°和30°，其余采用默认设置。单击【径向粗车参数】选项卡，进入【径向粗车参数】对话框，设置X、Z方向预留量为0，将【槽壁】选项由“步进”改为“平滑”，其余采用默认设置。单击【径向精车参数】选项卡，取消【精车切槽】选项。单击【确定】，生成ϕ35mm外圆上凹槽加工刀具路径。

④以相同步骤选择3mm×1mm退刀槽，加工这个槽时，在图中要选用【串联】选项，参照4mm×1.5mm退刀槽的设置生成刀具路径。

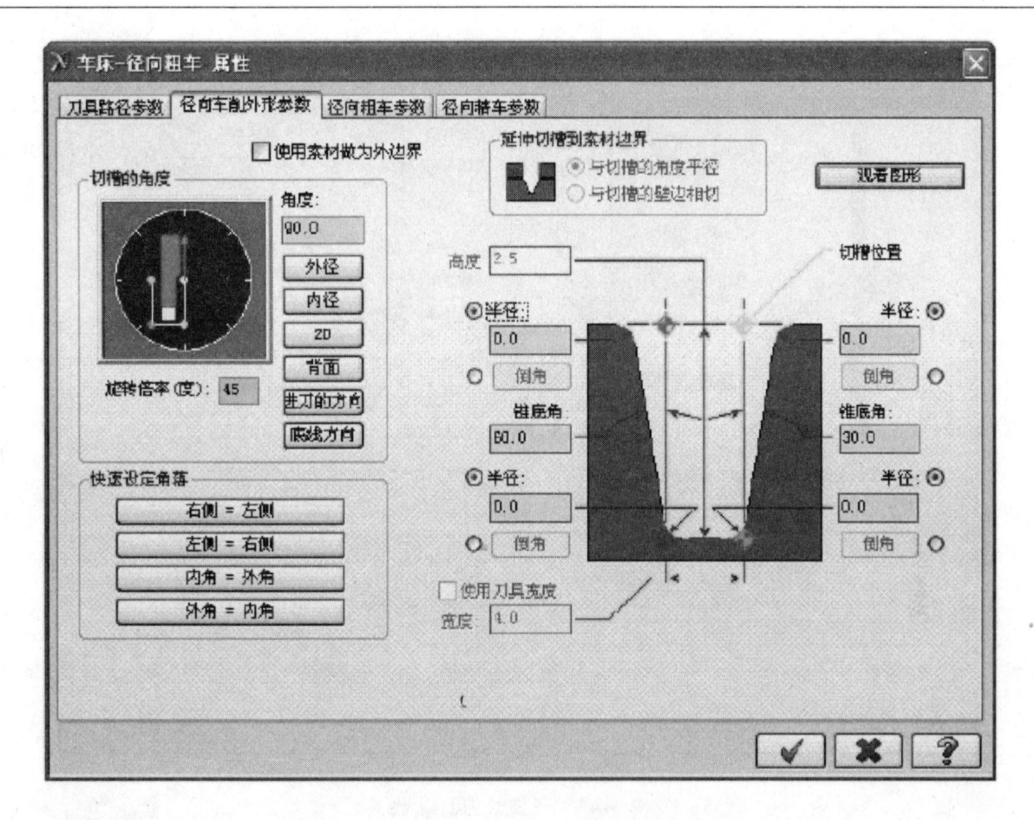

图 3-41 ϕ35mm 外圆上的凹槽刀路设置

⑤分别调整生成3 个槽的参考点，将4mm ×1.5mm 退刀槽的参考点设置为保留进刀点取消退刀点，取消 ϕ35mm 外圆上的凹槽刀路上的参考点，保留 3mm ×1mm 退刀槽刀路的退刀点而取消进刀点，最后生成 3 个槽的刀具路径如图 3-42 所示。

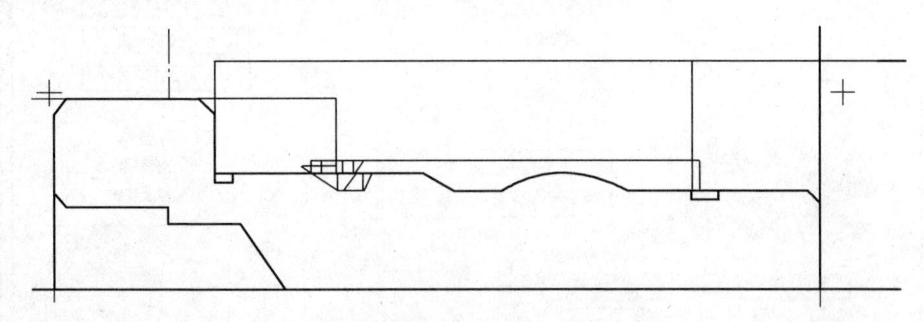

图 3-42 退刀槽和凹槽刀具路径

6）加工 M30 ×2 螺纹。单击【刀具路径-车螺纹】按钮，进入【车床-螺纹 属性】对话框，刀具参数设置如图 3-43 所示，螺纹形式参数如图 3-44 所示，车螺纹参数如图 3-45所示，参数设置完毕，单击【确定】按钮，生成螺纹加工刀具路径，如图 3-46 所示。

（8）加工实体切削验证。在操作管理窗口中单击【刀具路径管理器】下【加工操作】按钮，选择所有操作。然后单击【实体】按钮，弹出实体切削验证对话框，选中【碰撞停止】选项，单击【运行】按钮，出现模拟实体加工过程的画面，最终结果如图 3-47 所示。验证结果表示图示的零件被加工。单击【确定】按钮，返回 Mastercam X 操作界面。

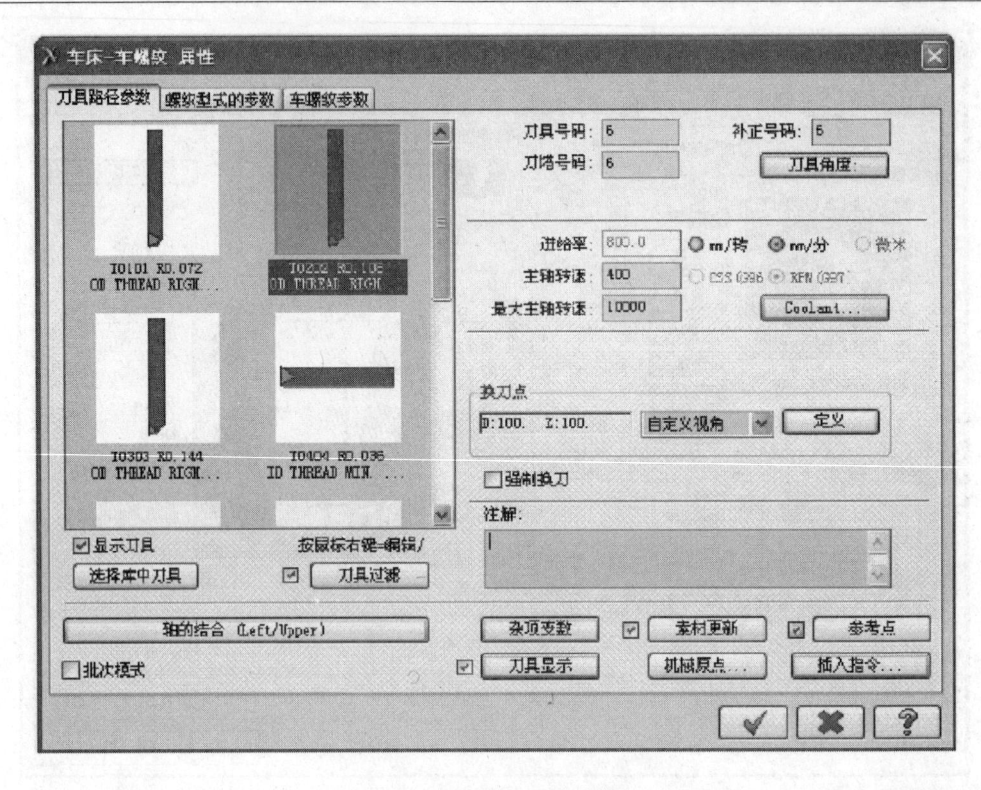

图 3-43　车螺纹刀具参数

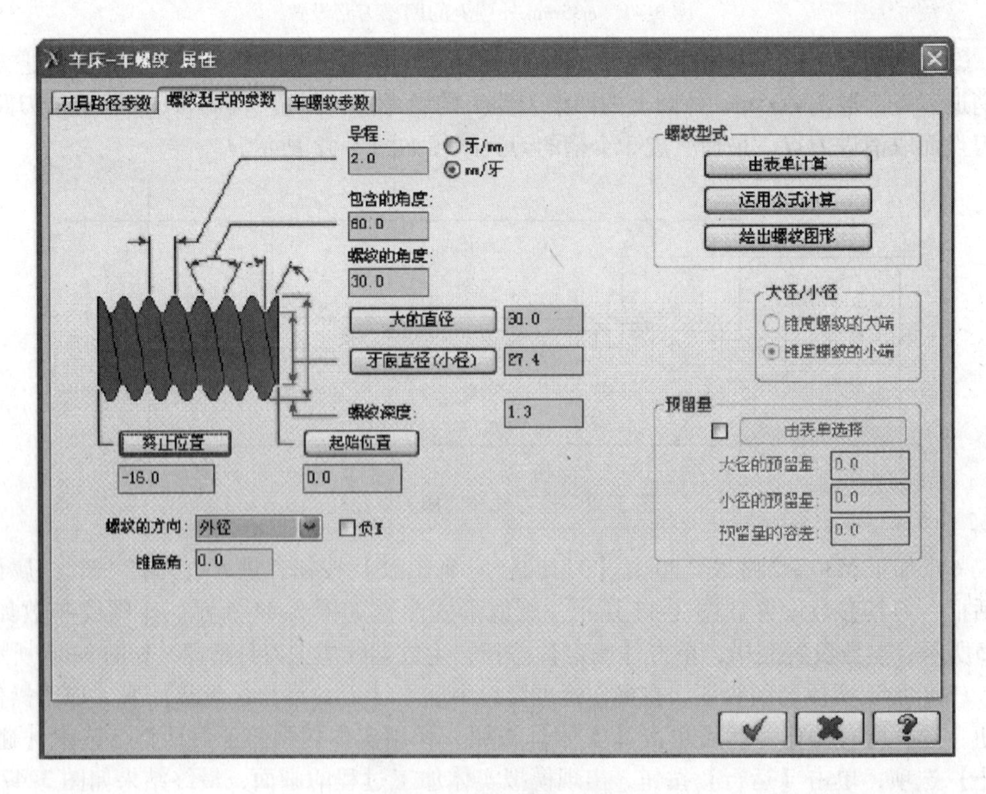

图 3-44　螺纹形式参数

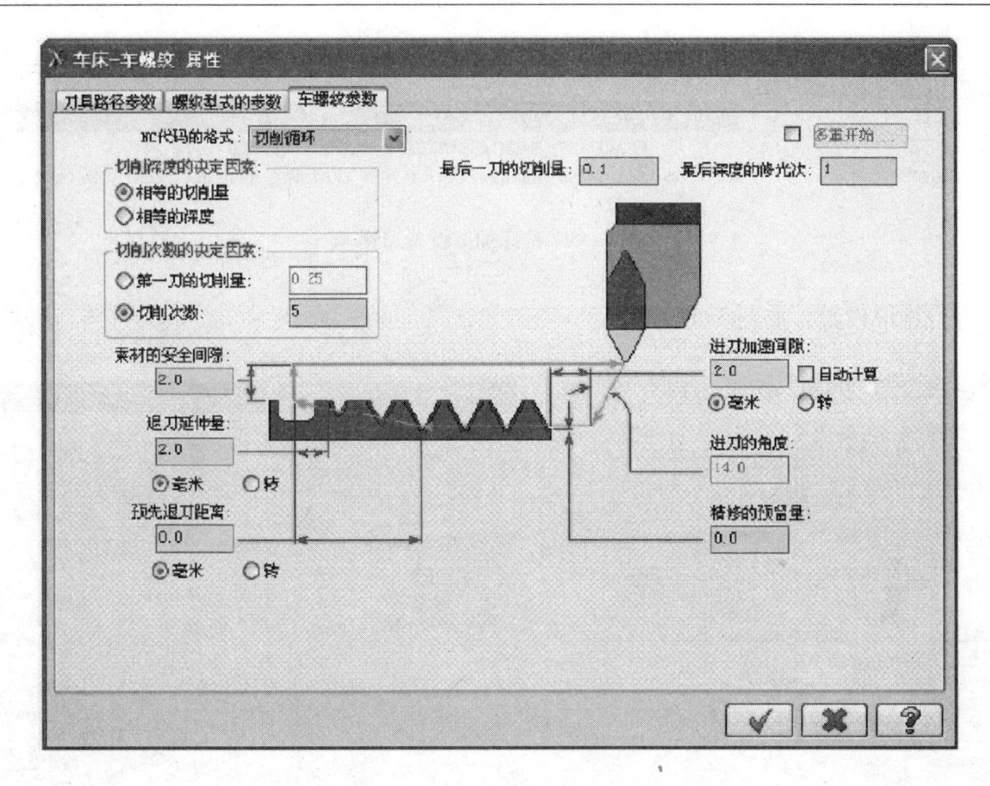

图 3-45 车螺纹参数

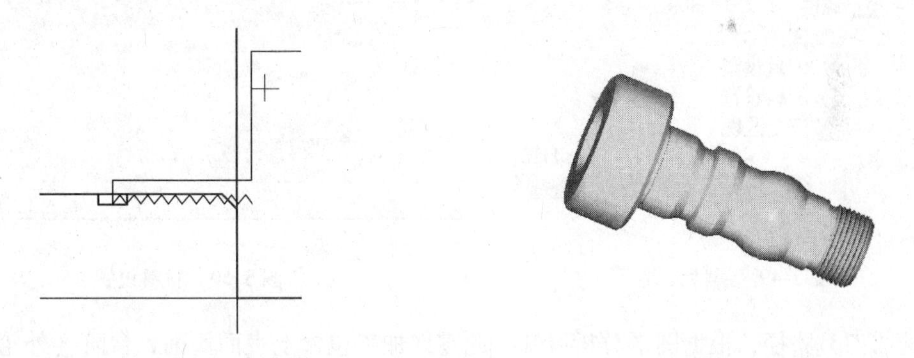

图 3-46 螺纹加工刀具路径

图 3-47 车削零件实体图

(9) 后置处理，产生 NC 加工程序。单击【G1】按钮，弹出【后处理程式】对话框。选择保存的目录，输入不同的文件名，生成各步加工 NC 程序。或选择所有操作，生成一个完整加工的 NC 程序。

3.3.4 二维加工之综合加工

在 Mastercam 加工模块中，选择菜单栏里的【机床类型】，在下拉菜单中选择【铣床】，再选择默认选择项 1，选择数控铣床作为加工的设备，如图 3-48 所示。

机床选定之后，弹出图 3-49 所示对话框，进行加工对象的属性选择和设置，包括刀具、材料和材料毛坯（区域）设置。这里要加工图 3-1 所示零件，因此根据图 3-1 所示的

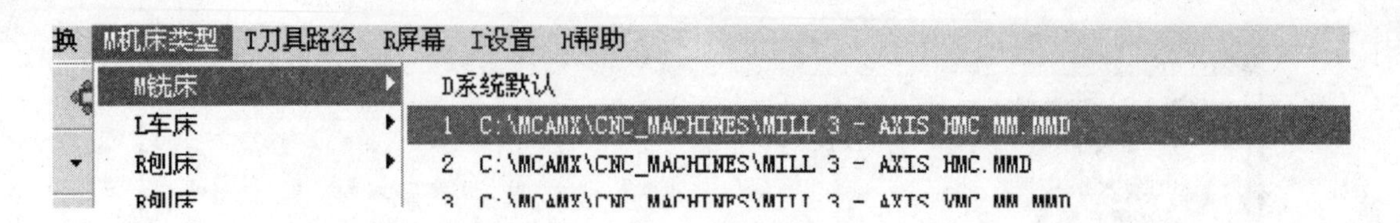

图3-48　铣床加工设备选择

参数进行相应设置，如图3-50所示。

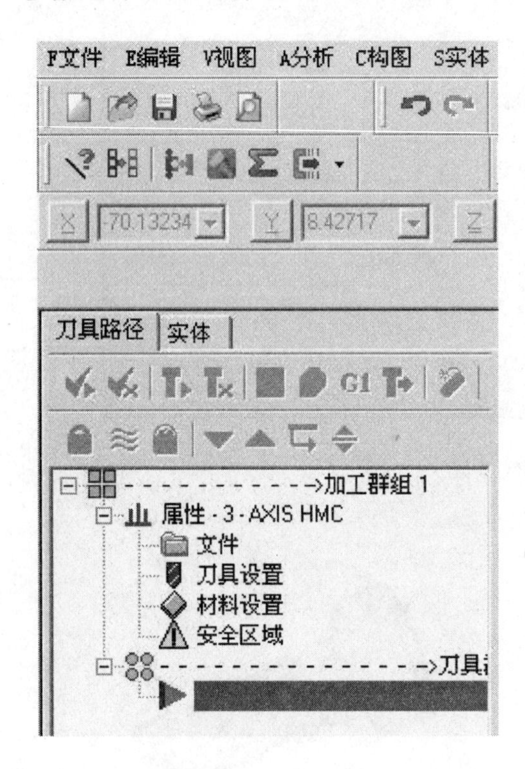

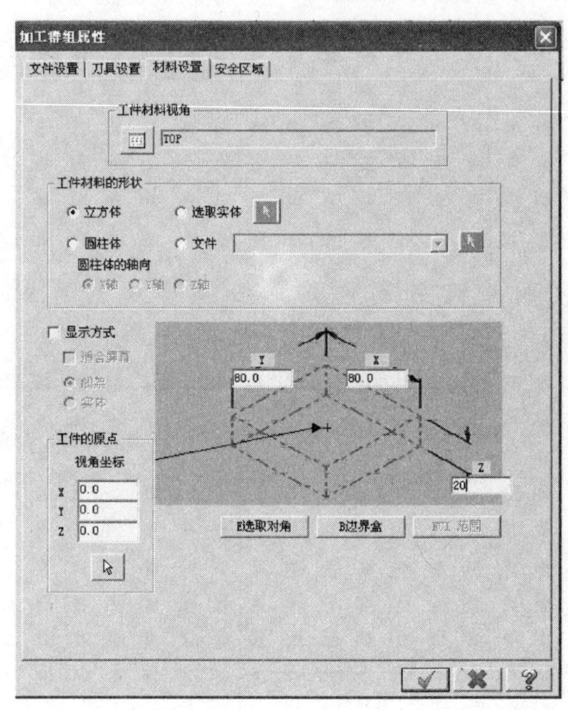

图3-49　属性设置　　　　图3-50　材料设置

选取刀具路径，根据图形分析可知，此零件加工包含上表面铣削、台阶（外轮廓）铣削、钻孔、扩孔等。选取【平面铣削刀具路径】（见图3-51），选取加工对象：最外轮廓的正方形进行串联，如图3-52所示。

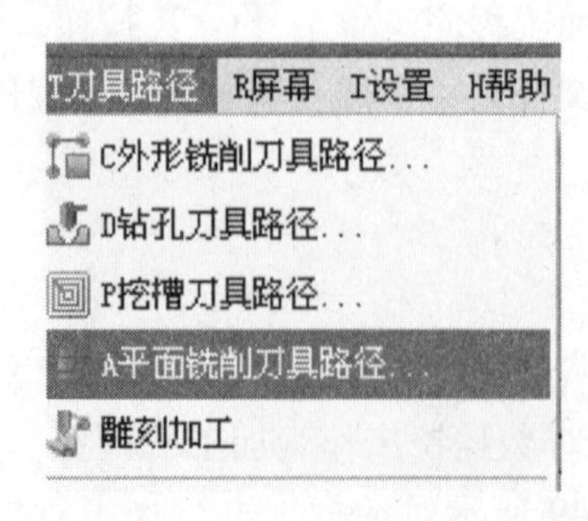

图3-51　平面铣削刀具路径

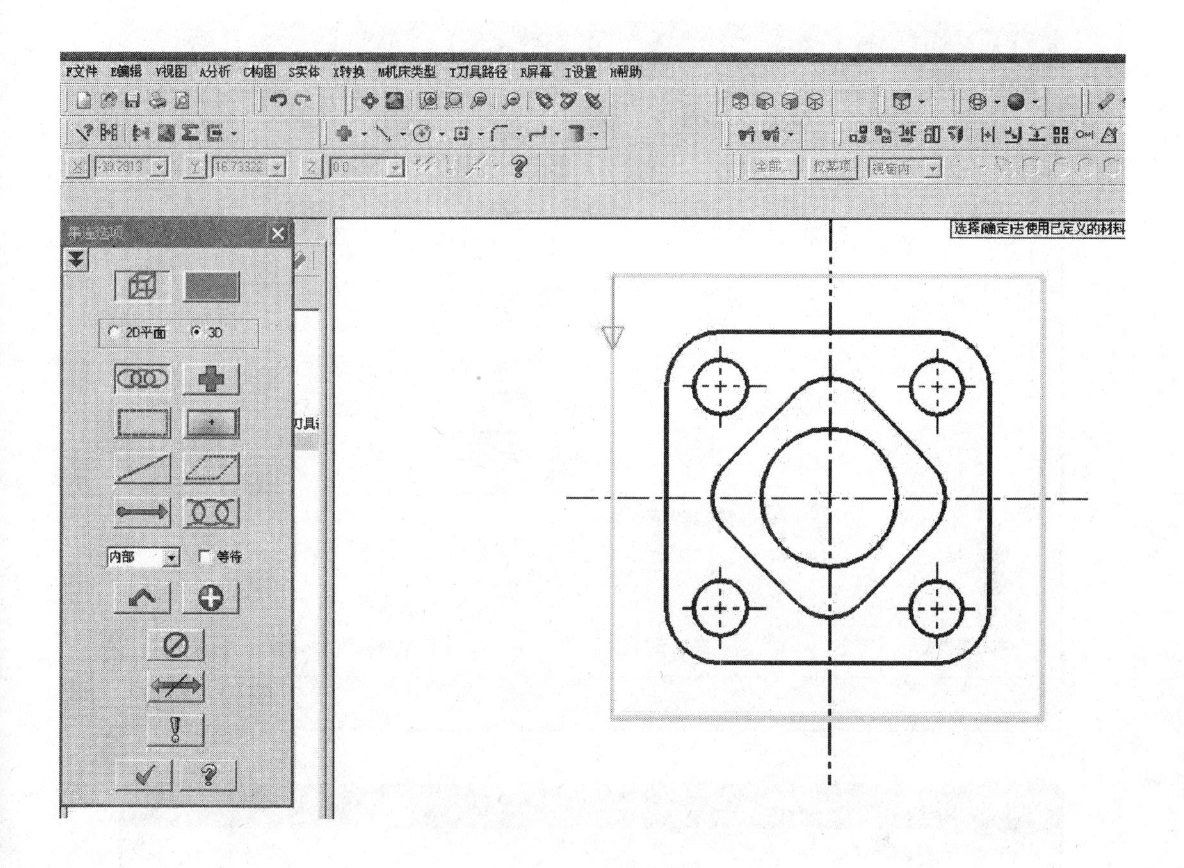

图 3-52 平面铣削范围

选取铣削用刀具，参数设置如图 3-53 所示，包括参考高度、工件表面数据、切削深度设置。

根据加工精度和加工深度的不同，可设置分层铣削，如图 3-54 所示，刀具种类选择如图 3-55 所示。

生成刀具路径如图 3-56 所示，参数设置可从操作管理器进行修改。

单击图 3-57 加工按钮，进行模拟加工，如图 3-58 所示。

经分析，要完成图 3-1 所示零件的加工，刀具选取为：ϕ30mm 盘铣刀完成上表面；ϕ16mm 立铣刀完成轮廓的粗、精加工及挖槽；ϕ2mm 的中心钻完成底孔的定位；ϕ9.7mm 的钻头完成孔的粗加工，ϕ10mm 的钻头完成孔的尺寸加工。生成刀具路径如图 3-59 所示。

单击【循环启动】按钮，工件加工结果如图 3-60 所示。在模拟加工过程中，可调整加工速度，以节约时间。

加工完成，需设置成系统的后置处理，得到数控加工走刀路径，校验刀具干涉和走刀路线是否合理，如图 3-61 所示。

生成的后置处理程序如图 3-62 所示。

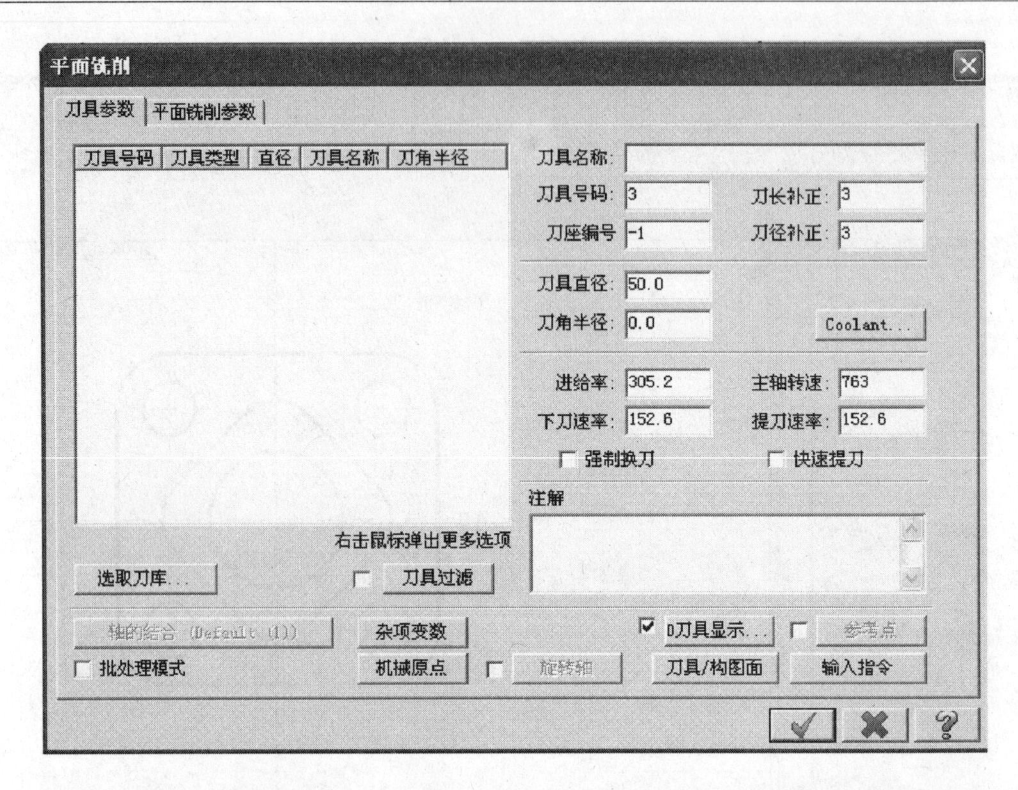

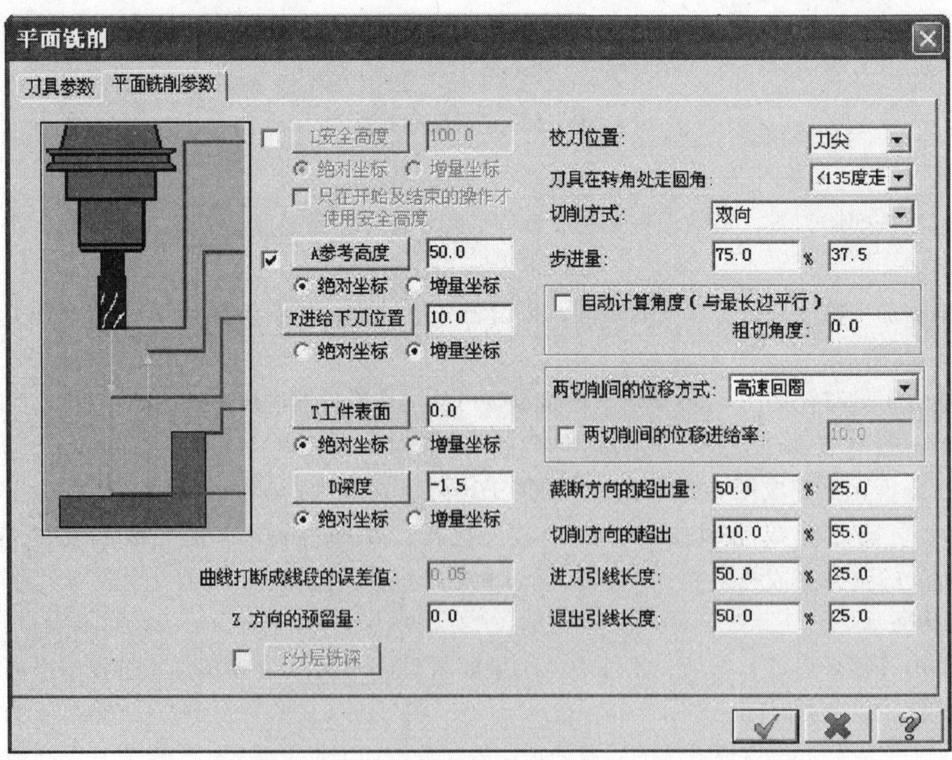

图 3-53　平面铣削刀具参数设置

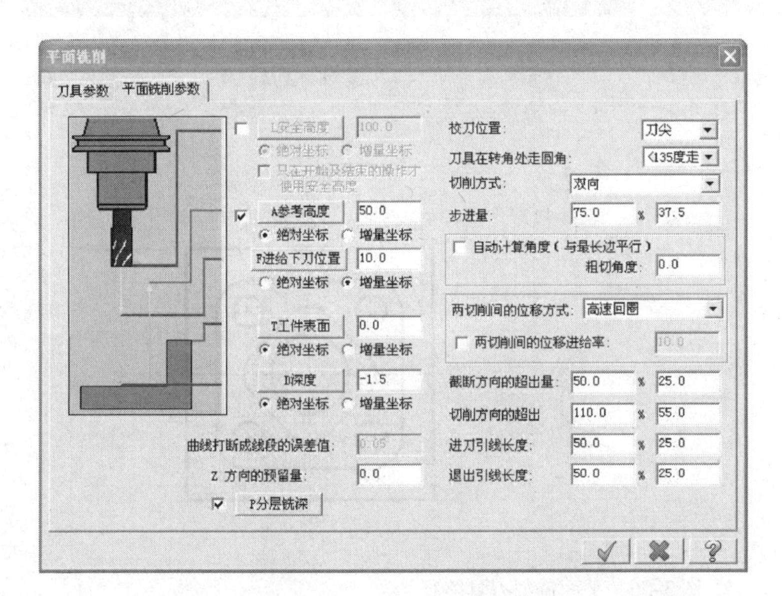

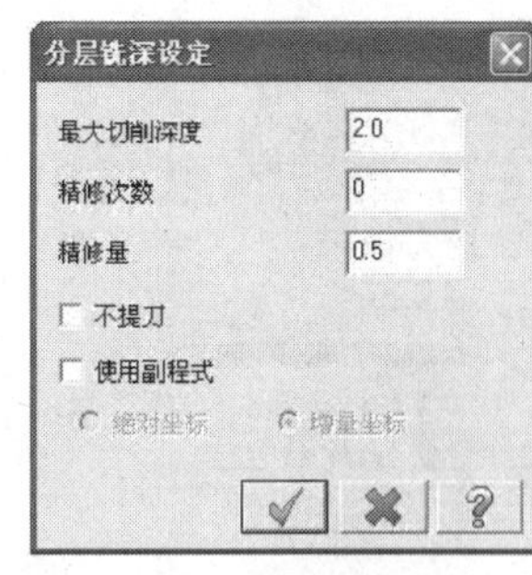

图 3-54 分层铣削参数设置

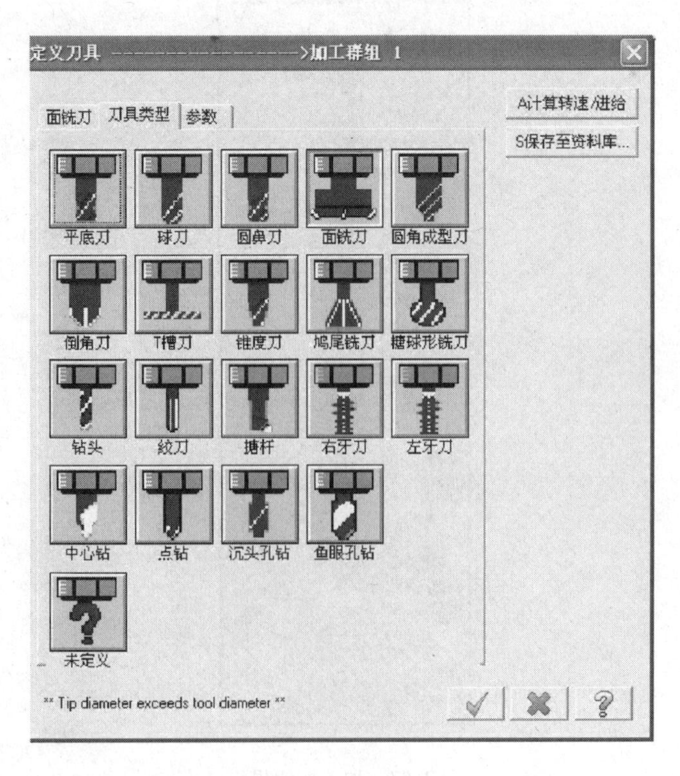

图 3-55 刀具图库

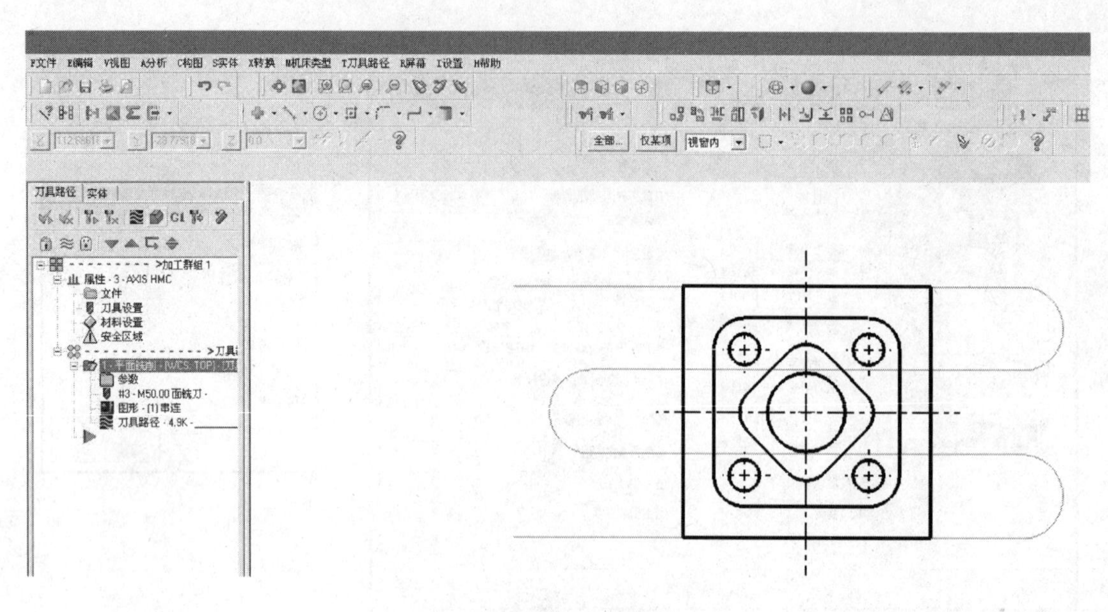

图 3-56　平面铣削刀具路径

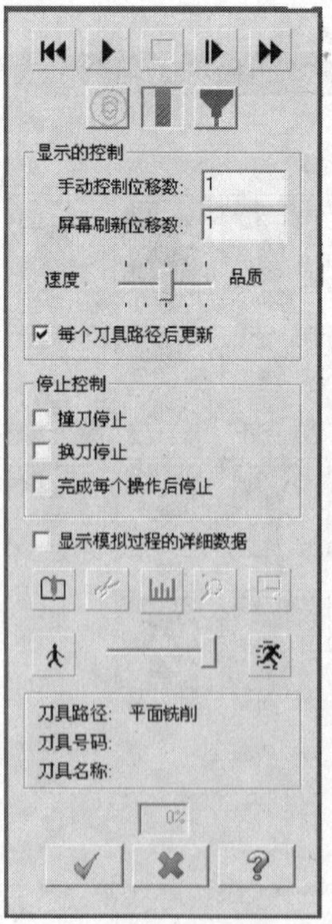

显示的控制
手动控制位移数: 1
屏幕刷新位移数: 1
速度　品质
☑ 每个刀具路径后更新
停止控制
☐ 撞刀停止
☐ 换刀停止
☐ 完成每个操作后停止
☐ 显示模拟过程的详细数据
刀具路径: 平面铣削
刀具号码:
刀具名称:
0%

图 3-57　加工按钮界面

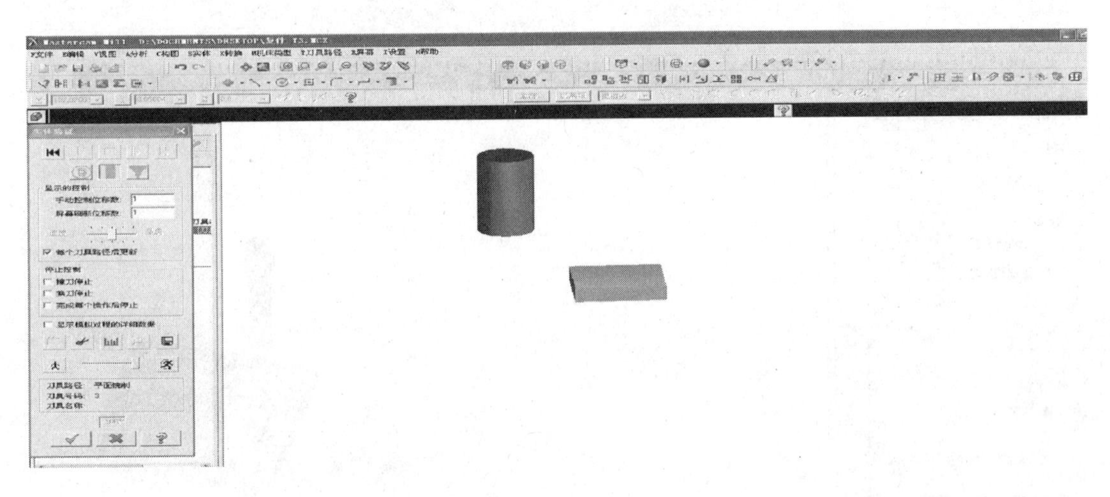

图 3-58 平面铣削

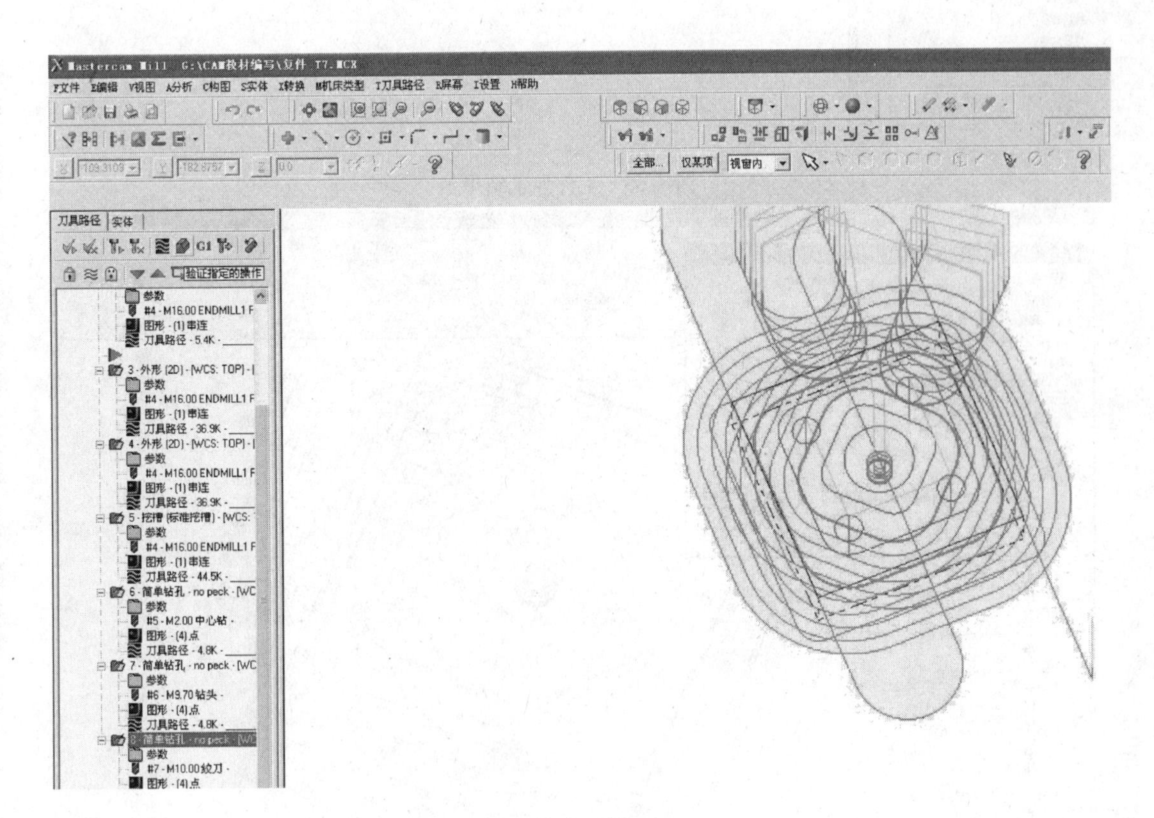

图 3-59 工件走刀路径

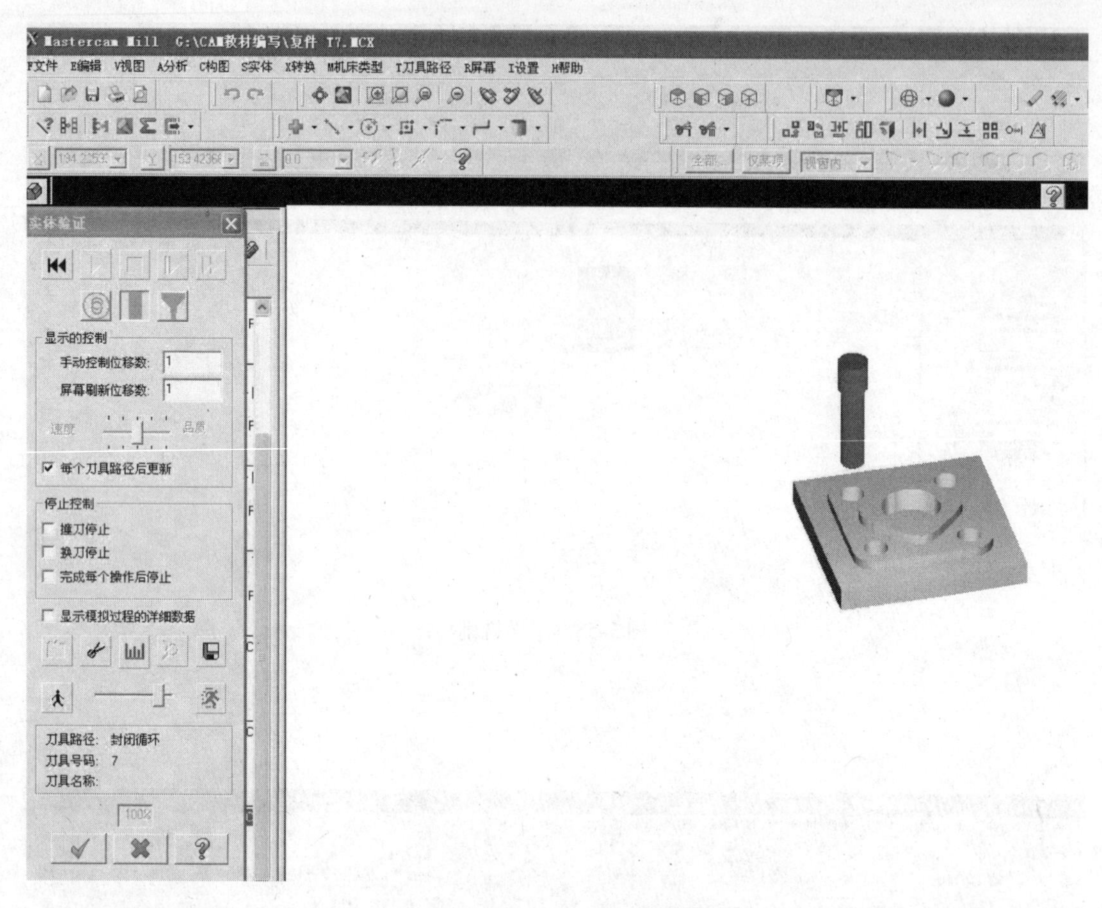

图 3-60　工件加工结果

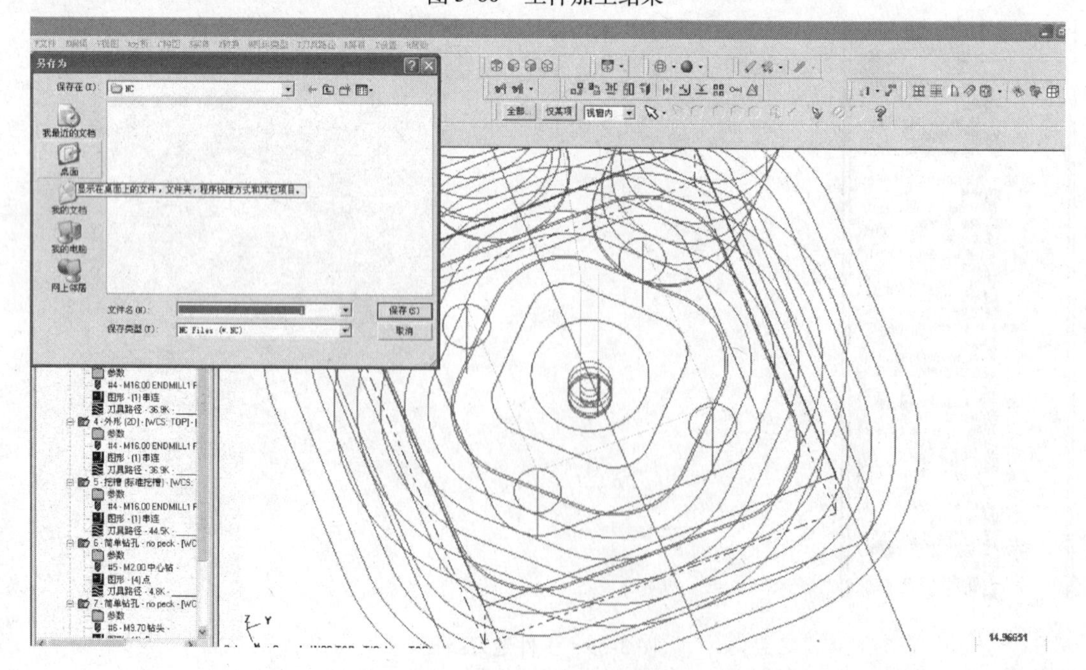

图 3-61　后处理路径设置

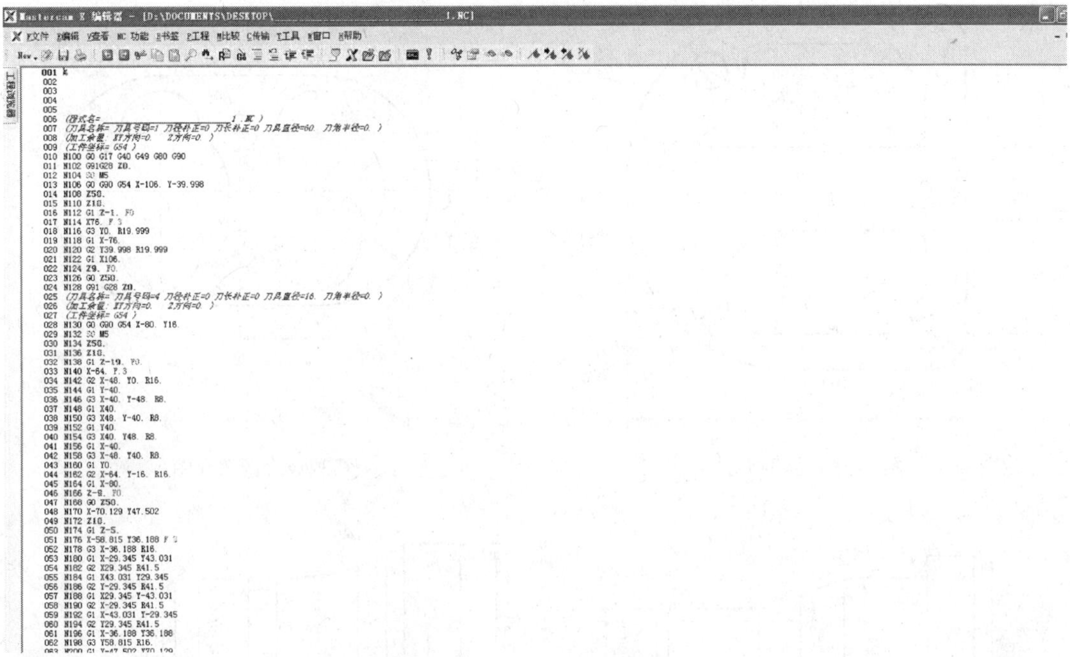

```
Mastercam X 编辑器 - [D:\DOCUMENTS\DESKTOP\                    1.NC]
001 %
002
003
004
005
006 (程式名=                              1.NC )
007 (刀具名称= 刀具号码=1 刀径补正=0 刀长补正=0 刀具直径=60. 刀角半径=0. )
008 (加工余量: XY方向=0.   Z方向=0. )
009 (工件坐标= G54 )
010 N100 G0 G17 G40 G49 G80 G90
011 N102 G91G28 Z0.
012 N104 S0 M5
013 N106 G0 G90 G54 X-106. Y-39.998
014 N108 Z50.
015 N110 Z10.
016 N112 G1 Z-1. F0
017 N114 X76. F.3
018 N116 G3 Y0. R19.999
019 N118 G1 X-76.
020 N120 G2 Y39.998 R19.999
021 N122 G1 X106.
022 N124 Z9. F0.
023 N126 G0 Z50.
024 N128 G91 G28 Z0.
025 (刀具名称= 刀具号码=4 刀径补正=0 刀长补正=0 刀具直径=16. 刀角半径=0. )
026 (加工余量: XY方向=0.   Z方向=0. )
027 (工件坐标= G54 )
028 N130 G0 G90 G54 X-80. Y16.
029 N132 S0 M5
030 N134 Z50.
031 N136 Z10.
032 N138 G1 Z-19. F0.
033 N140 X-64. F.3
034 N142 G2 X-48. Y0. R16.
035 N144 G1 Y-40.
036 N146 G3 X-40. Y-48. R8.
037 N148 G1 X40.
038 N150 G3 X48. Y-40. R8.
039 N152 G1 Y40.
040 N154 G3 X40. Y48. R8.
041 N156 G1 X-40.
042 N158 G3 X-48. Y40. R8.
043 N160 G1 Y0.
044 N162 G2 X-64. Y-16. R16.
045 N164 G1 X-80.
046 N166 Z-9. F0.
047 N168 G0 Z50.
048 N170 X-70.129 Y47.502
049 N172 Z10.
050 N174 G1 Z-5.
051 N176 X-58.815 Y36.188 F.3
052 N178 G3 X-36.188 R16.
053 N180 G1 X-29.345 Y43.031
054 N182 G2 X29.345 R41.5
055 N184 G1 X43.031 Y29.345
056 N186 G2 Y-29.345 R41.5
057 N188 G1 X29.345 Y-43.031
058 N190 G2 X-29.345 R41.5
059 N192 G1 X-43.031 Y-29.345
060 N194 G2 Y29.345 R41.5
061 N196 G1 X-36.188 Y36.188
062 N198 G3 Y58.815 R16.
```

图 3-62　后处理程序

3.4　项目小结

(1) 倒（圆）角、阵列命令的按钮有两处，一是菜单栏的下拉菜单，二是工具栏快捷键，可根据不同习惯来加以选择。

(2) 二维综合绘图涉及前面多种线条的绘制方法和不同图形的绘制，有普通和简便方法以及不同的组合按钮键，效率是最主要的。

(3) 二维加工之车削加工讲述得较为详细和具体，可依次根据描述对象加以学习。

(4) 二维加工之综合加工是在车削加工的基础上对数控铣削零件进行的二维加工，过程较简单。在掌握基础的加工方法之后，可根据对象的不同而选取不同的加工方法和加工参数。

习　题

3-1　如何设置系统的背景颜色、高亮显示颜色和图形颜色?

3-2　分别在 10mm、30mm、60mm 的深度上绘制任意的图形。

3-3　建立如下图层：1—粗实线；2—细实线；3—中心线；4—虚线。

3-4　点的标注共有哪几种显示方式?

3-5　绘制如图 3-63 所示的二维图形，要求标注。

3-6　绘制如图 3-64 所示的二维图形，要求加工。

3-7　绘制如图 3-65 所示的二维图形，要求标注。

3-8　绘制如图 3-66 所示的二维图形，要求加工。

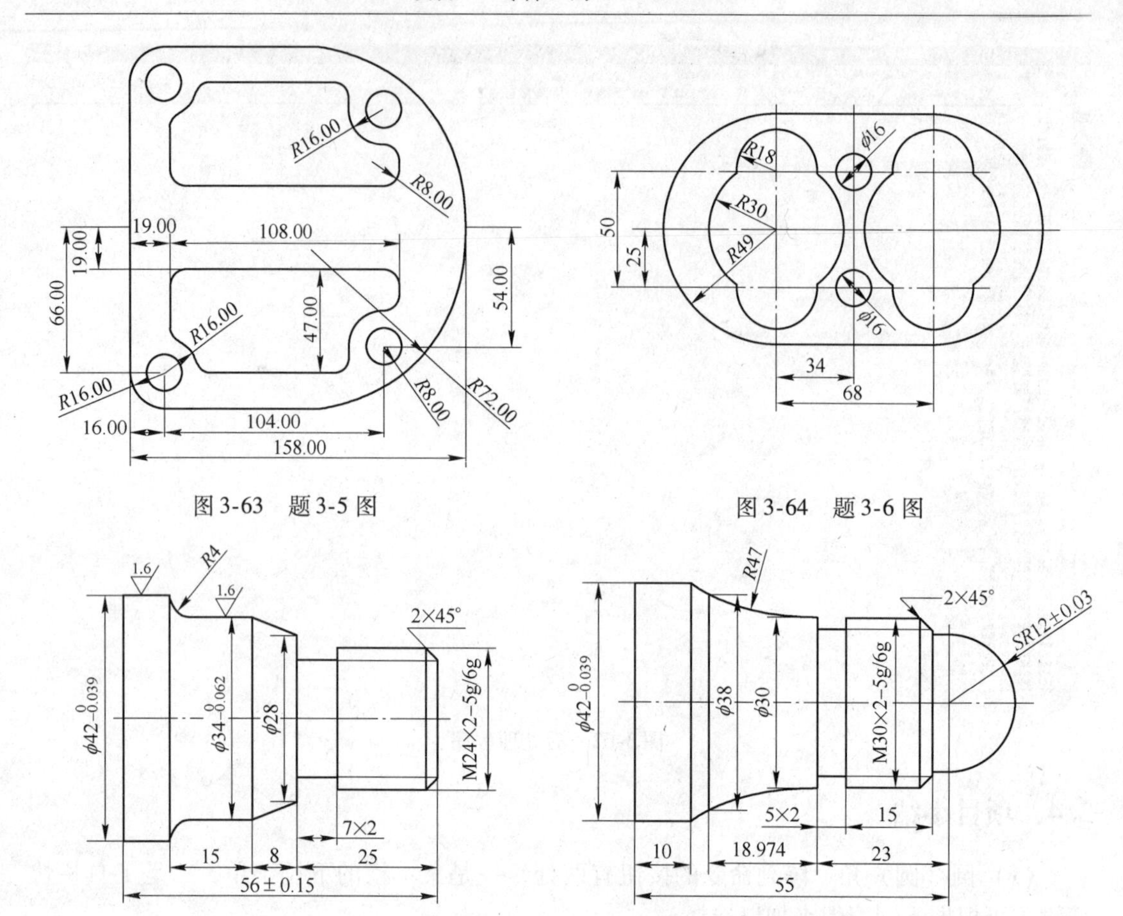

图3-63　题3-5图

图3-64　题3-6图

图3-65　题3-7图

图3-66　题3-8图

3-9　绘制如图3-67所示的二维图形，要求加工。

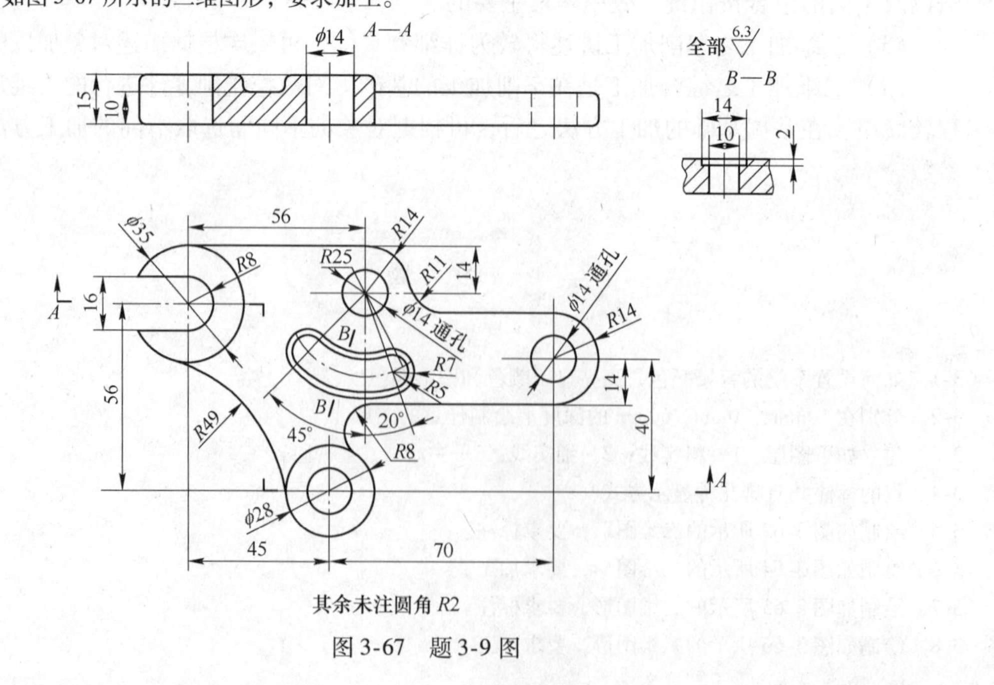

其余未注圆角R2

图3-67　题3-9图

项目 4　实体的 CAD/CAM

4.1　能力目标

（1）掌握创建基本实体的方法。
（2）掌握运用挤出方式创建实体的方法。
（3）掌握运用旋转方式创建实体的方法。
（4）掌握运用扫描方式创建实体的方法。
（5）掌握运用举升方式创建实体的方法。
（6）掌握对实体进行编辑的方法。
（7）能综合运用所学知识创建复杂实体。

4.2　知识点

三维实体比二维图形更具体、更直接地表现物体的结构特征。它包含丰富的模型信息，为产品的后续处理提供了条件。

4.2.1　构建基本实体

基本实体是指具有规则的、固定形状的三维实体，可以由 Mstercam 绘图命令直接绘制而得到。最基本的实体包括圆柱体、圆锥体、长方体、球体、圆环体。

4.2.1.1　创建圆柱体

选择主菜单【构图】→【基本实体】→【画圆柱体】命令，弹出如图 4-1 所示的【圆柱体选项】对话框，同时系统提示 选取圆柱体的基准点位置 。在该对话框中，默认是绘制曲面，点选的【实体】复选框，用来绘制实体，单击【延伸】按钮，展开该对话框如图 4-2（a）所示，系统默认是线框显示（见图 4-2b），单击工具栏上的按钮，实体着色显示如图 4-2（c）所示。

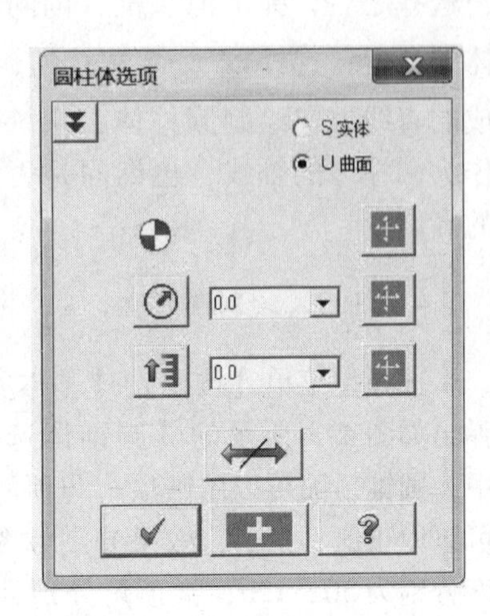

图 4-1　【圆柱体选项】对话框

在半径文本框输入半径 30，在高度文本框输入高度 80，如图 4-2（a）所示，在屏幕上单击一点作为基点，此时 3 个按钮被激活，分别为【修改基点】、【修改半径】、【修改高度】，用户可以用这 3 个按钮修改圆柱体的相关参数。修改完后单击对话框中的按钮，完成并退出该命令，得到如图 4-2（c）所示圆柱体。

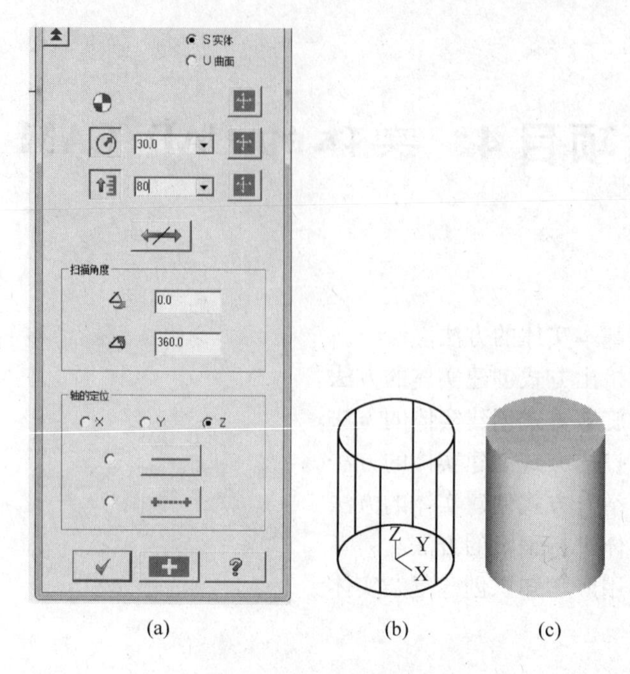

图 4-2　画圆柱体实例

在绘制过程中，单击【反向绘制圆柱体】按钮，可以在“一个方向”、“反方向”、“两个方向”上绘制圆柱体。在【扫描角度】区，可以设置圆柱的起始角度和终止角度，用来绘制整个或者部分圆柱体；在【轴的定位】区，有 X、Y、Z 单选按钮，用来选择圆柱体的轴线定位方向。

选择单选按钮，可以沿着某一已知直线方向绘制圆柱体：系统提示选择一条直线作为圆柱体的轴线，在用户选择之后，弹出消息框，询问是否用直线长度作为圆柱体的高度；选择单选按钮，可以沿着某两个已知点构成的直线方向绘制圆柱体：系统提示指定两点构成的直线作为圆柱体的轴线，也询问是否用两点间距离作为圆柱体的高度。

4.2.1.2　绘制圆锥体

选择主菜单【构图】→【基本实体】→【画圆锥体】命令，弹出如图 4-3 所示的【圆锥体选项】对话框。在该对话框中，圆锥顶面可以用锥顶角和顶面半径两种方法指定。锥角可以取正值、负值，效果分别如图 4-4 所示，底圆半径和高度分别为 50，120，锥顶角分别为 15°和 －15°；当用顶面半径方式，输入 0 时，得到如图 4-5 所示尖圆锥。对于底面半径和高度确定的圆锥来说，锥角取正值时，其值有一定限制。

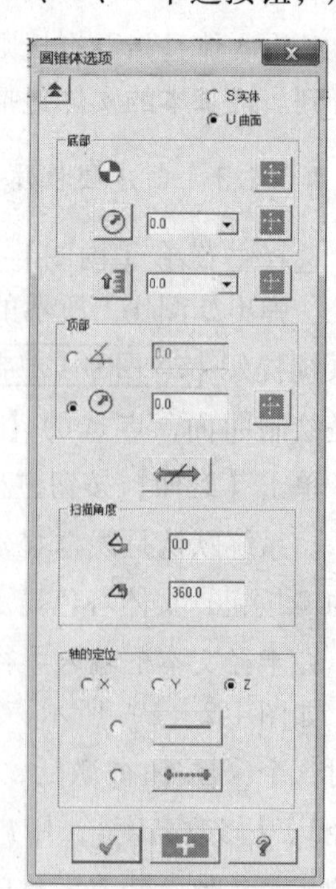

图 4-3　【画圆锥体】对话框

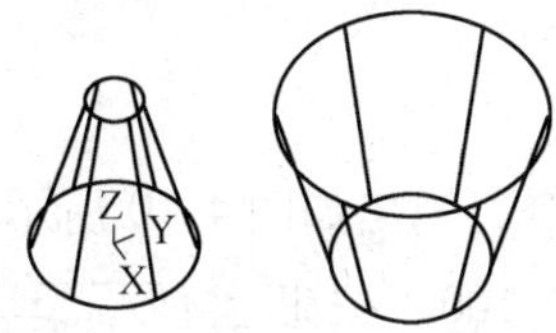
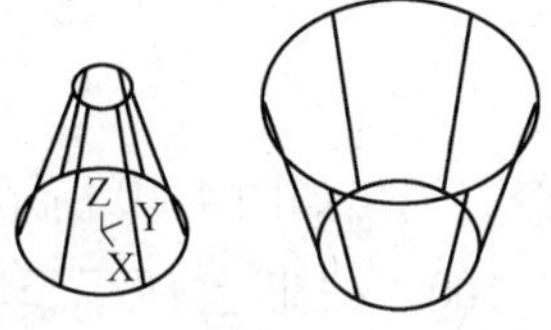

图 4-4 用锥顶角方式绘制圆锥体

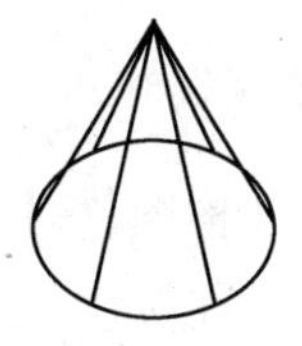

图 4-5 顶圆半径为 0 的圆锥体

绘制圆锥体的其他参数设置与绘制圆柱体类似，这里不再赘述。

4.2.1.3 绘制立方体

选择主菜单【构图】→【基本实体】→【画立方体】命令，弹出如图 4-6 所示【立方体选项】对话框。在默认状态下，长度与 X 轴对应，宽度与 Y 轴对应，高度与 Z 轴对应，用户也可以在轴的定位区选择轴线方向，即改变高度方向。

立方体的放置基点，默认设置在底面的左前方点，也可设置在底面的 4 个端点、4 条边界的中点以及底面的中心，用户可以在对话框中的锚点区域进行选择。基点位置改变，立方体在坐标系中的位置也随之改变，但是形状不变。如图 4-7 所示长方体的长 200mm、宽 300mm、高 100mm，基点为长方体底面的中点，放置在坐标系原点。

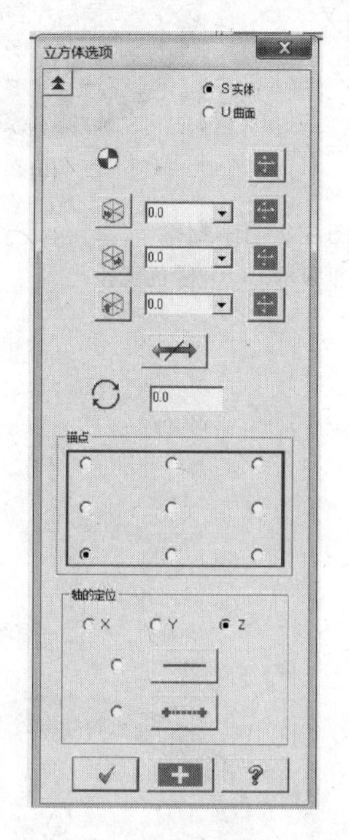

图 4-6 【立方体选项】对话框

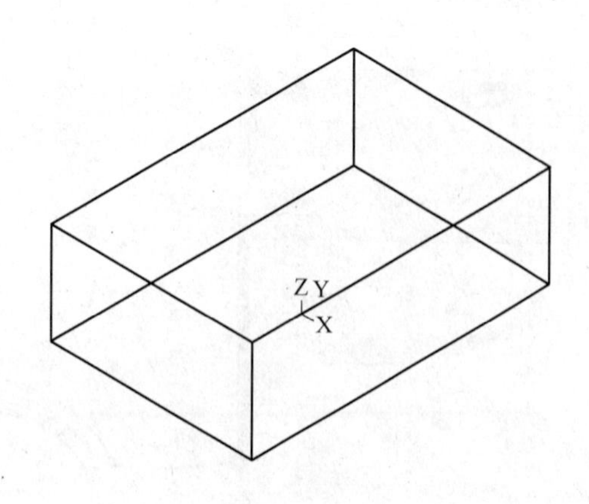

图 4-7 画长方体

4.2.1.4 绘制球体

选择主菜单【构图】→【基本实体】→【画球体】命令，弹出如图 4-8 所示的【球体选项】对话框。用户只需输入球体半径和在绘图区指定基点，就在屏幕上显示一个球体，再单击对话框中的 ✓ 按钮，完成如图 4-9 所示球体绘制并退出对话框。

4.2.1.5　绘制圆环体

选择主菜单【构图】→【基本实体】→【画圆环体】命令，弹出如图 4-10 所示的【圆环体选项】对话框。在按钮 100.0 里面输入圆环半径值 100，按钮 10.0 里面输入圆管半径值 10，在屏幕指定基点，得到如图 4-11 所示圆环体。对话框里【扫描角度】区域可以设置扫描起始角度和终了角度，用来绘制部分圆环体。

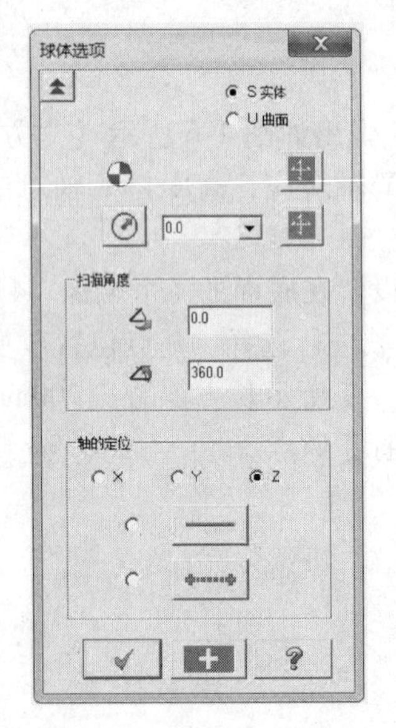

图 4-8　【球体选项】对话框

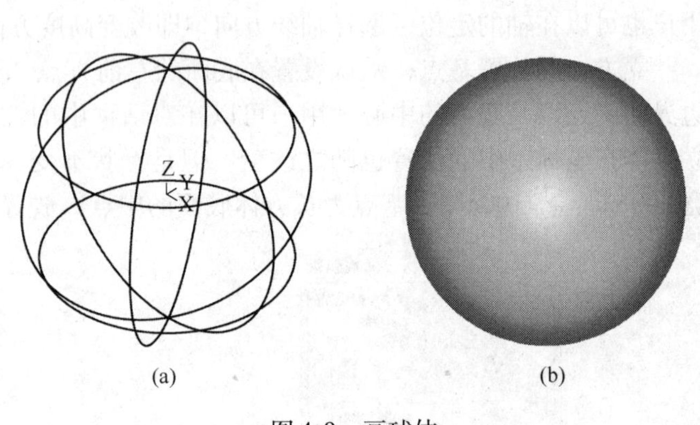

(a)　　　　(b)

图 4-9　画球体

(a) 线框显示；(b) 着色显示

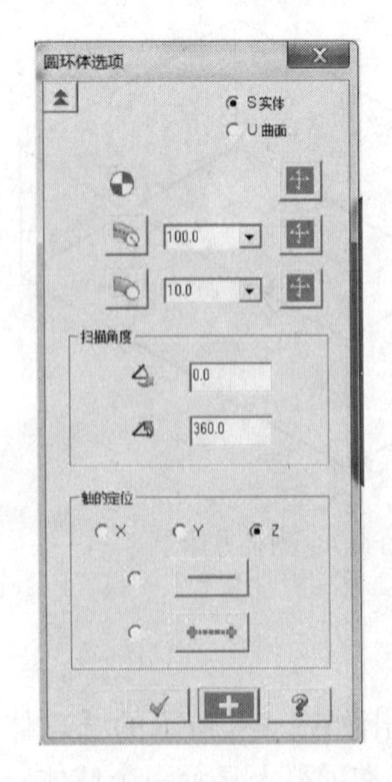

图 4-10　【圆环体选项】对话框

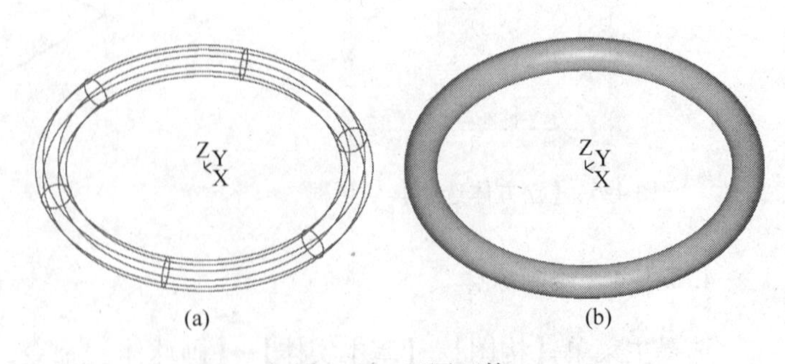

(a)　　　　(b)

图 4-11　画圆环体

(a) 线框显示；(b) 着色显示

4.2.2 以挤出方式创建实体

以挤出方式创建实体，是指将一个由二维图形组成的截面沿着一个直线轨迹运动生成实体模型。

选择主菜单【实体】→【挤出】命令，或者单击实体工具栏上按钮，弹出【串联选取】对话框，系统提示 选取串连 1 ，用户选择要挤出的二维图形作为截面串联，然后单击按钮。弹出如图 4-12 所示的【实体挤出的设置】对话框，参数说明如下：

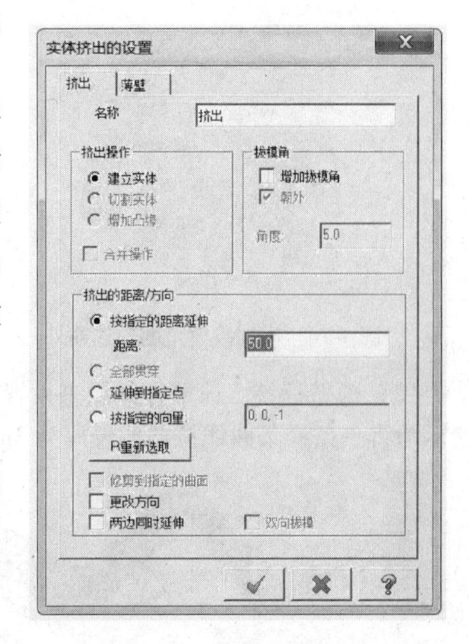

图 4-12 实体挤出的设置

(1) 挤出标签，如图 4-12 所示。

1) 挤出操作区。

①建立实体：挤出产生新的独立实体，如图 4-13所示。

②切割实体：在已有的实体上切割实体，如图 4-14 所示。

③增加凸缘：在已有的实体表面上增加新的实体，新增加的实体与原实体结合在一起，如图 4-15 所示。

图 4-13 建立实体

图 4-14 切割实体

2) 挤出的距离/方向。

①按指定的距离延伸：用户直接输入挤出距离。

②全部贯穿：对所选的实体进行贯穿切割。

③延伸到指定点：指定一点为延伸的距离。

④按指定的向量：用矢量的形式定义挤出的方向和距离。

⑤更改方向：更改挤出的方向。

⑥两边同时延伸：双向同时延伸实体。

⑦修剪到指定曲面：在切割时，可以挤出到指定的曲面，进行切割。

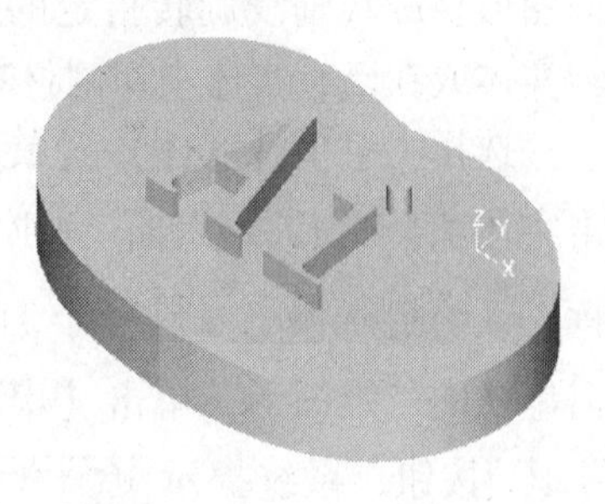
图 4-15 增加凸缘

3) 拔模角。

①增加拔模角：在挤出实体的同时增加拔模角度（朝外勾选），如图 4-16 所示。

②朝外：拔模角度的方向，选中沿着指定方向朝外增加角度，不选沿着指定方向朝内减小，朝外不勾选，如图4-17所示。

图4-16　增加拔模角度勾选朝外

图4-17　增加拔模角度不勾选朝外

（2）薄壁标签。薄壁标签用来设置拉伸为薄壁实体，这时允许选择开式串联。图4-18所示为将一条样条曲线拉伸成壁厚为3mm、高度为80mm的三维实体。

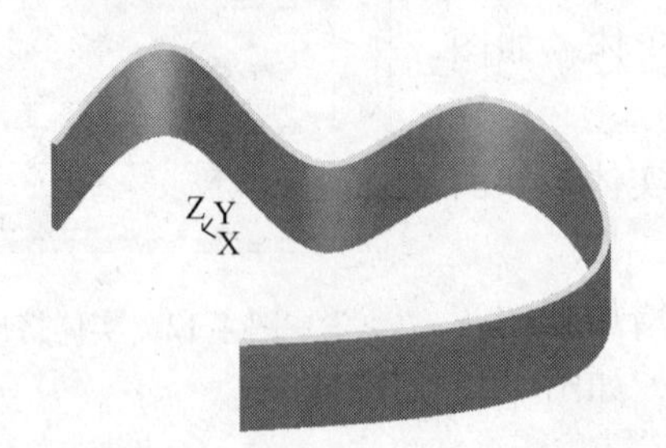

图4-18　薄壁实体

用户可以沿截面内、外或者双向生成指定厚度的薄壁实体。

注意：封闭的串联图形既可生成实体，又可生成薄壁实体；未封闭的串联，只能生成薄壁实体。

4.2.3　以旋转方式创建实体

以旋转方式创建实体是将一个或多个二维截面图形绕旋转轴线旋转指定的角度而产生一个回转实体或在已有实体中切割材料。

选择主菜单【实体】→【旋转】命令，或者单击实体工具栏上按钮，弹出【串联选项】对话框，系统提示 选取串连1 ，到绘图区用鼠标选取所需串联的二维图形，单击【串联选项】对话框的 ✔ 按钮，系统提示 选取直线或轴... ，再用鼠标选取旋转中心轴，弹出【方向】信息框，单击 ✔ 按钮，弹出如图4-19所示的【旋转实体的设置】对话框。输入旋转起始角度和旋转终止角度，得到部分或者整个旋转体。

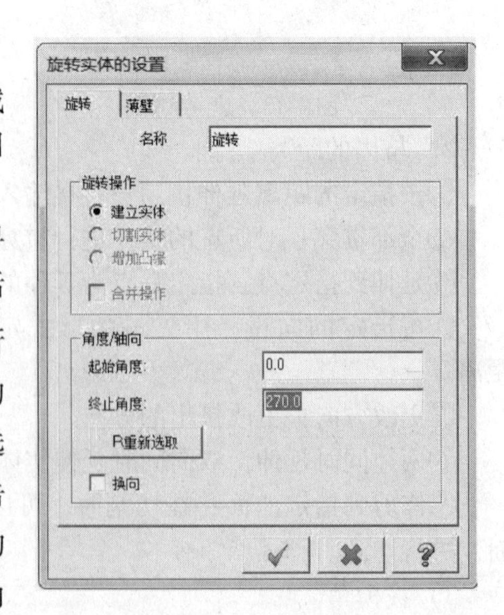

图4-19　【旋转实体的设置】对话框

注意：当选择的外形轮廓均为封闭曲线时，可以生成实心实体或薄壁实体；当选择的外形轮廓有开放曲线时，仅能生成薄壁实体，如图 4-20 所示。

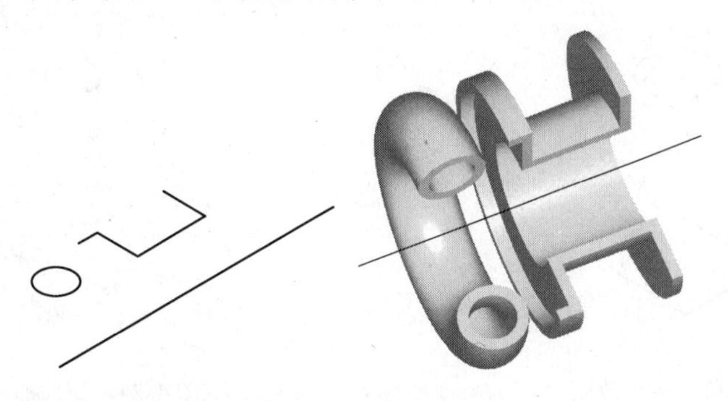

图 4-20 旋转实体

4.2.4 以扫描方式创建实体

以扫描方式创建实体就是选择共面的一个或多个外形轮廓沿着某一固定轨迹移动而生成实体或在已有的实体中切割材料。

选择主菜单【实体】→【扫描】命令，或者单击实体工具栏上按钮，弹出【串联选项】对话框，系统提示 选取串连 1，单击绘图区所要选取的截面曲线，单击【串联选项】对话框中的按钮，系统提示 选取串连 1，到绘图区选取路径曲线，弹出如图 4-21 所示的【扫描实体设置】对话框，单击该对话框中的按钮，完成扫描如图 4-22 所示。

图 4-21 扫描实体设置对话框

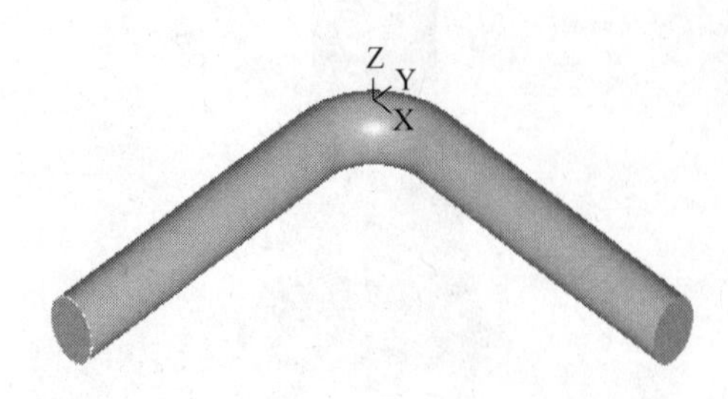

图 4-22 扫描实体

4.2.5 以举升方式创建实体

以举升方式创建实体，是将两个或两个以上的截面用直线或曲线熔接形成实体，其中用直线熔接的实体常称为直纹实体。

选择主菜单【实体】→【举升】命令，或者单击实体工具栏上的按钮，弹出【串联选项】对话框，系统提示 举升曲面：定义 外形 1，单击绘图区中如图 4-23 所示的截面，依次选取 3 个截面曲线，生成如图 4-24 所示稍稍扭曲的实体。

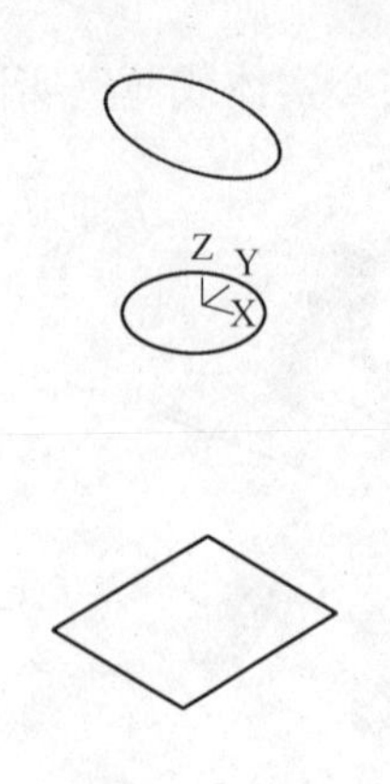

图4-23　举升截面

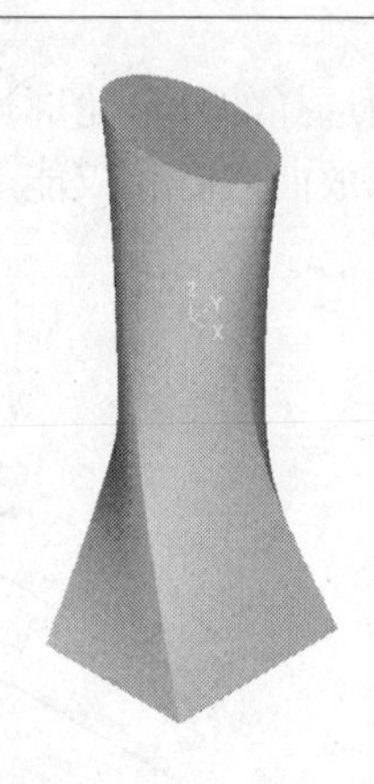

图4-24　扭曲的举升实体

在串联图形时，注意各个截面的起点和终点方向保持一致，否则将产生扭曲的举升实体。

当各截面的节点数和位置不一致时，需要对截面进行打断、连接等操作来保证各截面的节点数和位置。也可以不执行任何操作，由系统自动计算并举升实体。例如将图4-23中的矩形中X轴正向的边在中点处打断，这样它和上面的圆和椭圆的起点终点就完全一致了，所得实体如图4-25所示。

用户可以生成光滑的实体，也可生成线性的实体，其默认方式为光滑的实体。

在图形串联时，系统生成的实体还与选取的顺序相关。如图4-23所示，依次选取底下的矩形、最上面的椭圆、中间的圆，生成的实体如图4-26所示。

用于举升的各个截面可以不平行。

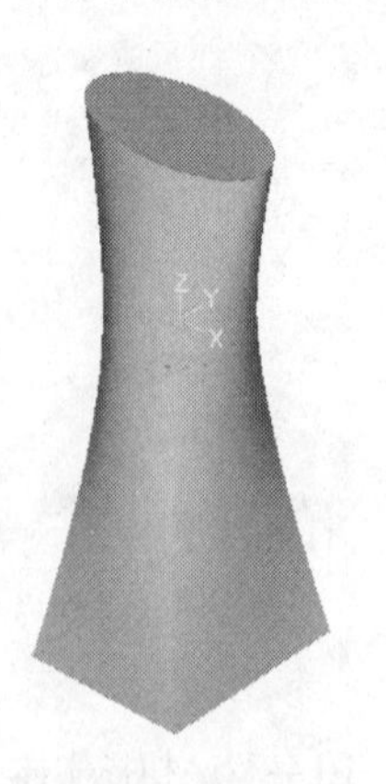

图4-25　举升实体

图4-26　改变选取顺序生成的实体

4.2.6　实体的编辑及布尔运算

4.2.6.1　实体的编辑

(1) 实体圆角。实体圆角是指在实体的指定边界线上产生圆角过渡。选择主菜单【实体】→【倒圆角】命令，或者单击实体工具栏上 按钮，系统提示 选取图素去倒圆角.，用户可以选择多个图素、多种类型的对象（整个实体、实体的表面、实体的轮廓线），选择之后按回车键，打开如图 4-26 所示的【实体倒圆角参数】对话框。

1）固定半径圆角。在图 4-27 所示的对话框中，用户可以选择【固定半径】和【变化半径】圆角，默认方式为固定半径圆角，这儿选择默认方式，圆角半径为 10，单击【确定】按钮，即可生成如图 4-28 所示的固定半径圆角。

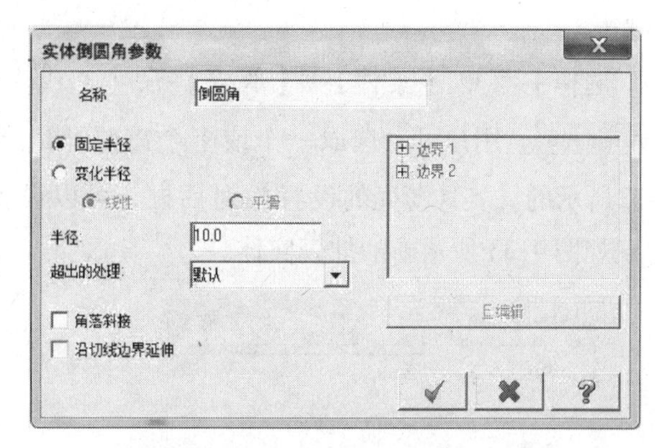

图 4-27 【实体倒圆角参数】对话框

2）变化半径圆角。变化半径圆角有线性和平滑两种。选择变化半径后，需要指定被倒圆角边界线各点的半径，操作方法：单击边界 1 右侧的“+”号，选择第一项顶点，在半径输入框里输入 30，选择第二项顶点，在半径输入框里输入 10，单击【编辑】按钮，选择【中点插入】，选择要倒圆边界线的中点，在弹出半径输入框 45 中输入 45，得到如图 4-29 所示的变化半径圆角。

图 4-28 固定半径圆角

图 4-29 变化半径圆角

（2）实体倒角。实体倒角是以所选取的边为基准，去除相交于该边的两个实体面的材料生成一个斜面。

选择主菜单【实体】→【倒角】命令，在其子菜单中选取【单一距离】，系统提示 选取图素去倒圆角，单击实体上的某一需要倒角的边，按回车键，出现如图 4-30 所示的【实体倒角参数】对话框，在距离输入框里输入 5，单击 ✔ 按钮，得到如图 4-31 所示实体倒角。

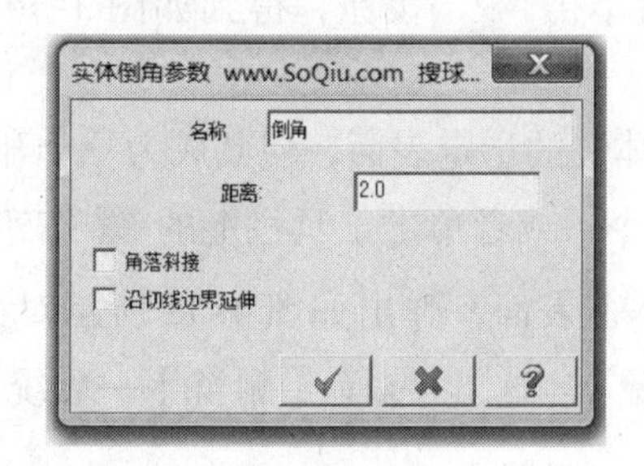

图 4-30 【实体倒角参数】对话框

图 4-31 单一距离倒角

实体倒角有 3 种方式：指定一个距离进行倒角（用于距离相等，见图 4-30）、指定两个距离进行倒角（用于距离不等）、指定距离和角度进行倒角。

（3）实体抽壳。实体抽壳是指将选取的一个或多个实体面作为开口面，去除实体内部的材料而生成一个新的薄壳实体。如果选择整个实体作为开口面，将生成设定厚度的空心薄壳体。

选择主菜单【实体】→【薄壳】命令，或者单击工具栏上的按钮，系统提示选取实体或面，用户可以选取一个或多个需要开口实体或表面，然后按回车键，弹出如图4-32所示的【实体薄壳的设置】对话框，可以设置薄壳的方向和厚度，单击按钮，得到如图4-33所示新的抽壳实体。

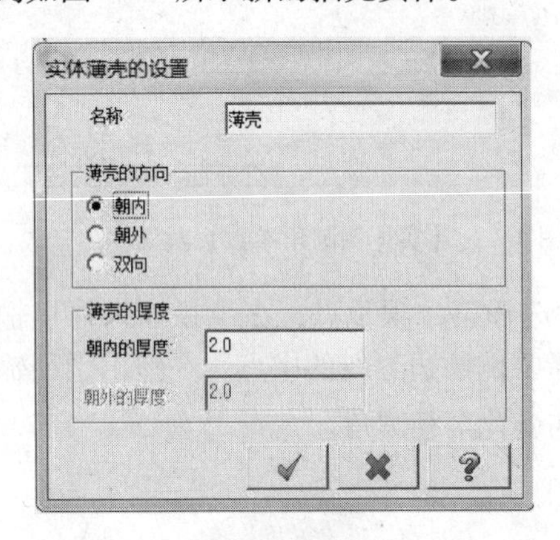

图4-32　【实体薄壳的设置】对话框

图4-33　实体抽壳

注意：如果要构建一个开放的壳体，就要选择需要开放的实体面；如果要构建一个封闭的壳体，就要选择整个实体。有时在进行抽壳操作时会出现错误，这时可以采用增大角边圆角或改变抽壳的方向解决。

（4）修剪实体。修剪实体是指以所选平面、曲面或薄片实体为边界，对所选取的一个或多个实体进行修剪，生成新的实体。选择主菜单【实体】→【修剪】命令，或者单击工具栏上的按钮，弹出如图4-34所示的【修剪实体】对话框，选择【P平面】，弹出如图4-35所示的【平面选项】对话框。单击三点方式选择修剪边界平面，选图4-36（a）中长方体底面上的3个点，单击按钮。再次弹出【修剪实体】对话框，在这儿可以点【修剪另一侧】来改变要留下的部分，然后单击按钮，得到如图4-36（b）所示修剪后的实体。

（5）移除实体表面。移除实体表面是指去除实体上的指定表面，使其成为一个开口的薄壁实体。选择主菜单【实体】→【移除实体面】命令，或者单击工具栏上的按钮，系统提示选取面去移除，选取如图4-37（a）所示长方体上表面，弹出如图4-38所示对话框，对原始实体可以进行【保留】、【隐藏】、【删除】，这儿选择【删除】。系统提示

，选择【是】。再弹出【颜色设置】对话框，设置所绘边界的颜色，单击按钮，得到如图4-37（b）所示薄壁实体。

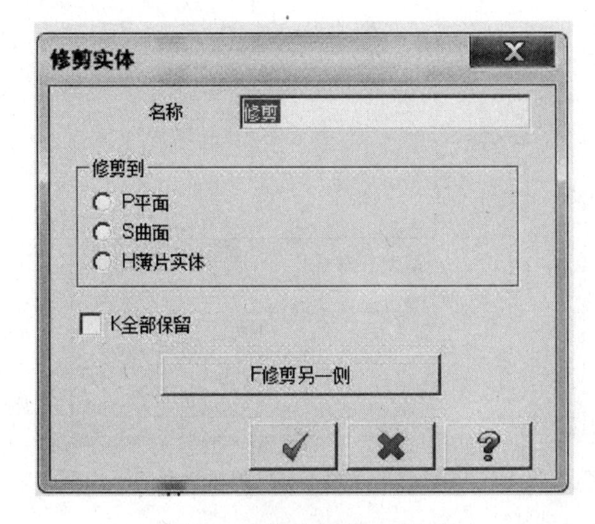

图 4-34 【修剪实体】对话框

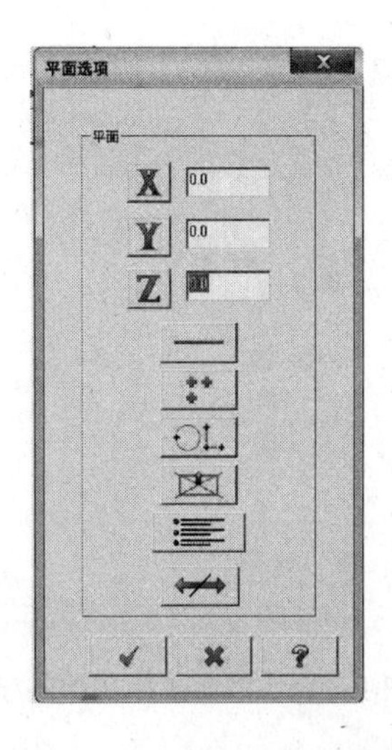

图 4-35 【平面选项】对话框

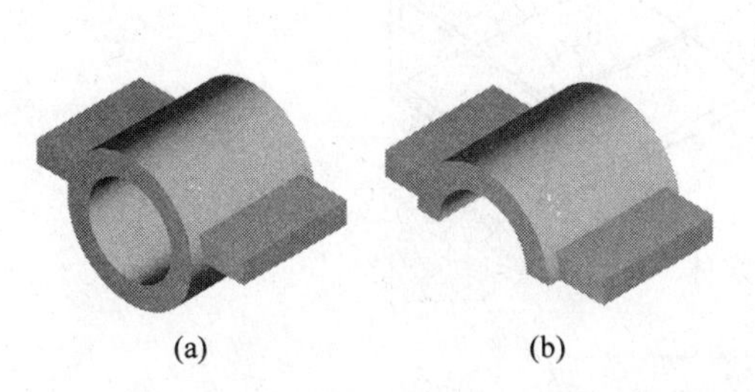

图 4-36 修剪实体
（a）原始实体；（b）修剪后的实体

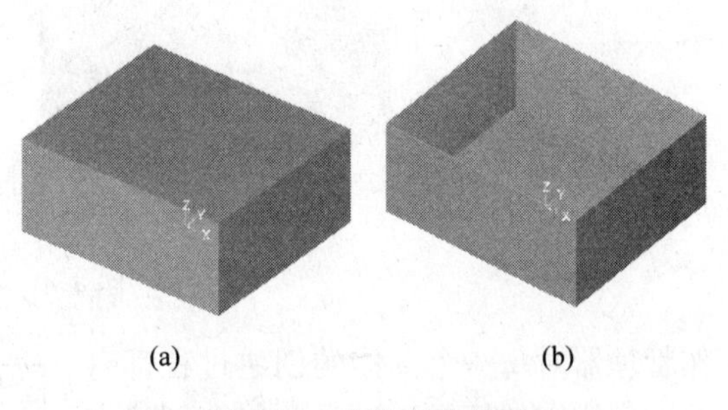

图 4-37 移除实体表面
（a）原始实体；（b）移除上表面后的实体

（6）薄片实体。薄片实体是将一些由曲面生成的和移除实体表面后的没有厚度的实体进行加厚操作。以如图 4-37（b）所示移除表面后的实体为例。选择主菜单【实体】→【薄片实体】命令，或者单击工具栏上的按钮，弹出如图 4-39 所示对话框，输入厚度值，方向设置有【单侧】、【双侧】，这儿选取【单侧】，单击按钮。弹出如图 4-40 所示的【厚度方向】对话框，默认向外增加厚度，可以单击换向，改变为向内增加厚度，这儿采用默认方式，单击按钮，得到如图 4-41 所示新的薄片实体。

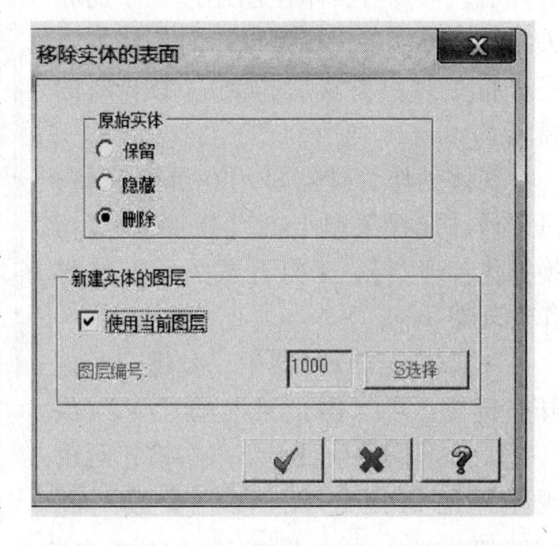

图 4-38 【移除实体的表面】对话框

（7）实体操作管理器。三维实体操作命令之间存在着“父子”关系，即一个命令的运行是以其他命令的运行为基础的，而在该命令运行之后，先前的操作结果不能被删除，否则会影响到当前命令的“生存”。为此，引入了实体操作管理器（见图 4-42），实体操

图 4-39 【增加薄片实体的厚度】对话框

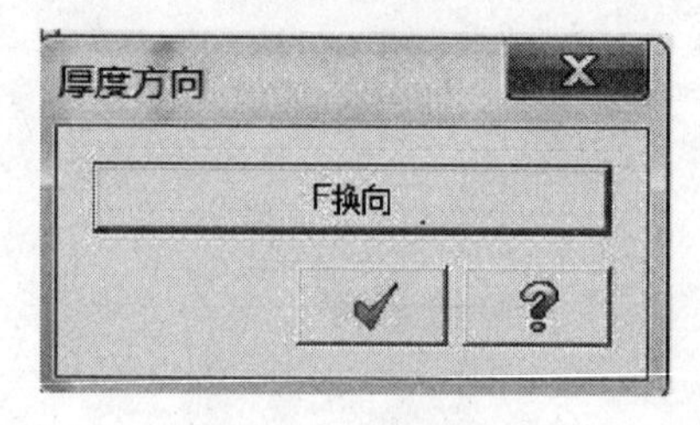

图 4-40 厚度方向

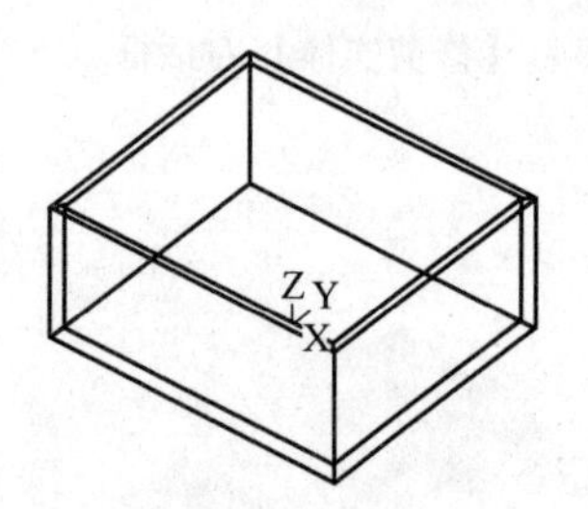

图 4-41 薄片实体

作管理器对每一个实体的创建过程都有按顺序详细的记录，记录中包含创建实体时的相关参数。因此，通过实体操作管理器，可以对实体在创建过程中的相关参数进行修改，甚至可以对创建的顺序进行重排，更新后得到一个全新的模型。

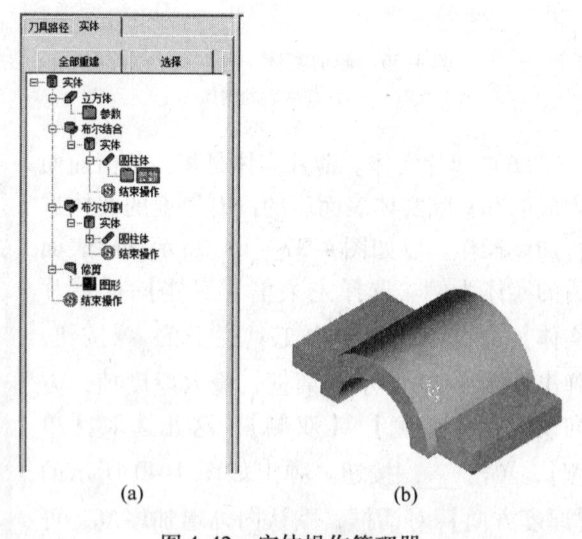

图 4-42 实体操作管理器
(a) 操作管理器；(b) 记录创建的实体

实体操作管理器显示在屏幕左侧，可以通过选择菜单上的【视图】→【切换操作管理器】，来打开或关闭实体操作管理器。

在实体操作管理器中，要将记录打开或折叠，可点击记录前的“+”或“-”；在不同的项目上单击右键，可出现相应的快捷菜单；在“参数”和“图形”项目上单击左键，可以修改参数和图形。

4.2.6.2 布尔运算

实体布尔运算是利用两个或多个已有实体通过结合、切割和交集运算创建一个新的实体并删除原有实体的操作。

（1）实体并集运算。实体并集运算就是将工具实体和目标实体相加的操作，得到的实体为两个实体的叠加。选择主菜单【实体】→【布尔运算－结合】命令，或者单击工具栏上的按钮，系统提示 选取目标实体 ，选取图4-43（a）所示长方体，系统提示 选取工具实体 ，选取图4-43（a）所示半圆柱体，回车，得到如图4-43（b）所示的新实体。

（2）实体差集运算。实体差集运算用于对所选取的实体进行相减操作，得到的实体为目标实体挖去工具实体，从而在该实体上产生一个凹坑，或者一个孔洞。

选择主菜单【实体】→【布尔运算-切割】命令，或者单击工具栏上的按钮，系统提示 选取目标实体 ，选取图4-44（a）所示圆柱体，系统提示 选取工具实体 ，选取图4-44（a）所示六棱柱体，回车，得到如图4-44（b）所示的新实体。

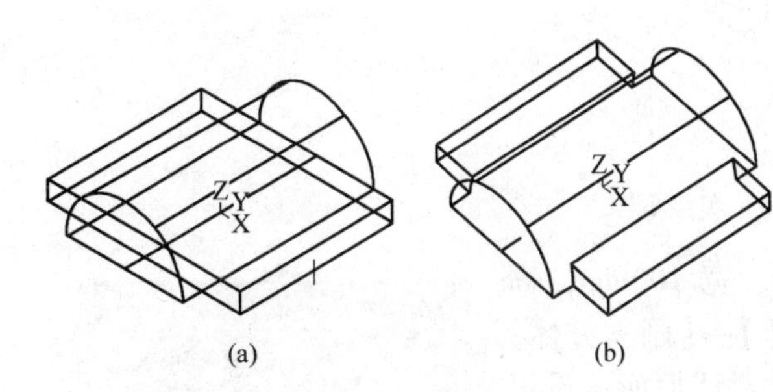

(a) (b)

图4-43 实体并集运算

（a）长方体和半圆柱体；（b）布尔结合后的新实体

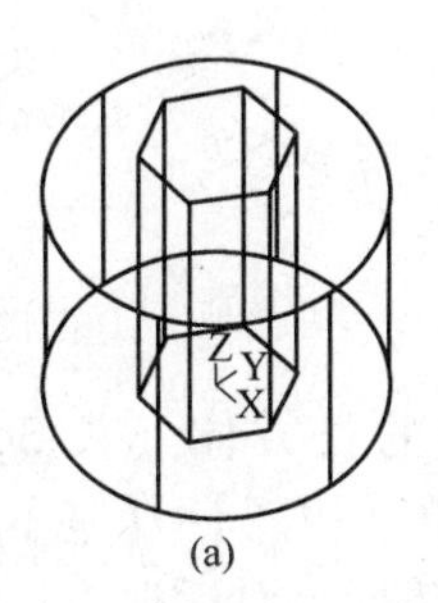

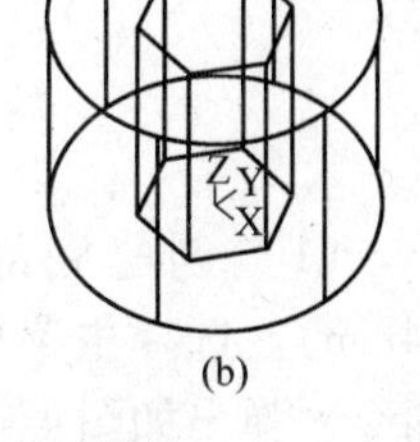

(a) (b)

图4-44 实体差集运算

（a）圆柱体和六棱柱；（b）布尔差集后的新实体

（3）实体交集运算。实体交集运算是获得两个实体的重叠部分。仅有公共面而没有重叠的两个实体无法通过交集运算获得它们的公共面。选择主菜单【实体】→【布尔运算-交集】命令，或者单击工具栏上的按钮，系统提示 选取目标实体 ，选取图4-45（a）所示曲面体，系统提示 选取工具实体 ，选取图4-45（a）所示“亚”字形实体，回车，得到如图4-45（b）所示的新实体。

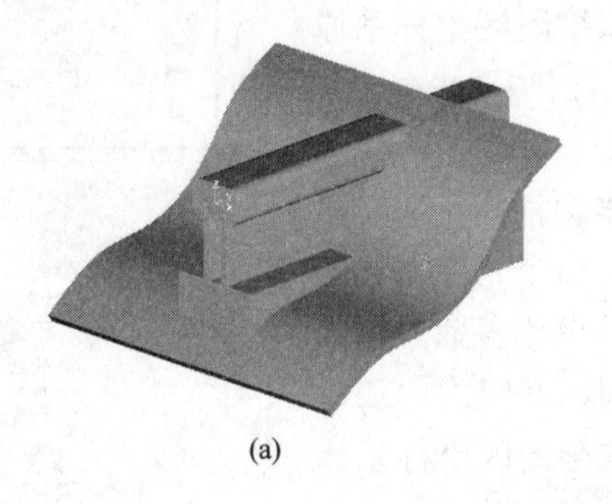

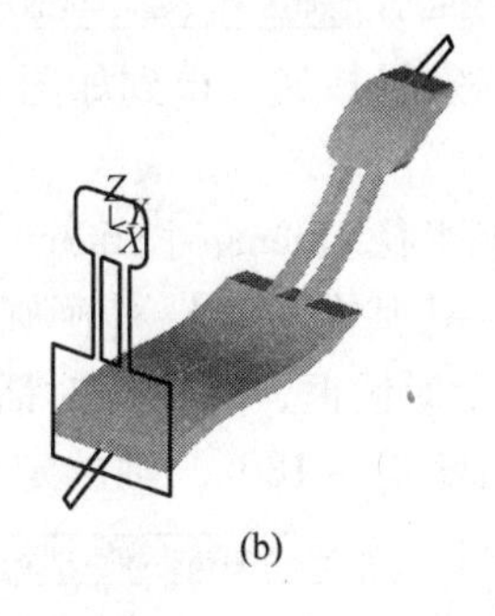

(a) (b)

图4-45 实体交集

（a）交集前的两个实体；（b）交集后的新实体

4.3 创建实体方法的综合运用

4.3.1 实例 1

综合运用实体命令、实体编辑命令、布尔运算，创建如图 4-46 所示的实体模型。

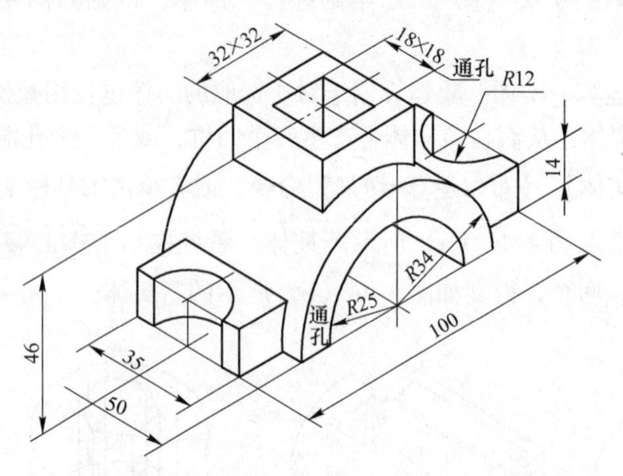

图 4-46 实例 1 图

（1）创建底部的长方体（长 36mm，宽 100mm，高 14mm）。选择主菜单【构图】→【基本实体】→【画立方体】命令，弹出如图 4-47 所示对话框，并按此对话框所示设置参数，输入数据，锚点选中心点，轴的定位 Z 轴，同时系统提示 选取立方体的基准点位置，选取绘图区中的坐标系原点为基准点，单击【确定】按钮，得到如图 4-48 所示的蓝色长方体。

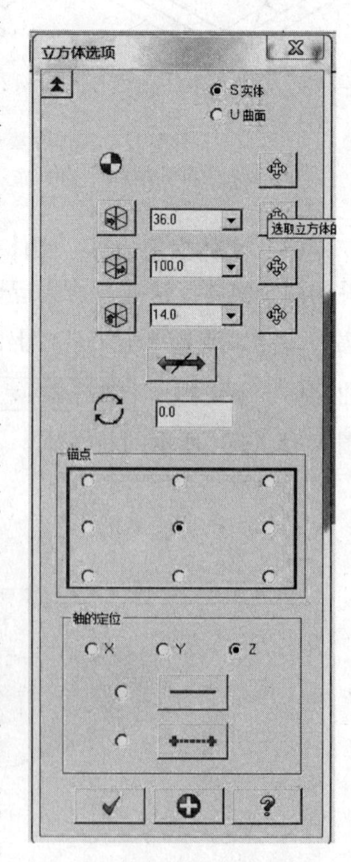

图 4-47 立方体参数设置

（2）创建半径 34mm、长 50mm 的大半圆柱体。选择主菜单【构图】→【基本实体】→【画圆柱体】命令，弹出如图 4-49（a）所示对话框，并按此对话框所示设置参数，输入数据，扫描角度 0° ~ 180°，轴的定位 X 轴，方向为两边延伸，同时系统提示 选取圆柱体的基准点位置，选取绘图区坐标系原点，单击【确定】按钮，得到如图 4-49（b）所示紫色大半圆柱体。

（3）绘制半径 25mm、长 60mm 的小半圆柱体。选择主菜单【构图】→【基本实体】→【画圆柱体】命令，弹出如图 4-50（a）所示对话框，并按此对话框所示设置参数，输入数据，扫描角度 0° ~ 180°，轴的定位 X 轴，方向为两边延伸，同时系统提示 选取圆柱体的基准点位置，选取绘图区坐标系原点，单击【确定】按钮，得到如图 4-50（b）所示浅蓝色小半圆柱体。

（4）绘制半径12mm、高20mm的圆柱体。选择主菜单【构图】→【基本实体】→【画圆柱体】命令，弹出如图4-51（a）所示对话框，并按此对话框所示设置参数，输入数据，扫描角度0°~360°，轴的定位Z轴，方向为默认，同时系统提示 选取圆柱体的基准点位置，选取先前所画长方体左端底部边界的中点，单击【确定】按钮，得到如图4-51（b)所示浅绿色圆柱体。

图4-48 画出长方体

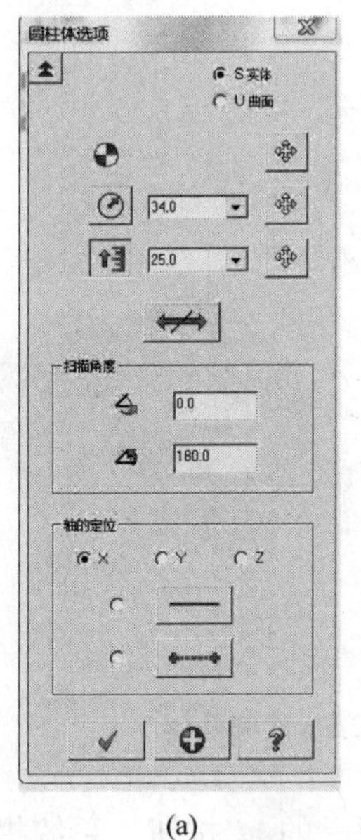

(a)

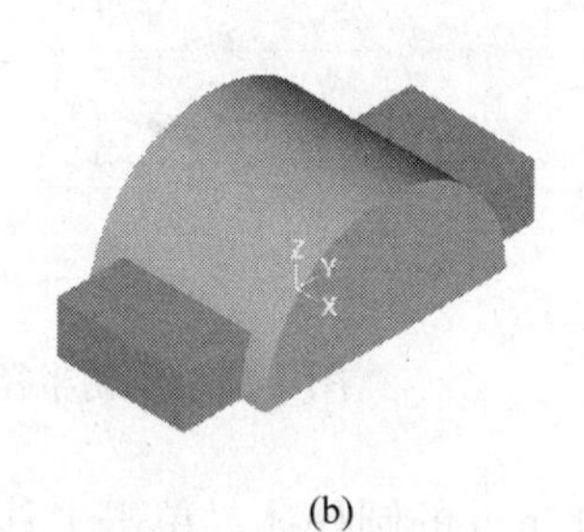

(b)

图4-49 绘制大半圆柱体

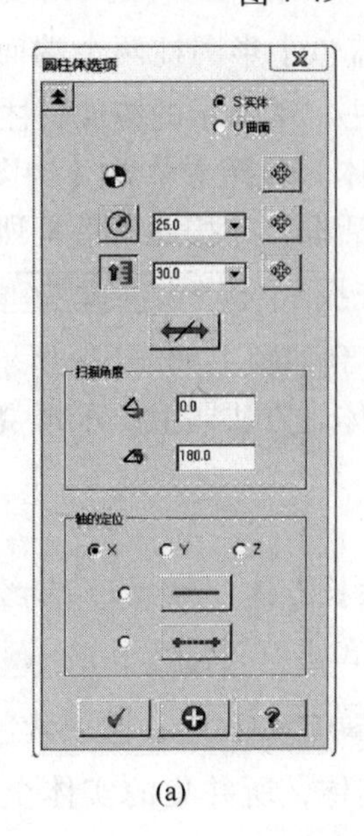

(a)

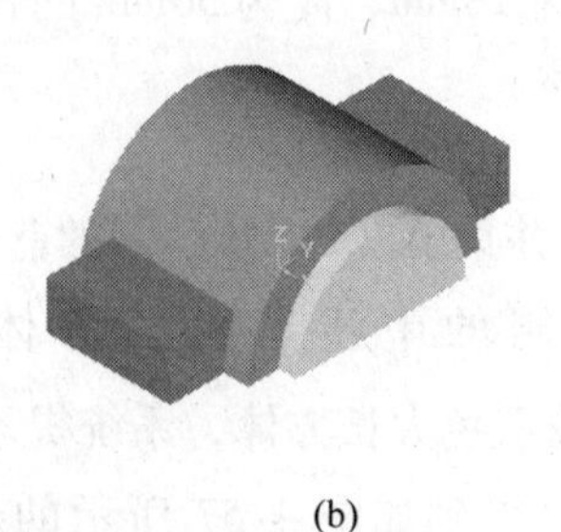

(b)

图4-50 绘制小半圆柱体

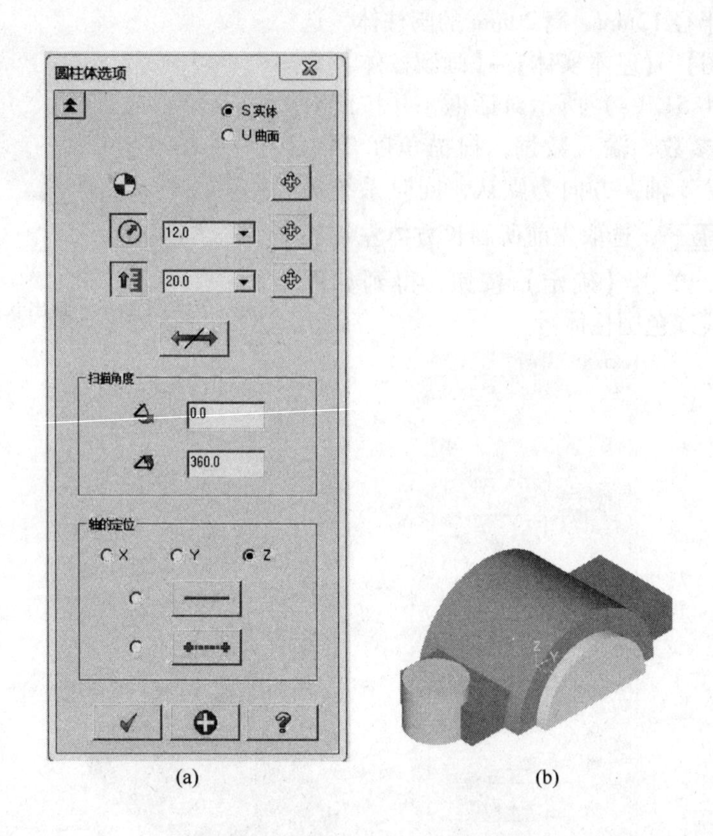

图 4-51　绘制半径 12mm 的圆柱体

（5）镜像半径 12mm 的圆柱体。单击工具栏上的按钮，系统提示镜像: 选取图素去镜像，选取刚绘制的小圆柱，回车，弹出如图 4-52 所示的对话框，【选取镜像轴】选项有 5 种方式，这儿选取最后一种，再到绘图区选取浅蓝色小半圆柱两个端面的圆心，弹出如图 4-53 所示对话框，单击【确定】按钮，得到如图 4-54 所示的镜像圆柱体。

（6）绘制底边边长 32mm、高 46mm 的长方体。选择主菜单【构图】→【基本实体】→【画立方体】命令，弹出如图 4-55（a）所示对话框，并按此对话框所示设置参数，输入数据，锚点选中心点，轴的定位 Z 轴，同时系统提示选取立方体的基准点位置，选取绘图区中的坐标系原点为基准点，单击【确定】按钮，得到如图 4-55（b）所示浅紫色中长方体。

（7）绘制边长为 18mm、高为 50mm 的长方体。方法同上，不再赘述。得到如图 4-56 所示深绿色小长方体。

（8）布尔运算。

1）并集实体。并集第（1）步绘制的蓝色大长方体、第（2）步绘制的紫色大半圆柱体、第（6）步绘制的中浅紫色长方体。单击工具栏上的按钮，系统提示选取目标实体，选取蓝色大长方体，系统提示选取工具实体，选取紫色大半圆柱体、浅紫色中长方体，回车，得到如图 4-57 所示的新实体，所并集的实体全部变为目标实体的蓝色。

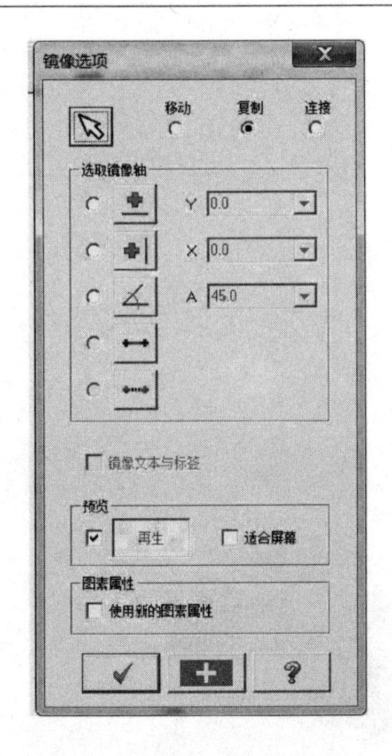

图 4-52 【镜像选项】对话框

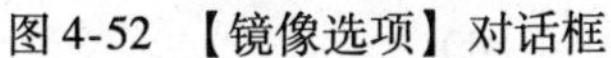

图 4-53 参数设置

2）差集实体。单击工具栏上的按钮，系统提示 选取目标实体. ，选取图 4-57 中并集后新的蓝色实体，系统提示 选取工具实体. ，选取浅蓝色小半圆柱体、2 个绿色小圆柱体、深绿色小长方体，回车，得到如图 4-58 所示实例 1 的实体。

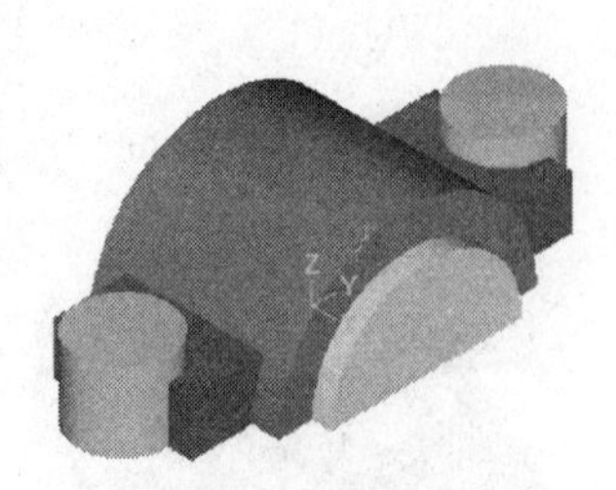

图 4-54 镜像圆柱体

4.3.2 实例 2

综合运用实体命令、实体编辑命令、布尔运算，创建如图 4-59 所示的实体模型。

（1）绘制长 32mm、宽 25mm、高 14mm 的底部长方体。选择主菜单【构图】→【基本实体】→【画立方体】命令，弹出如图 4-60（a）所示对话框，并按此对话框所示设置参数，输入数据，选取锚，轴的定位 Z 轴，同时系统提示 选取立方体的基准点位置 ，选取绘图区中的坐标系原点为基准点，单击【确定】按钮，得到如图 4-60（b）所示蓝色长方体。

（2）设置图层。图层 1 实体，图层 2 线，图层 3 尺寸，如图 4-61 所示。

（3）画二维线框。设置图层 2 为当前图层、图层 1 不显示，构图面为前视。画水平直线，起点坐标输入 X 0.0 Y 4.0 Z 0.0 ，长度值 27mm；画垂直线，长度 8mm；将长度为 8mm 的直线向右单体补正，距离 10mm，如图 4-62（a）所示，以补正后的垂直线上部端点为圆心，画半径为 10mm 的圆，如图 4-62（b）所示；画直线，以水平线段为起点，与圆相切，如图 4-62（c）所示；修剪并删除多余的线，如图 4-62（d）所示。

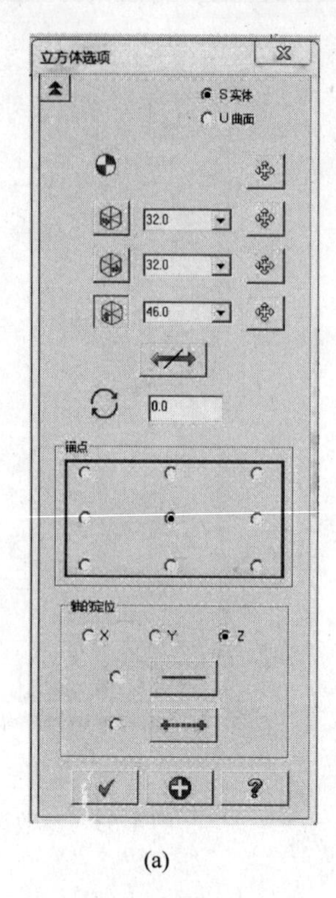

(a)

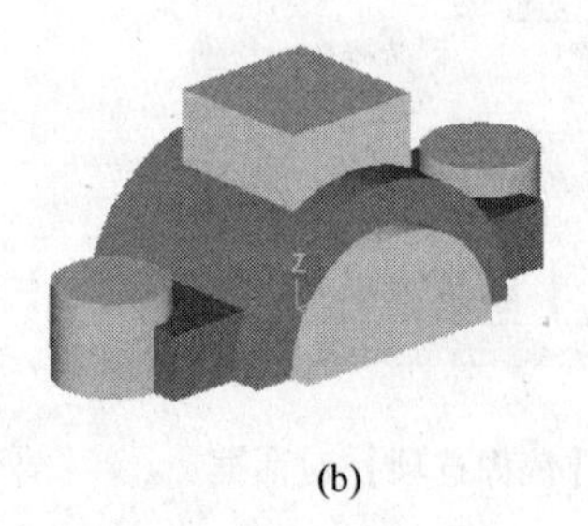

(b)

图 4-55　绘制边长为 32mm 的长方体

图 4-56　绘制深绿色小长方体

图 4-57　并集实体

图 4-58　差集后的最终实体

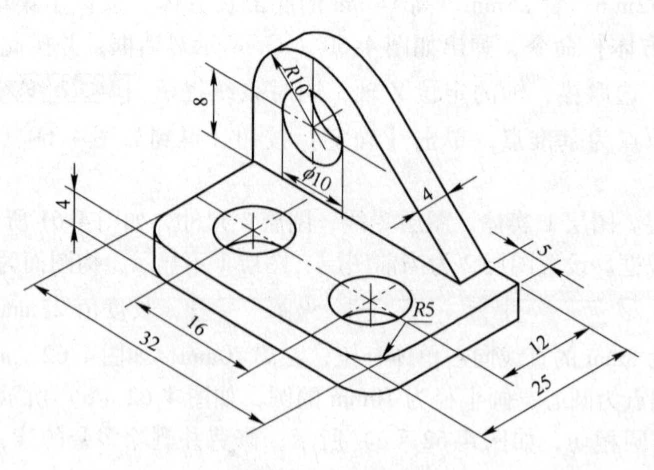

图 4-59　实例 2 图

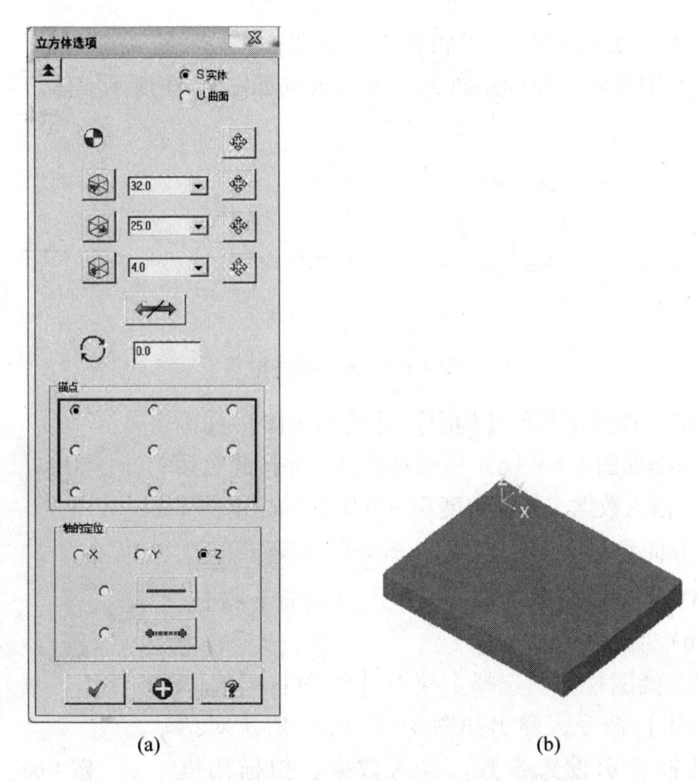

(a)　　(b)

图 4-60　绘制长方体

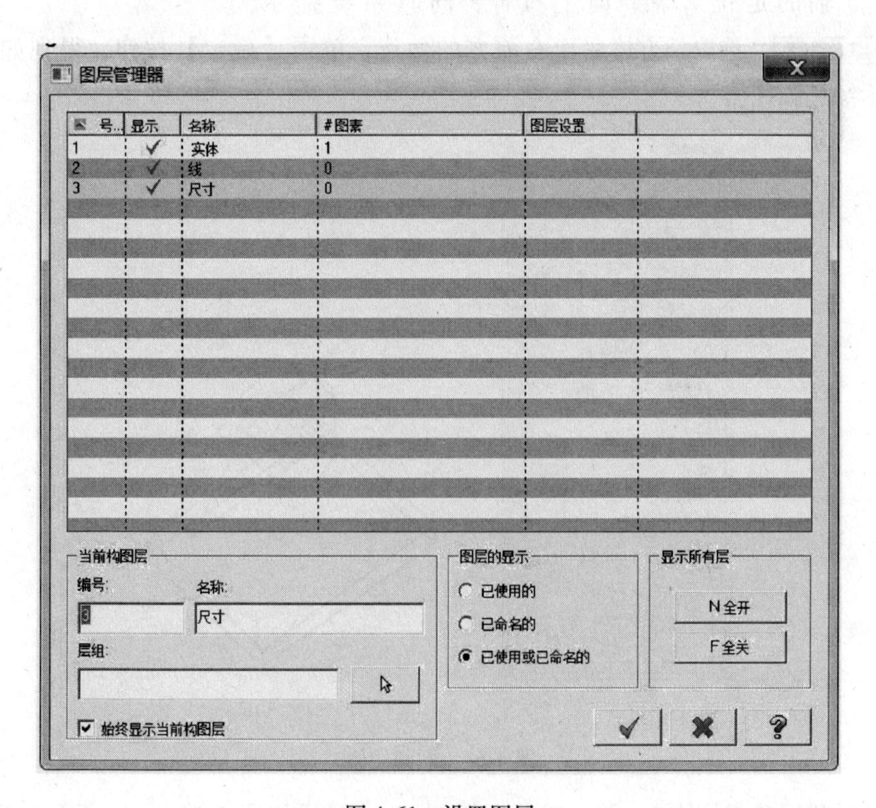

图 4-61　设置图层

（4）拉伸实体。显示图层1，并设其为当前图层，拉伸图4-62（d）的二维线框为实体，拉伸方向朝Y轴负向，拉伸距离为4mm，得到如图4-63所示实体。

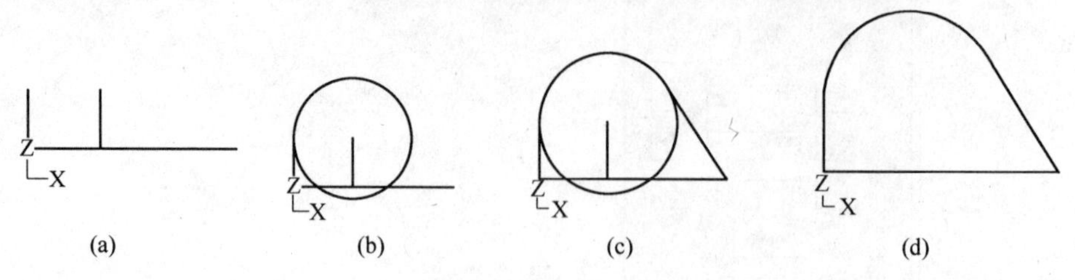

图4-62　画二维线框

（5）画圆柱体。选择主菜单【构图】→【基本实体】→【画圆柱体】命令，弹出如图4-64（a）所示对话框，并按此对话框所示设置参数，输入数据，扫描角度0°~360°，轴的定位Y轴，方向为Y负方向拉伸，同时系统提示 选取圆柱体的基准点位置，选取上述拉伸实体Y正向圆弧的圆心，单击【确定】按钮，得到如图4-64（b）所示紫色圆柱体1。

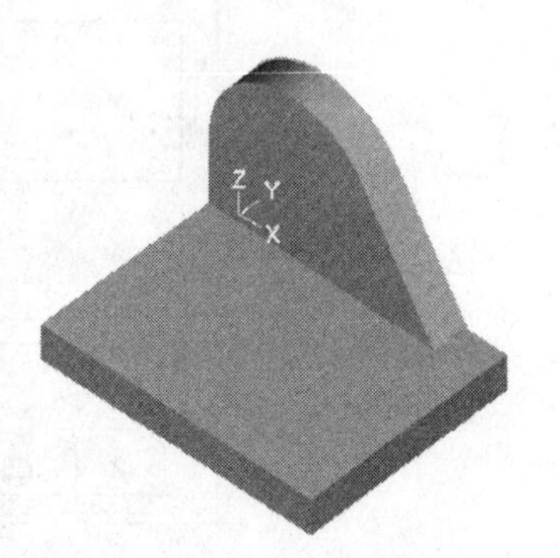

图4-63　拉伸实体

（6）在底板上画圆柱体。选择主菜单【构图】→【基本实体】→【画圆柱体】命令，弹出如图4-65（a）所示对话框，并按此对话框所示设置参数，输入数据，扫描角度0°~360°，轴的定位Z轴，向上拉伸，同时系统提示 选取圆柱体的基准点位置，选取长方体底面右前方的角点，单击【确定】按钮，得到如图4-65（b）所示绿色圆柱体2。

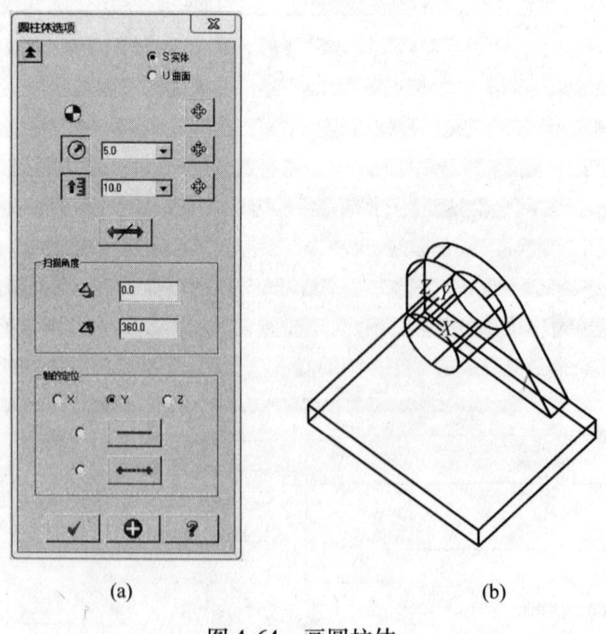

图4-64　画圆柱体

（7）平移绿色圆柱体2。单击工具栏 按钮，弹出如图4-66（a）所示对话框，方式选【移动】，按图输入角度向量值，单击【确定】按钮，得到如图4-66（b）所示图形。

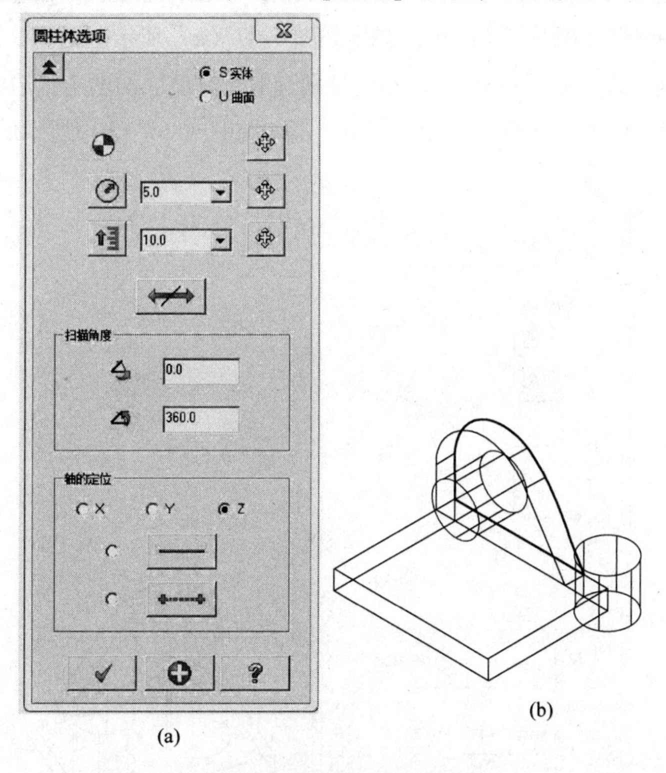

(a)　　　　(b)

图4-65　画底板上的圆柱体

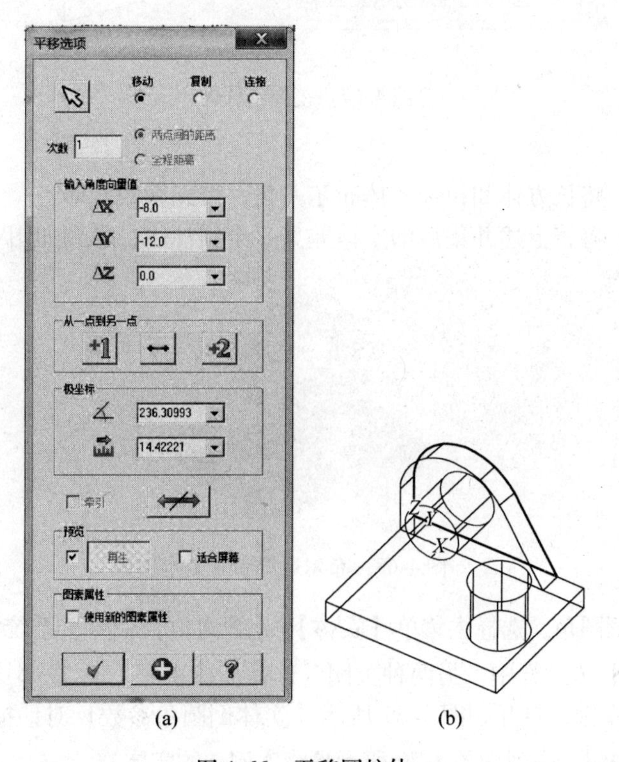

(a)　　　　(b)

图4-66　平移圆柱体

（8）镜像平移后的圆柱体 3。单击工具栏上的按钮，系统提示「镜像：选取图素去镜像」，选取图 4-66（b）中绿色小圆柱 3，回车，弹出如图 4-67（a）所示对话框。【选取镜像轴】选项有 5 种方式，这儿选取最后一种，然后分别选取长方体底面两个长边的中点，再弹出如图 4-67（a）所示对话框，单击【确定】按钮，得到如图 4-67（b）所示的镜像圆柱体。

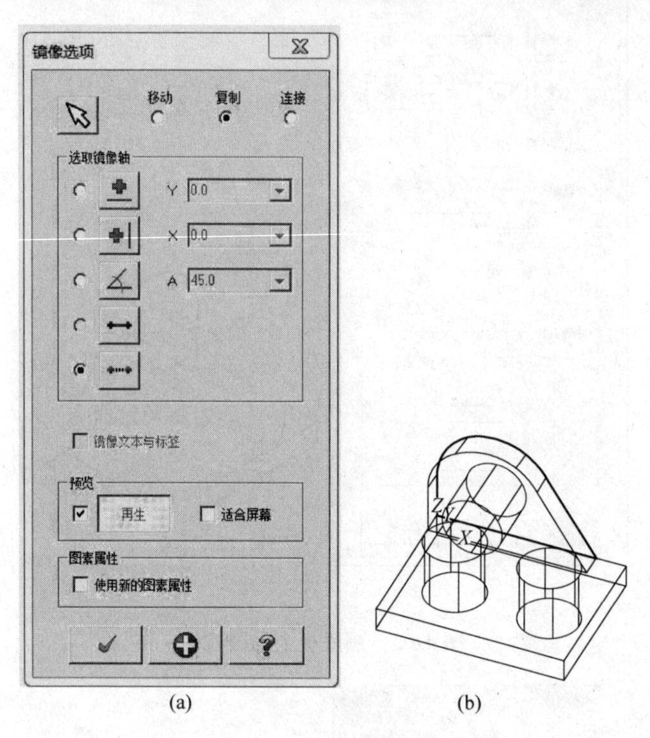

图 4-67　镜像圆柱体

（9）布尔运算。

1）布尔并集。将长方体和拉伸实体布尔并集，得到新的实体。

2）布尔差集。再将上述并集后的实体差集 3 个圆柱体，得到如图 4-68 所示实体。

图 4-68　布尔运算后的实体

（10）长方体倒圆角。选择主菜单【实体】→【倒圆角】命令，系统提示「选取图素去倒圆角」，将【实体的轮廓线】方式选中，另两种关闭，选择如图 4-68 所示底部长方体前方 2 条垂直边，选择之后按回车键，打开如图 4-69 所示【实体倒圆角参数】对话框，按图输入倒圆角半径 5，单击按钮，得到如图 4-70 所示最终实例 2 的实体。

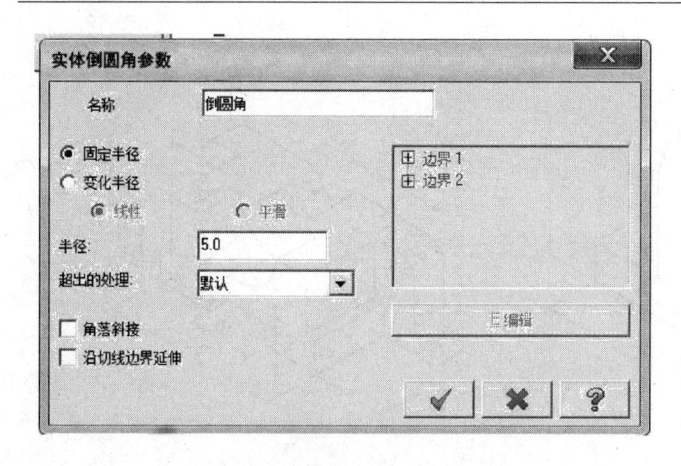

图 4-69　倒圆角参数设置对话框

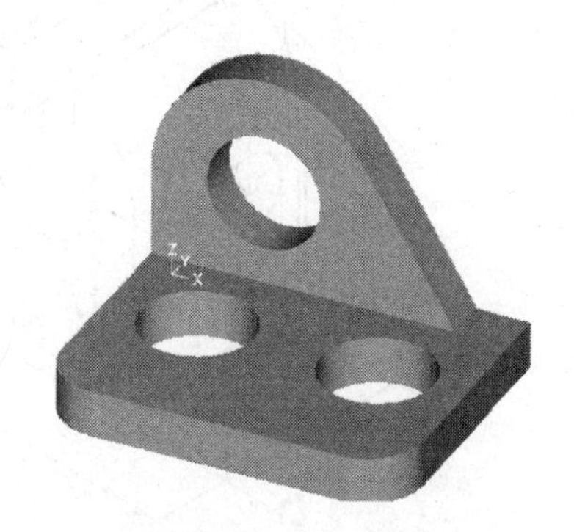

图 4-70　圆角后的实体

4.4　项目小结

三维实体模型是 CAD/CAM 技术实现的基础。本项目主要介绍了 Mastercam X 系统的基础功能、实体进阶功能和编辑功能。最后还以两个实例详细地讲解了三维实体建模。

通过对本项目的学习，读者可以直接使用系统提供的圆柱体、圆锥体、长方体、圆球、圆环体等基本实体进行建模；也可以采用挤出、旋转、扫面、举升等方式对二维图形进行建模；还可以对三维实体进行倒圆角、倒角、抽壳、修剪、布尔运算等实体编辑命令来完成复杂实体的建模。

读者只理解创建实体的基本原理和步骤、掌握创建的技巧和方法是远远不够的，还必须加强实践训练，培养良好的设计思路和操作习惯。

习　题

4-1　绘制图 4-71 所示三维实体。

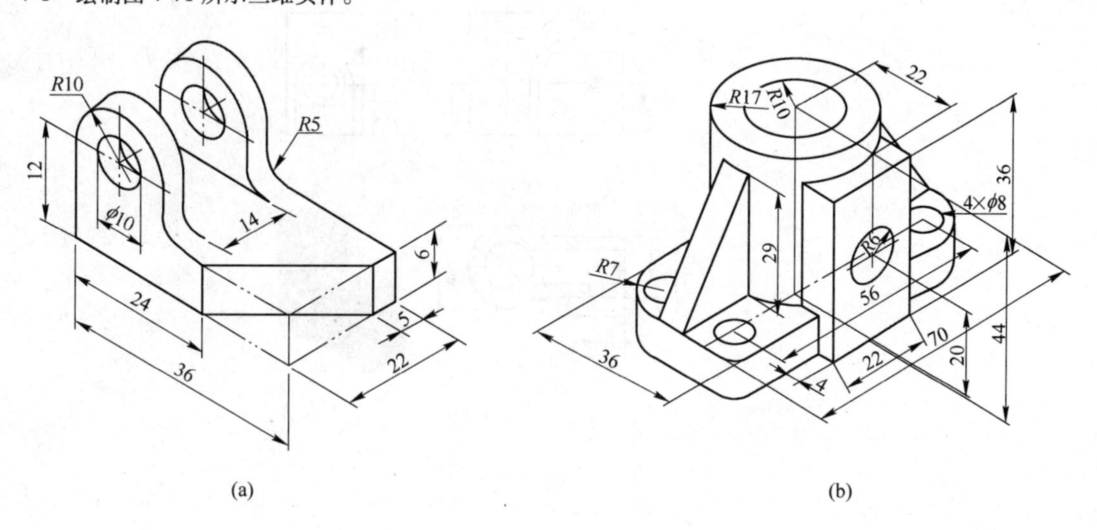

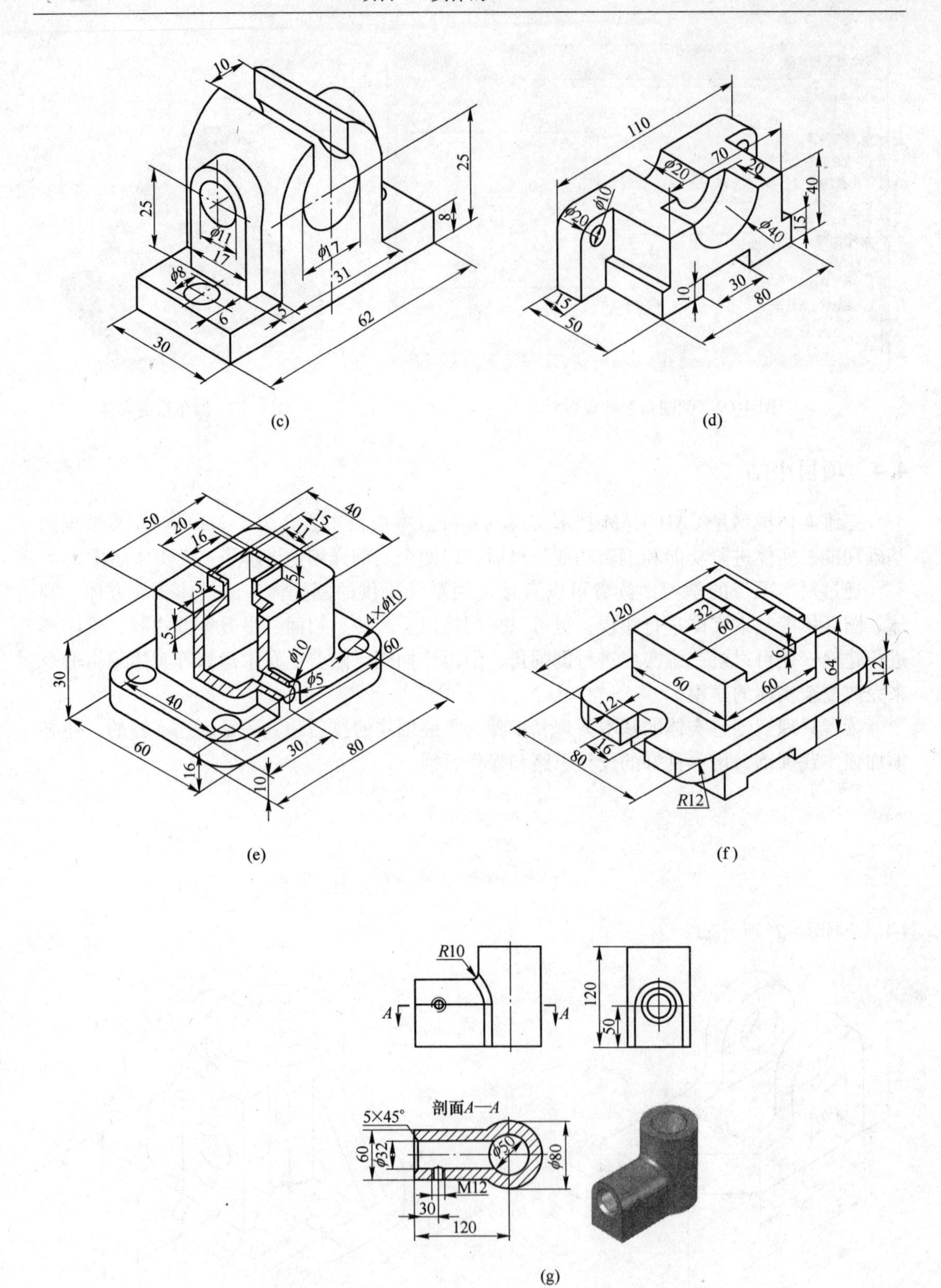

(c)　(d)　(e)　(f)　(g)

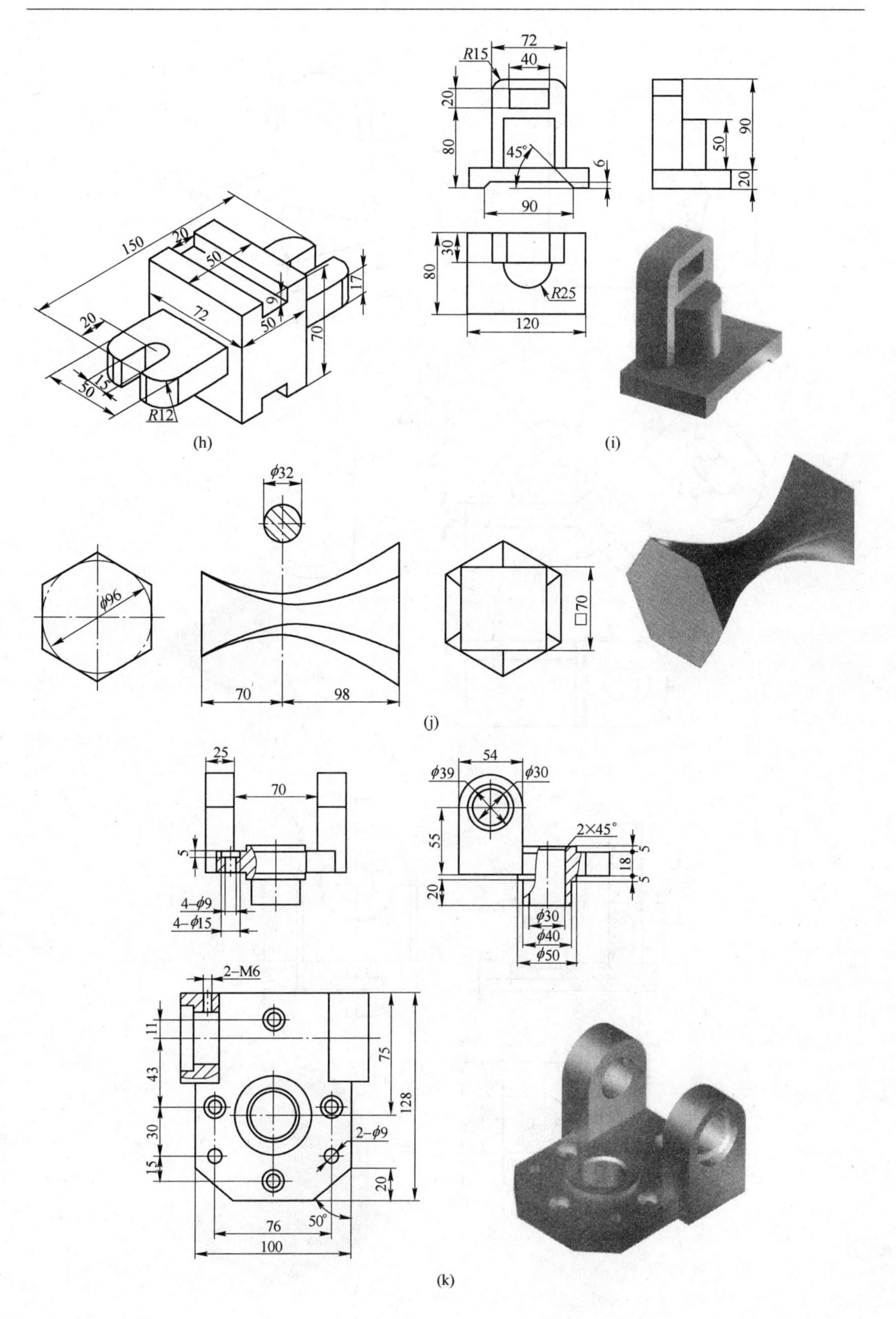
150
20
50
72
9
50
17
70
20
15
50
R12
72
R15
40
20
80
45°
6
90
90
50
20
30
80
R25
120
φ32
φ96
70
98
□70
25
70
5
4–φ9
4–φ15
54
φ39
φ30
55
2×45°
5
18
5
20
φ30
φ40
φ50
2–M6
11
43
30
15
75
128
2–φ9
20
76
50°
100

(h)

(i)

(j)

(k)

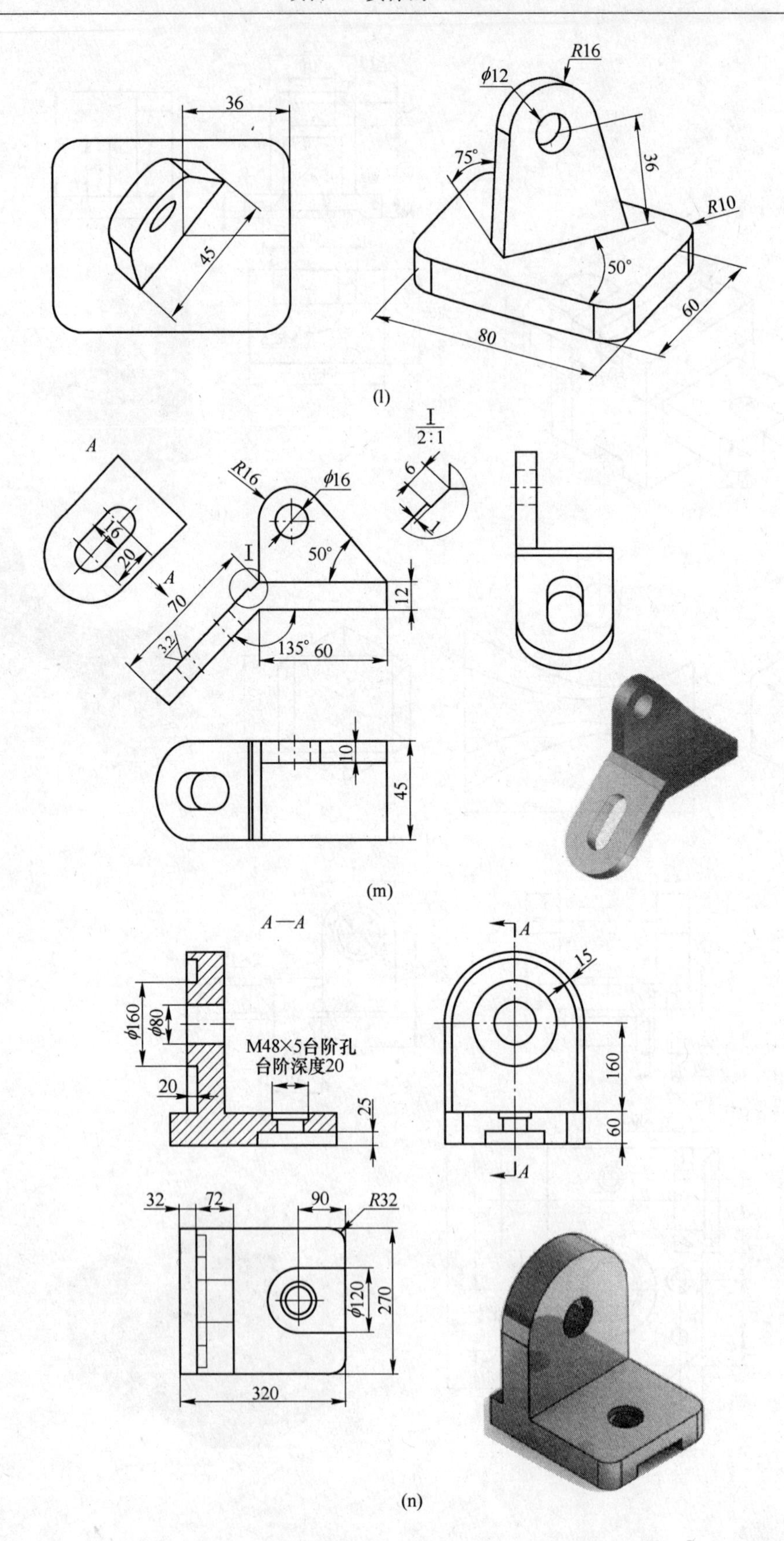

36
R16
ϕ12
75°
36
R10
45
50°
60
80
(l)
A
I
2∶1
R16
ϕ16
6
1
16
20
A
50°
I
70
12
3.2
135°
60
10
45
(m)
A—A
A
15
ϕ160
ϕ80
M48×5台阶孔
台阶深度20
20
25
160
60
A
32
72
90
R32
ϕ120
270
320
(n)

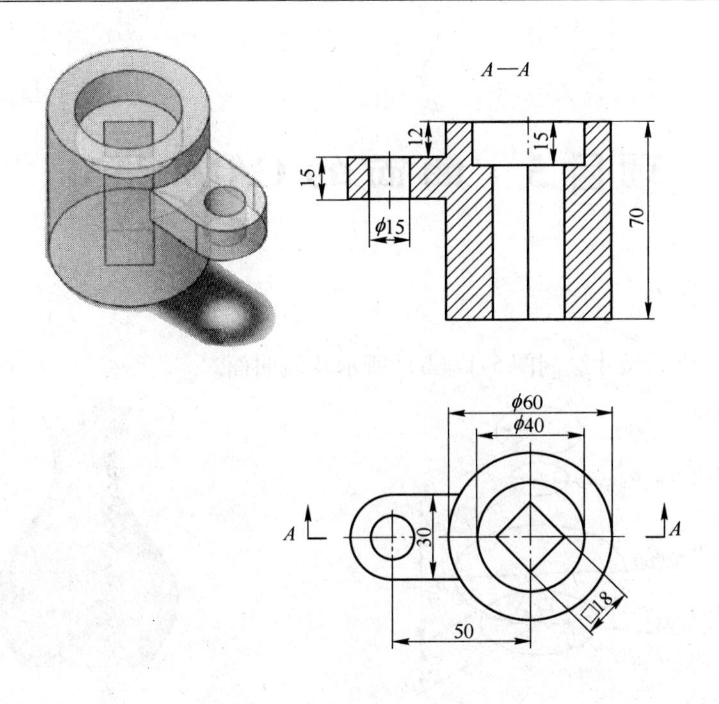

(o)

图 4-71　题 4-1 图

项目5　曲面的CAD/CAM

5.1　零件图

根据图5-1（a）所示尺寸绘制图5-1（b）所示花瓶曲面。

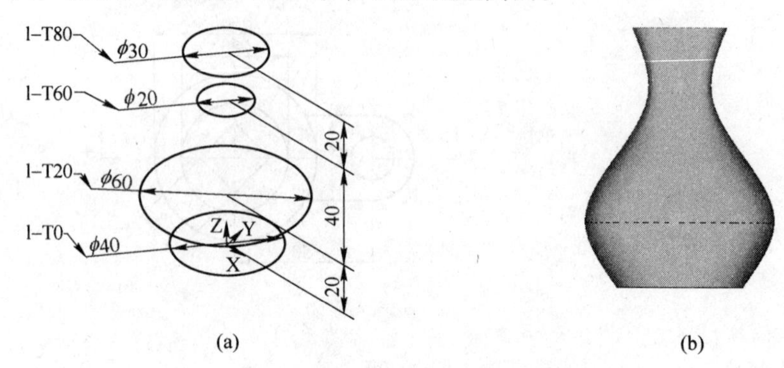

图5-1　花瓶
（a）花瓶曲面；（b）花瓶三维线架

5.2　能力目标

（1）掌握绘图命令之以直纹、举升、旋转、扫描、网格方式创建曲面。

（2）掌握曲面的编辑、实体与曲面的相互转化及创建复杂曲面方法。

（3）掌握曲面（模具）的CAM加工方法。

5.3　知识点

（1）以直纹、举升、旋转、扫描、网格方式创建曲面。曲面是构建模型的重要工具和手段。根据CAD建模原理，三维模型可以看做是由大小和形状不同的曲面围成的，因此使用曲面可以构建实体模型。同时，在CAM技术中，在加工之前，一般先输出零件加工后的理想表面形状。可见，三维曲面造型设计是Mastercam的重要组成部分。

在Mastercam中，不仅可以绘制球面、圆锥曲面等基本三维曲面，也可以绘制旋转曲面、曲面、扫描曲面等三维曲面，并且可以对这些曲面进行圆角、修剪、偏置、熔接等多种操作，从而构建复杂的三维曲面。

而在Mastercam中，常由基本图素构成的一个个封闭的或开放的二维图形，然后由这些图形经过旋转、拉伸、举升等操作形成曲面。

（2）曲面的编辑、实体与曲面的相互转化及创建复杂曲面。使用前面介绍的方法可以创建各种类型的曲面，但是，这样创建的曲面不一定正好满足设计要求，还需要对曲面进行编辑操作。在Mastercam中，常用的曲面编辑命令主要有圆角、修剪/伸和曲面熔接等功能。

（3）曲面（模具）的 CAM 加工方法。使用 CAD/CAM 软件进行数控编程时，用得最多的还是对曲面进行加工。对于一个具有较为复杂形状的工件（如模具）而言，只有通过沿着其曲面轮廓外形进行加工才能获得所需的形状。Mastercam 的曲面加工系统可用来生成加工曲面、实体或实体表面的刀具路径。实际加工中，大多数的零件都需要通过粗加工和精加工来完成，Mastercam 共提供了多种粗加工和精加工类型。

5.4 项目实施

5.4.1 以直纹、举升、旋转、扫描、网格方式创建曲面

（1）直纹/举升曲面。直纹/举升功能，就是选择至少两个以上的外形轮廓，按照一定的顺序连接起来形成曲面。若每个外形轮廓之间用曲线相连，则称之为举升曲面；若每个外形轮廓之间用直线相连，则称之为直纹曲面。

例如，欲对图 5-1 的三维线架进行直纹/举升造型，步骤如下：

1）以圆弧绘制命令（见图 5-2）在俯视图上绘制 ϕ40mm 的第一层圆，如图 5-3 所示。

2）改变 Z 值为 20mm，绘制 ϕ60mm 的第二层圆。

3）改变 Z 值为 60mm，绘制 ϕ20mm 的第三层圆。

4）改变 Z 值为 80mm，绘制 ϕ30mm 的第四层圆。

改变视图，变换为主视图，得到图 5-4。

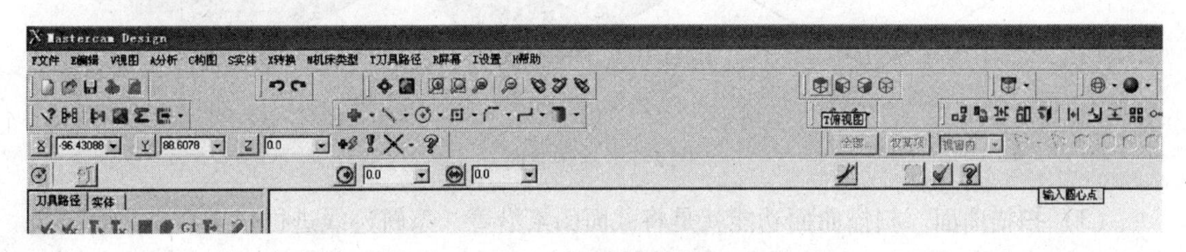

图 5-2 圆弧绘制命令

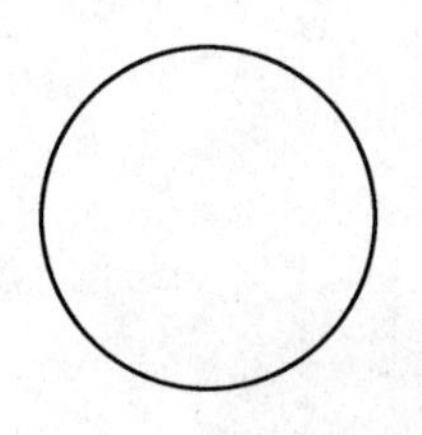

图 5-3 第一层圆

图 5-4 四层圆的主视图

在菜单栏里选择【构图】→【画曲面】→【直纹/举升曲面】（见图 5-5）→【串联】（见图 5-6）。

在串联命令选取时，注意选择顺序，为依次从下往上，得到结果如图 5-1（b）所示。

（2）旋转曲面。旋转曲面功能就是将选择的串联轮廓图素绕指定的旋转轴旋转一定的角度生成曲面。如图 5-7 所示，绘制步骤如下：

1）绘制一目标图形，选择串联命令。

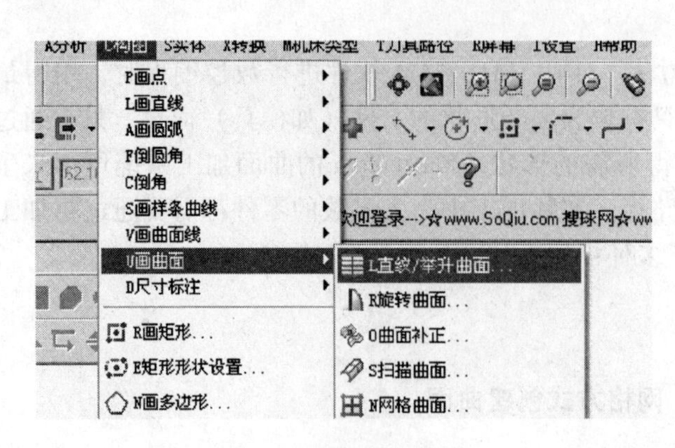

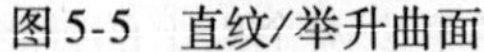
图 5-5　直纹/举升曲面

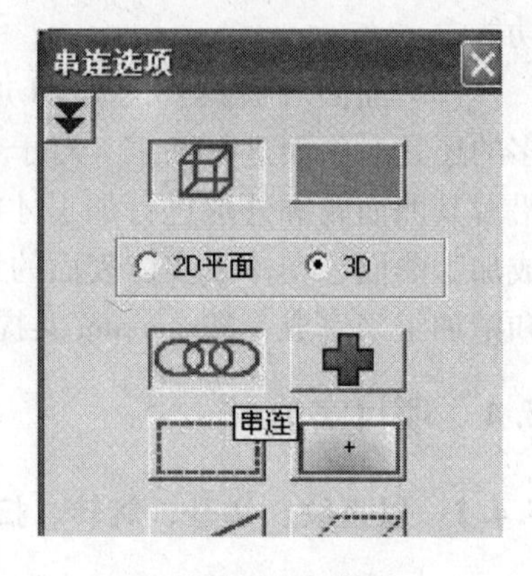

图 5-6　串联

2）在图 5-5 中选择【旋转曲面】，可设置旋转角度，图 5-7（b）为 270°，图 5-8（c）为 360°。

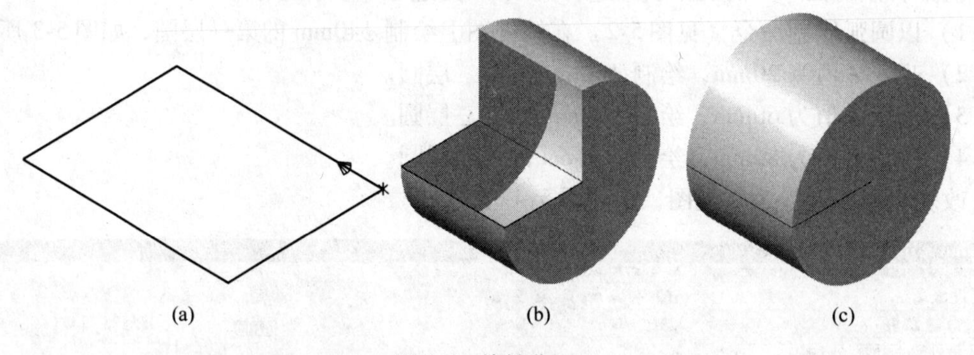

图 5-7　旋转曲面

（3）扫描曲面。扫描曲面功能就是将截面图素沿着一条轨迹线进行扫描形成曲面，如图 5-8 所示。截面图素和轨迹线都可以是封闭的，也可以是开放式的。

按照截面与轨迹线的数量，扫描曲面操作可分为三种情况：一条截面对应一条轨迹线、两条截面对应一条轨迹线、一条截面对应两条轨迹线。

使用扫描曲面命令时应注意旋转轴的选取。

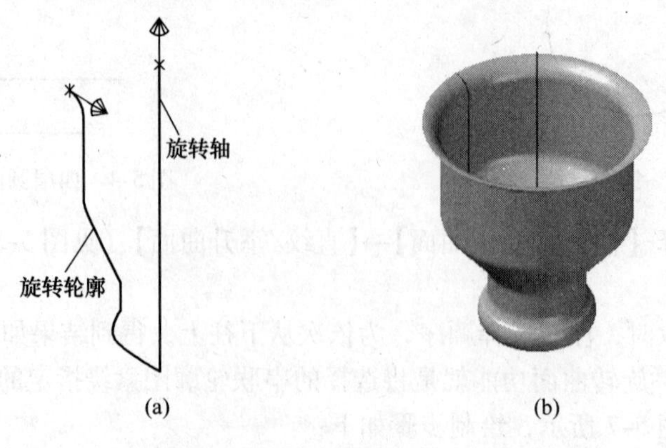

图 5-8　扫描曲面

（4）栅格曲面。栅格曲面功能是 Mastercam 的新增功能，就是在指定的平面上将一些相交的边界线（直线、圆弧、曲线、串联等）按照指定的长度和角度形成拉伸曲面，如图 5-9 所示。其相应的操作栏如图 5-10 所示。

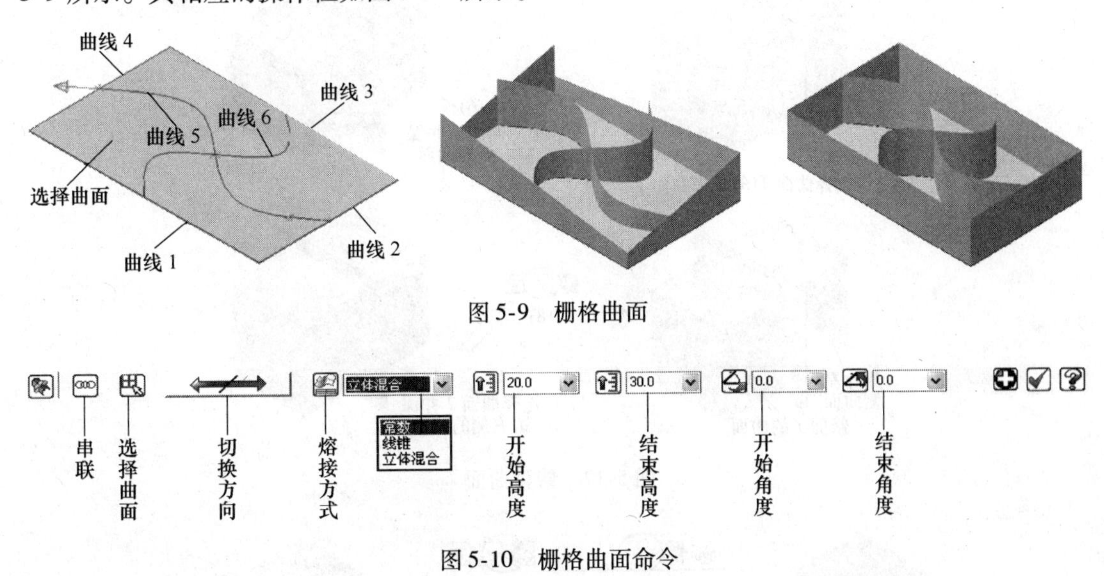

图 5-9 栅格曲面

图 5-10 栅格曲面命令

5.4.2 曲面的编辑、曲面生成实体及创建复杂曲面

（1）编辑曲面。曲面的编辑命令有多种方式，但主要应用为以下几种。

1）曲面倒圆角。曲面倒圆角功能就是在两组已知曲面之间创建圆角曲面，使两组曲面进行圆角过渡连接。选择【绘图】→【绘制曲面】→【倒圆角】命令，可看到在其下级菜单中有 3 种曲面倒圆角方式，即：曲面/曲面、曲线/曲面、曲面/平面。

"曲面/曲面"功能就是在两组曲面之间产生圆角曲面。

"曲线/曲面"功能就是在一组曲面与一条曲线之间产生曲面倒圆角，如图 5-11 所示。

"曲面/平面"功能就是在一组曲面与一个平面之间产生曲面倒圆角。

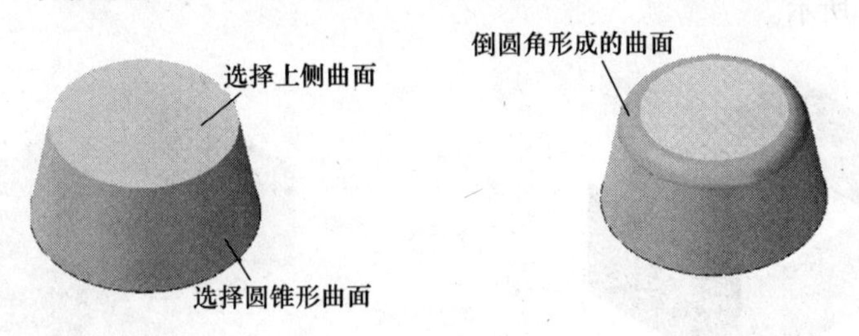

图 5-11 曲面倒圆角

2）修整曲面。修整曲面功能就是对一个或多个曲面进行修剪产生新的曲面。选择【绘图】→【绘制曲面】→【修整】命令，可看到在其下级菜单中有 3 种曲面修整方式，即：修整至曲面、修整至曲线、修整至平面。修整曲面的操作如图 5-12 所示。

3）曲面延伸。曲面延伸功能就是将已知曲面的宽度或者长度延伸到指定的平面等。其操作如图 5-13 所示。

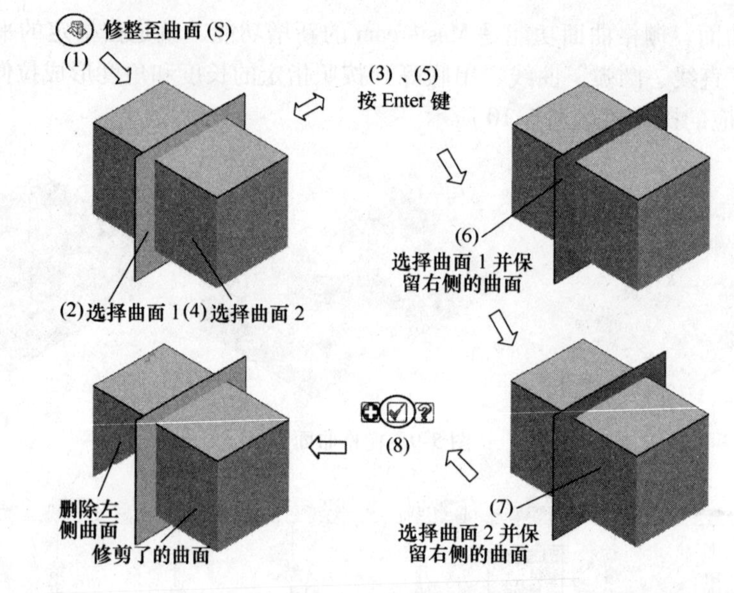

图 5-12　修整曲面

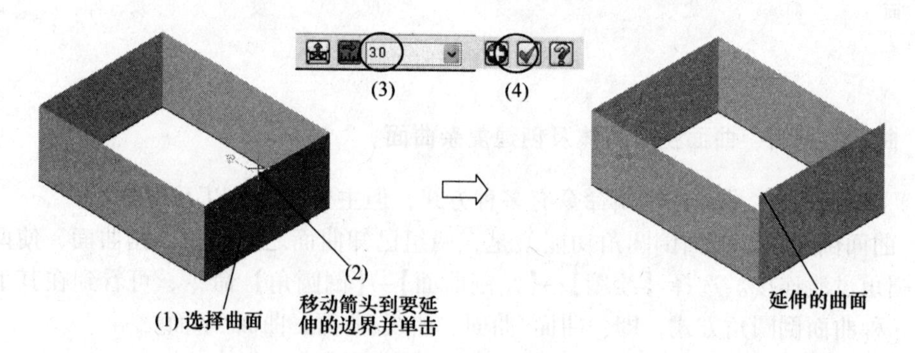

图 5-13　曲面延伸

4）打断曲面。打断曲面功能就是将所选择的一个曲面按照选择的位置和方向打断。其操作如图 5-14 所示。

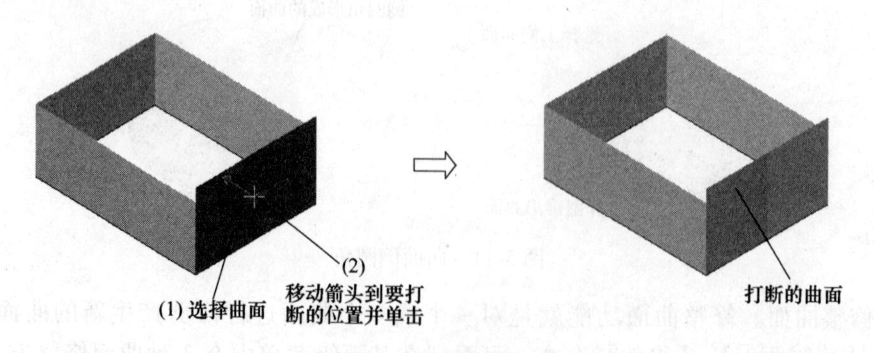

图 5-14　打断曲面

5）曲面熔接。曲面熔接功能就是将两个或多个曲面以一个或多个平滑的曲面进行相切连接。它又分两曲面熔接、三曲面熔接和三圆角曲面三种。

（2）曲面生成实体。由曲面生成实体功能就是将一个或多个曲面缝合为一个实体，如图5-15所示。

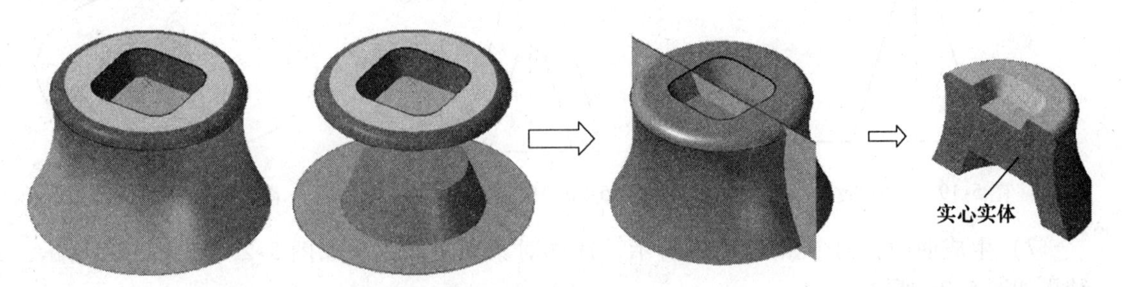

图5-15 曲面生成实体

（3）创建复杂曲面。曲面造型是三维造型中应用非常广泛的工具之一。下面通过玩具车轮的模型（见图5-16）实例来说明曲面造型的过程。

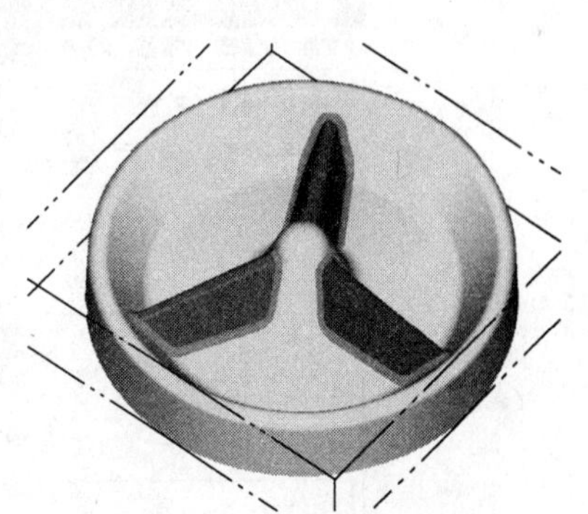

图5-16 玩具车轮的模型

绘制曲面一般都是先绘制模型的线架结构，然后利用曲面造型命令来完成曲面的绘制。

1）绘制模型的线架结构，单击工具栏中的【俯视图】命令，绘制一个以（0，0）为圆心，半径为小车轮半径80mm的圆，如图5-17所示。

2）转换绘图视角，同样在工具栏中选择【等角视图】命令，单击【直线】命令的【折线工具】即连续直线，依次在坐标栏里输入小车轮上边表达尺寸的7个数据节点:(0,40,0),(7,40,0),(20,7,0),(57,3.5,0),(73,29,0),(79,29,0),(80,0,0)，绘制完成如图5-18所示。

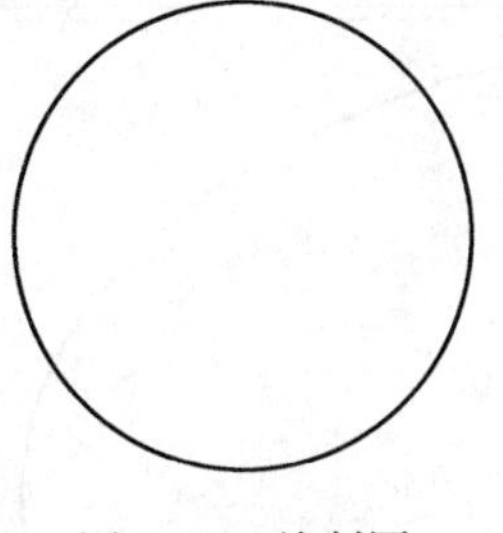

图5-17 绘制圆

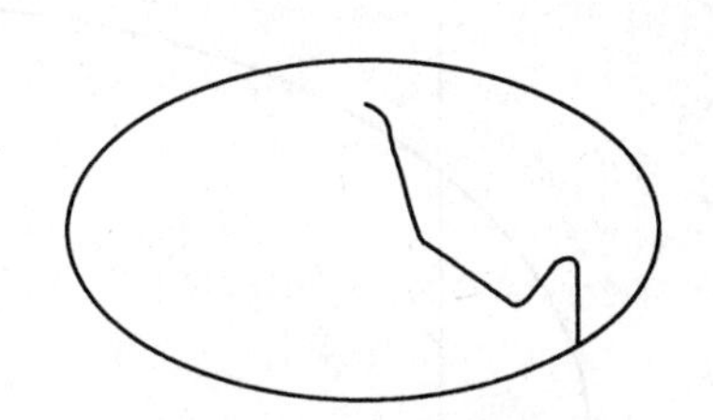

图5-18 绘制折线

3）要绘制另外的线条，需转换视图。单击【侧视图】命令，选择【直线】命令的【折线】栏，依次输入4个坐标点：(－14，0，0)，(－3.5，33，0)，(3.5，33，0)，(14，0，0)，绘制完成如图5-19所示。

4）继续绘制另外一段折线，也是在侧视图上，依次输入(－8，0，76)，(－2，19，76)，(2，19，76)，(8，0，76)。

5）对绘制的小车轮进行倒圆角命令，依次为4.7mm和2.35mm，结果如图5-20所示。

6）对肋筋进行倒圆角处理，依次为10mm、8mm、4mm，结果如图5-21所示。

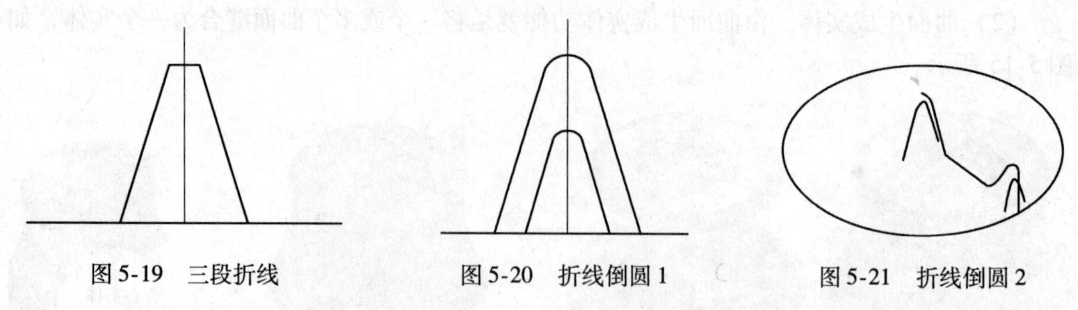

图 5-19　三段折线　　图 5-20　折线倒圆 1　　图 5-21　折线倒圆 2

7）生成曲面，命令如图 5-22 所示，选择对象和路径依次如图 5-23 和图 5-24 所示，结果如图 5-25 所示。

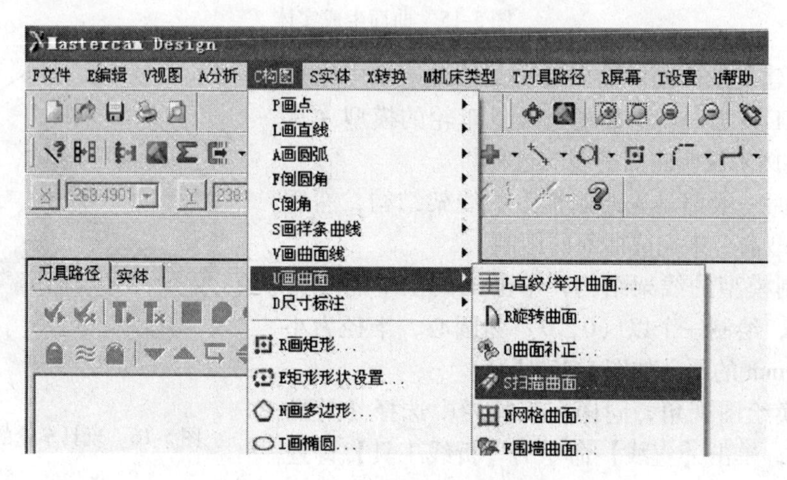

图 5-22　曲面扫描

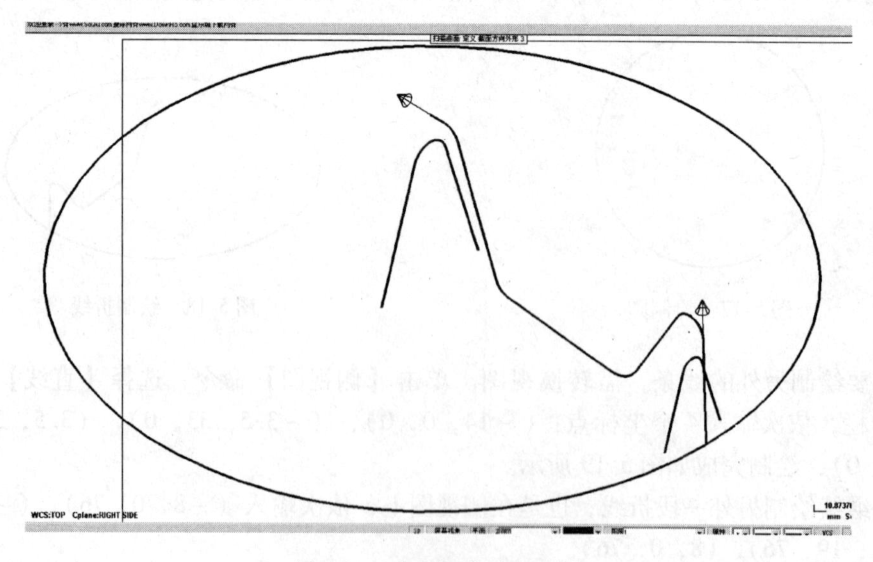

图 5-23　曲面扫描对象选择

8）对肋筋进行扫描处理，关闭外轮廓图层，生成结果如图 5-26 所示。经过【曲面旋转】命令得到结果为图 5-27。

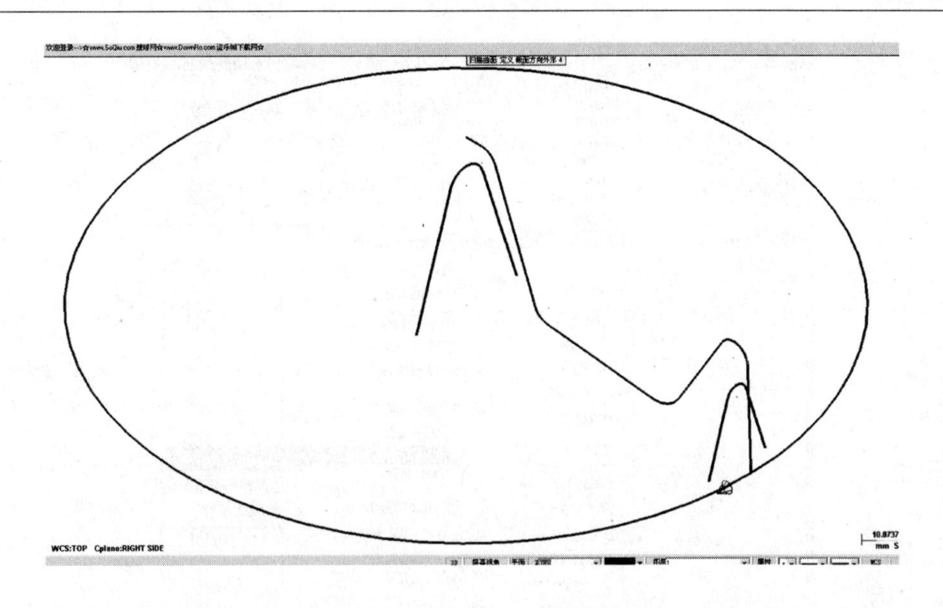

图 5-24 曲面扫描路径选择

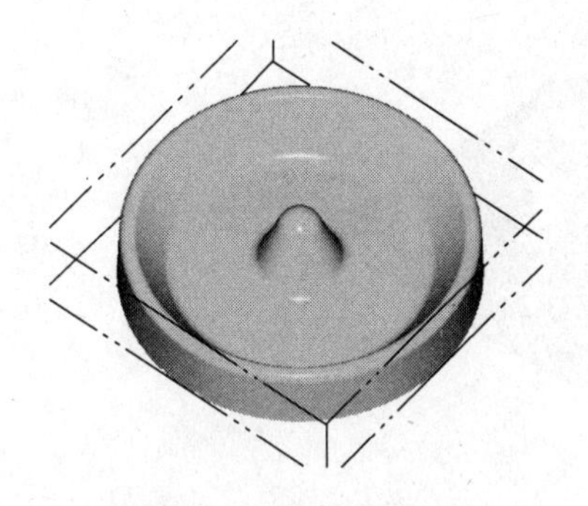

图 5-25 曲面扫描结果

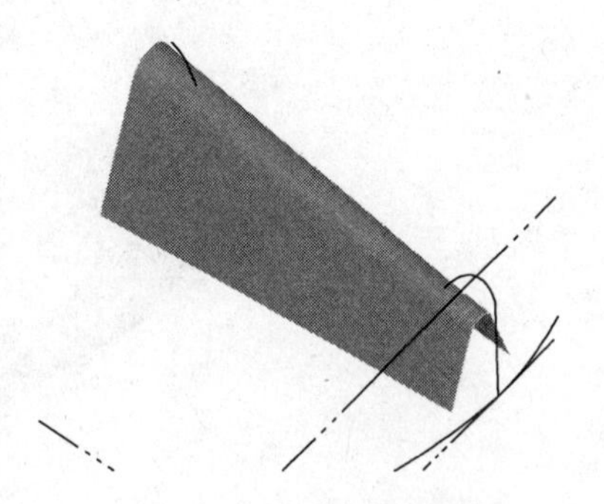

图 5-26 肋筋曲面扫描

9）对生成的曲面进行倒圆角处理（见图 5-28），尺寸为 3mm，打开图层，得到结果如图 5-16 所示。

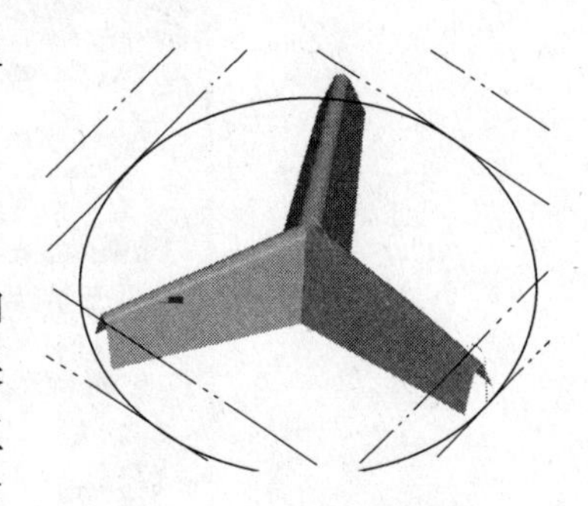

图 5-27 肋筋曲面旋转

5.4.3 曲面（模具）的 CAM 加工方法

Mastercam 的铣床加工包括多重曲面的粗加工、精加工，另外还有多轴加工和线架加工。线架加工相当于采用线架进行造型的方法造出曲面来进行加工。多轴加工指在四轴或五轴机床上加工，即刀轴相对于工件除了三个方向的移动外增加了刀轴的转动和摆动。

图 5-29 所示为可乐瓶底电极模，其曲面造型过程与小车轮模型类似。要完成它的三维曲面加工，尺寸可根据具体情况而定，加工过程如下：

（1）对零件毛坯进行处理设置，如图 5-30 所示。

（2）在菜单栏和操作管理器界面设置机床、刀具等相关参数，可参考二维综合加工。此处不同之处在于曲面加工的刀具路径，选择如图 5-31 所示，刀具选择依次为 ϕ35mm 的

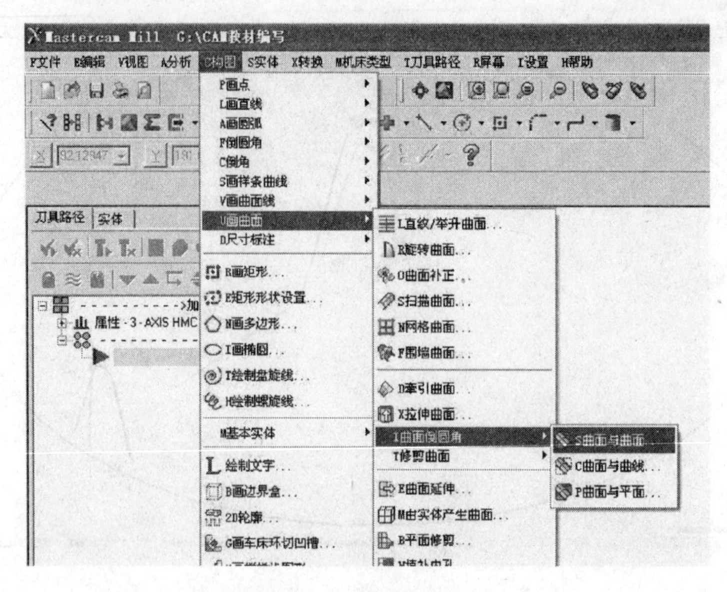

图 5-28　曲面倒圆角

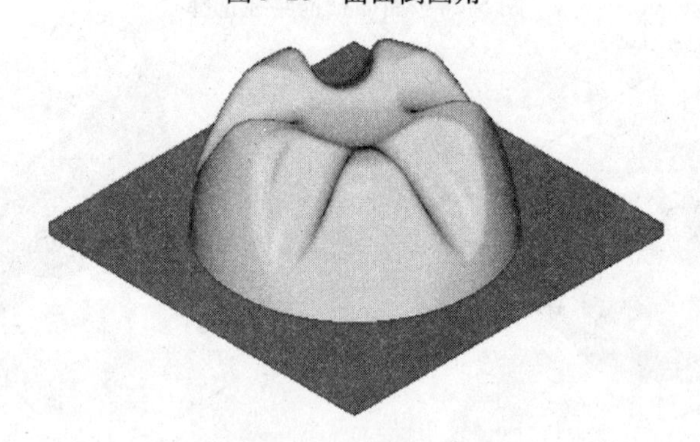

图 5-29　可乐瓶底电极模

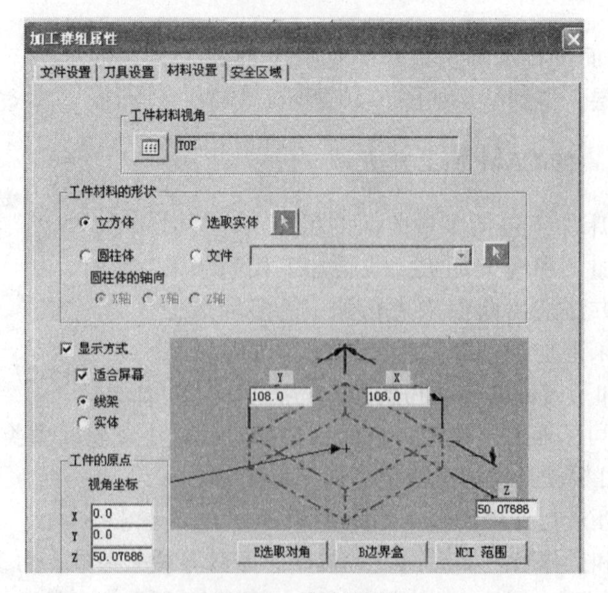

图 5-30　材料设置

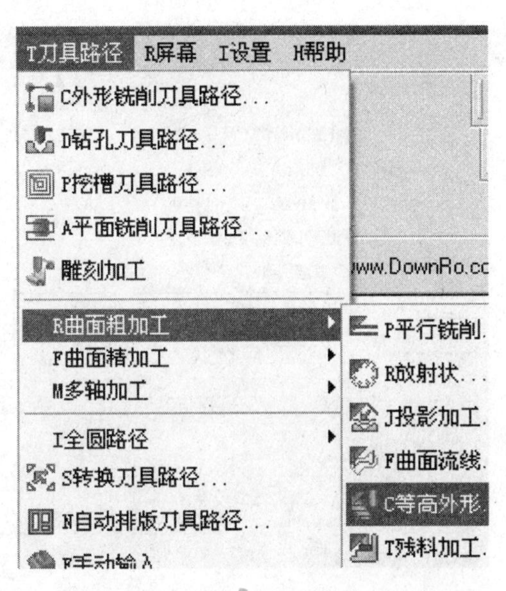

图 5-31 粗加工刀具路径选择

平底刀进行曲面的等高外形粗加工；ϕ15mm 的球头刀进行曲面的等高外形粗加工；ϕ15mm 的球头刀进行曲面的放射状精加工；ϕ3mm 的球头刀进行曲面的交线清角精加工。曲面等高外形参数设置界面如图 5-32 和图 5-33 所示，刀具具体参数如图 5-34 所示，如果参数设置不正确会导致刀具与工件发生干涉等情况。

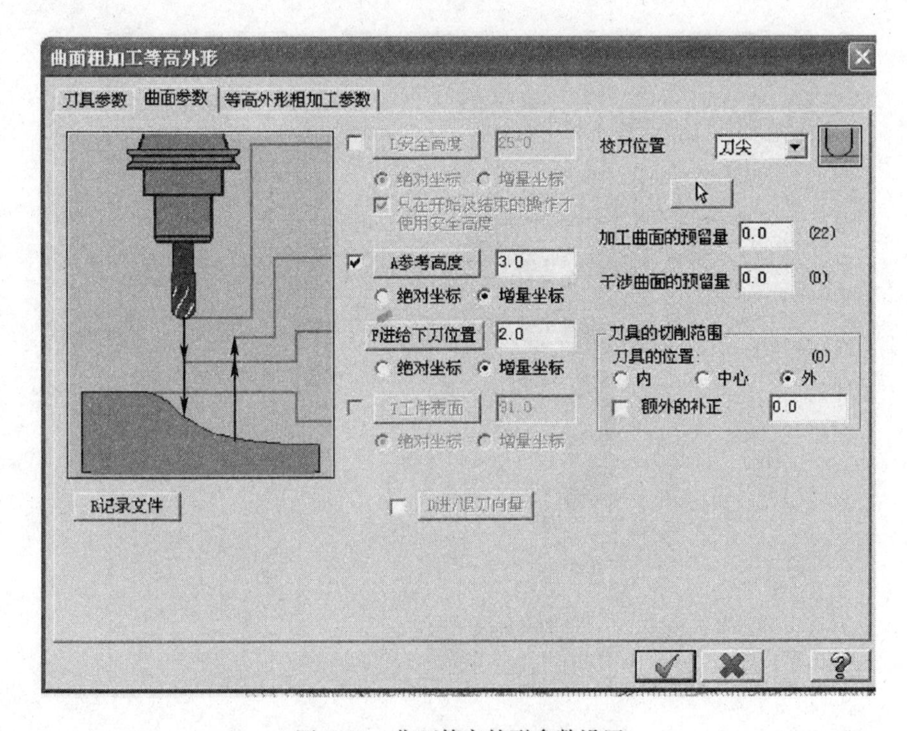

图 5-32 曲面等高外形参数设置

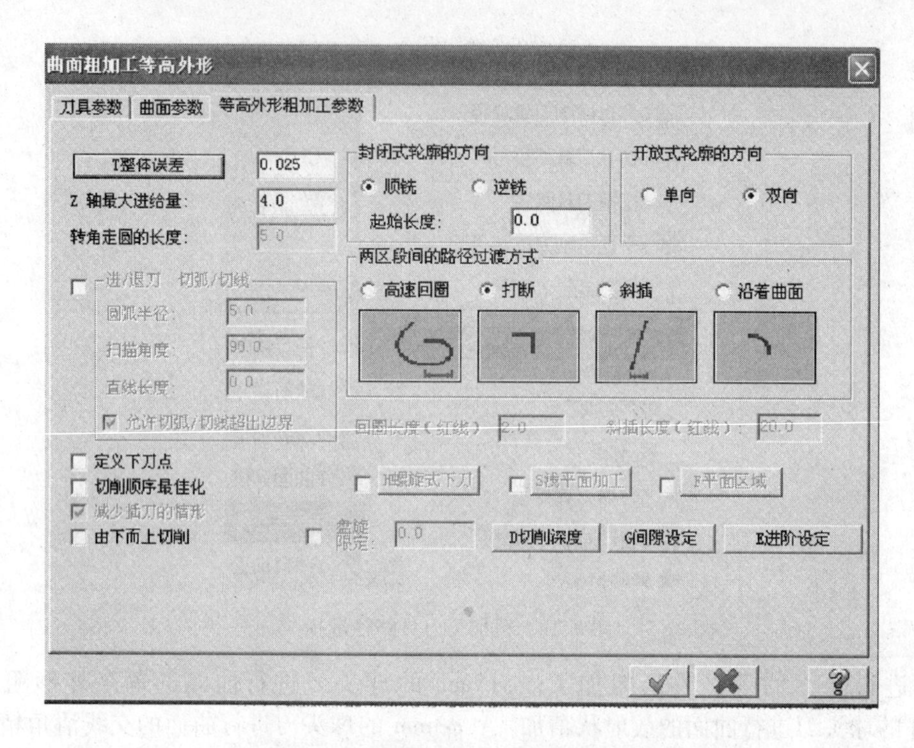

图 5-33　曲面等高外形具体参数设置

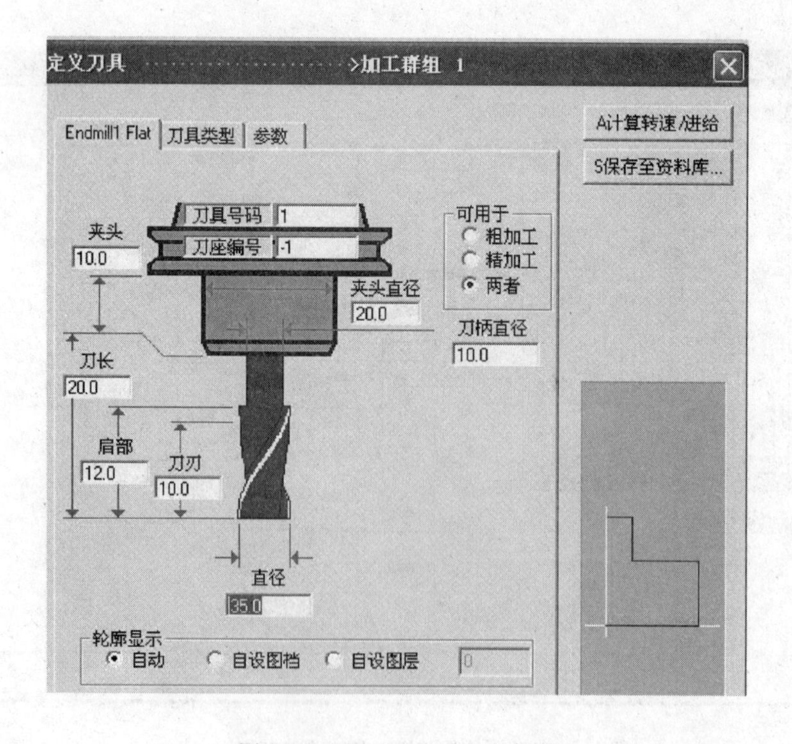

图 5-34　ϕ35mm 的平底刀参数

（3）曲面精加工放射状命令如图 5-35 所示，加工参数设置如图 5-36 和图 5-37 所示。

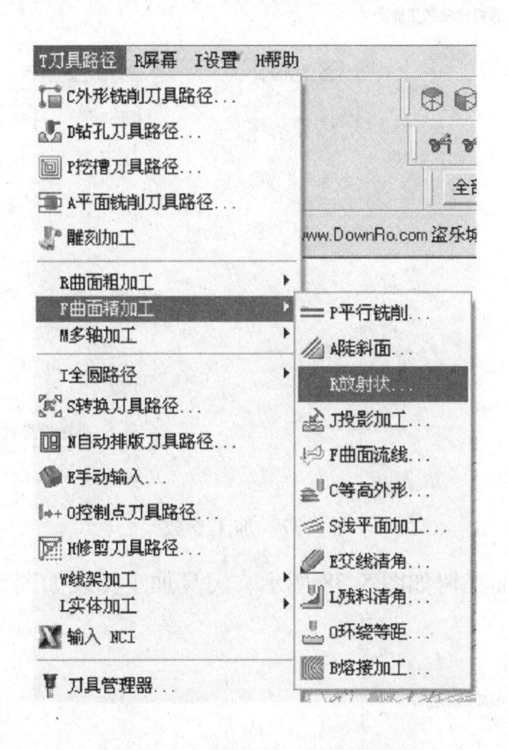

图 5-35 精加工刀具路径选择

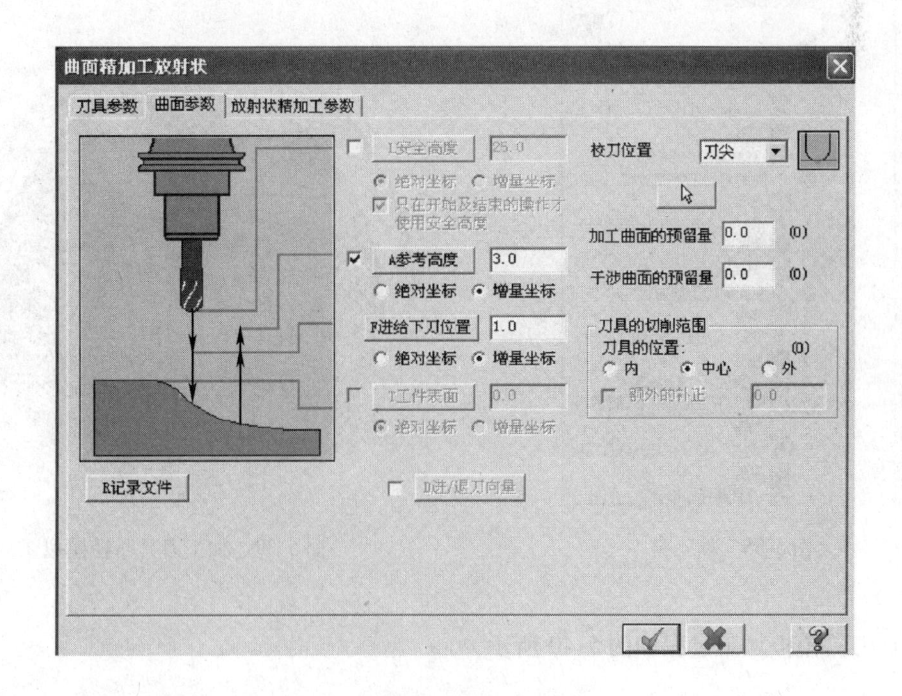

图 5-36 加工参数

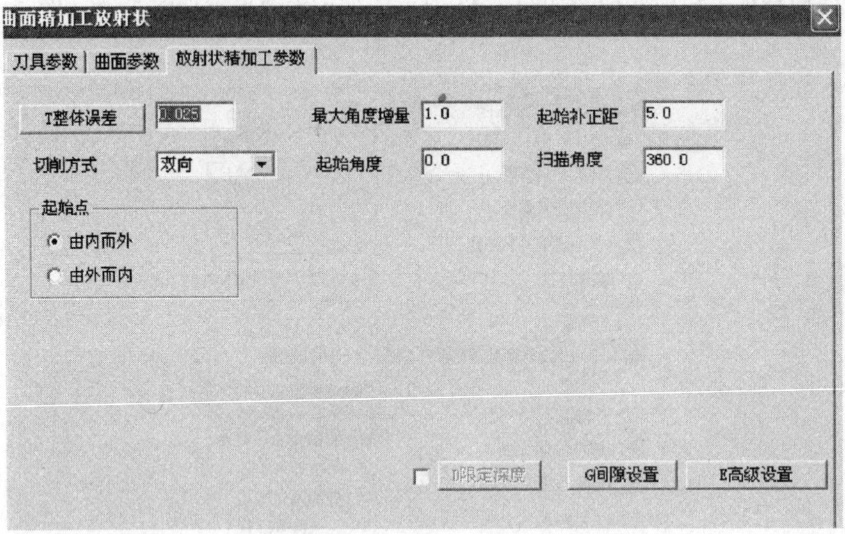

曲面精加工放射状

刀具参数 | 曲面参数 | 放射状精加工参数

T整体误差 0.025　最大角度增量 1.0　起始补正距 5.0

切削方式 双向　起始角度 0.0　扫描角度 360.0

起始点

由内而外

由外而内

D限定深度　G间隙设置　E高级设置

图 5-37　加工参数

（4）操作管理器的加工树如图 5-38 所示，刀具加工路线如图 5-39 所示。

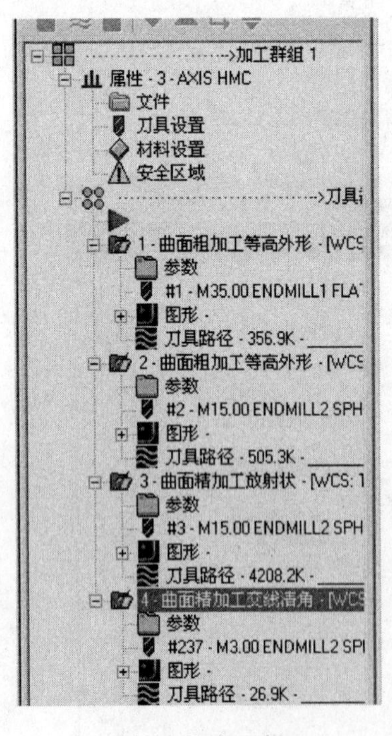

图 5-38　加工树

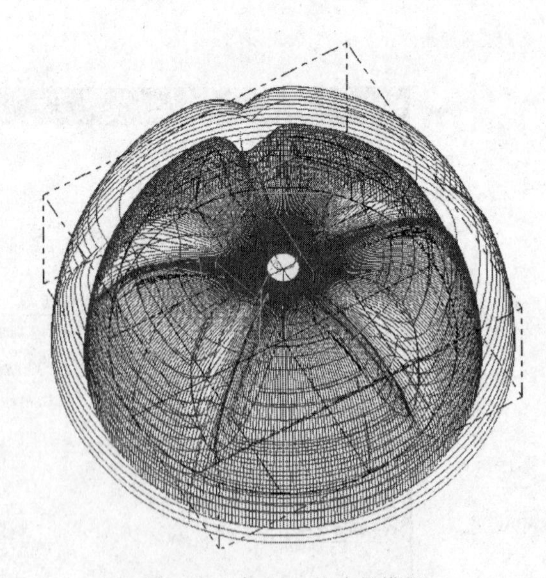

图 5-39　加工刀具路径模拟

（5）刀具模拟加工过程如图 5-40 所示。

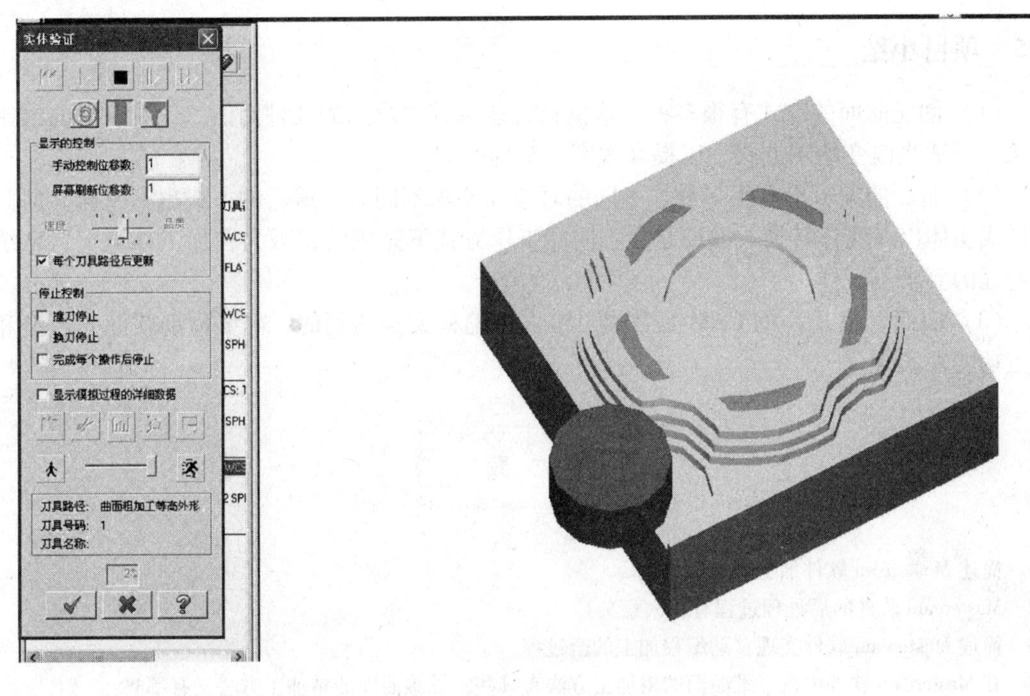

图 5-40 模拟加工过程

（6）模拟加工结果如图 5-41 所示，后置处理程序如图 5-42 所示。

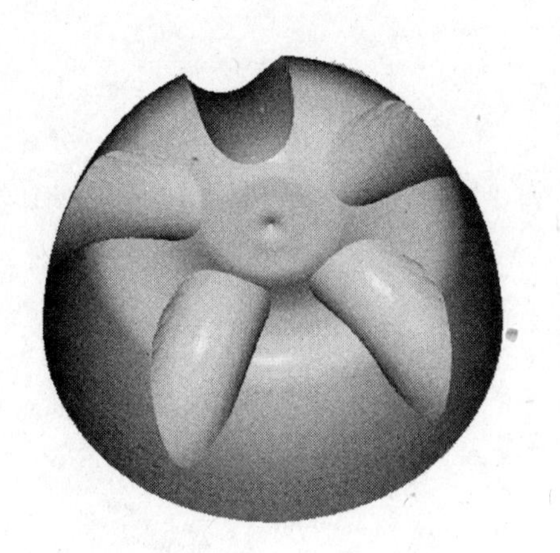

图 5-41 加工结果

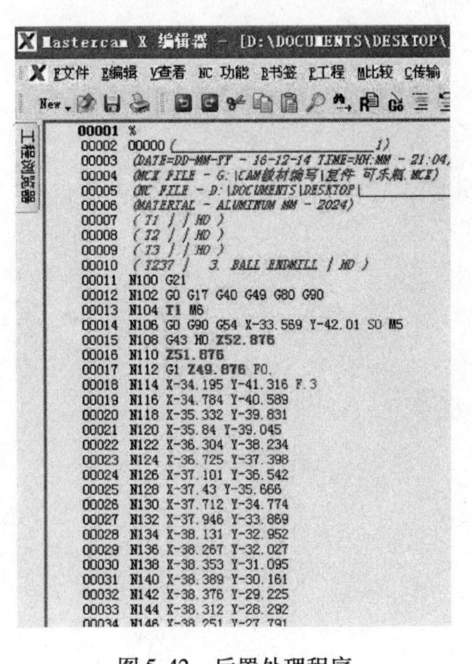

图 5-42 后置处理程序

5.5 项目小结

(1) 创建曲面的方式有很多种，这里只是选取其中常用的几种而已。针对不同的绘制对象，可适当改变绘图方式，以提高效率，节约时间。

(2) 曲面的编辑也有很多种，不同的对象和要求不同时，编辑的方式也不一样。曲面转换成实体以及实体转换成曲面是在不同的工作方式下完成的，因为在加工环境下，系统对特征的要求不一样。

(3) 曲面（模具）的CAM是常规二维人工编程无法达到的，需要借助软件的造型和加工功能来实现。

习 题

5-1 简述Mastercam软件加工的一般流程。
5-2 Mastercam软件的后处理过程有什么意义？
5-3 简述Mastercam软件实现自动编程加工的全过程。
5-4 在Mastercam软件中，三维曲面的粗加工方法有哪些？三维曲面的精加工方法又有哪些？
5-5 曲面加工分为哪几大类？
5-6 根据本项目对图5-16尺寸的描述，完成其曲面加工。

项目6　电火花线切割

6.1　零件图

基于凸、凹模冲裁件（见图6-1）电火花线切割加工，凸、凹模单边配合间隙为0.01mm，电极直径为0.2mm，单边火花放电间隙为0.01mm，用3B编程法编制凸、凹模加工程序。

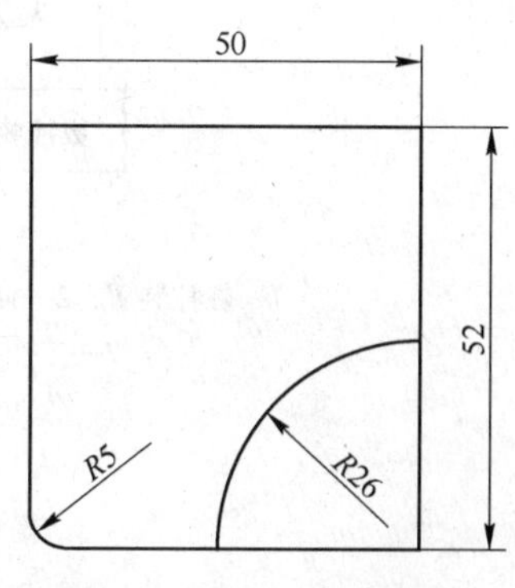

图6-1　凸、凹模冲裁件

6.2　能力目标

（1）理解电火花线切割加工原理及特点。

（2）掌握电火花线切割加工工艺及加工方法。

（3）掌握电火花线切割编程。

6.3　知识点

6.3.1　电火花线切割加工的基本原理与过程

电火花线切割加工（Wire Cut Electrical Discharge Machining，WCEDM）简称线切割，是特种加工技术中电加工方法中的一种。1960年，苏联首先研制出靠模线切割机床。随着脉冲电源和数字控制技术的不断发展，形成了现今的数控电火花线切割加工技术，目前国内外的线切割机床已占电加工机床的60%以上。

电火花加工技术是利用工具电极对工件进行脉冲放电时产生的电腐蚀现象进行加工的，它分为电火花成型加工和电火花线切割加工两种方式。其中，电火花线切割加工不需要制作成型电极，而是用运动着的金属丝（钼丝或铜丝）作电极，利用电极丝和工件在水平面内的相对运动切割出各种形状的工件。若使电极丝相对工件进行有规律的倾斜运动，还可以切割出带锥度的工件。

线切割加工原理如图6-2所示，脉冲电源的正极接工件，负极接电极丝。电极丝以一定的速度往复运动，它不断地进入和离开放电区。在电极丝和工件之间注入一定量的液体介质。步进电动机带工作台和工件在水平面内的相对运动，电极丝和工件之间发生脉冲放电，通过控制电极丝和工件之间的相对运动轨迹和进给速度，就可以切割出具有一定形状和尺寸的工件。

如图6-3所示，对零件工艺分析后可用软件自动编程或手工编程，程序输入数控装置后通过功放自动控制步进电动机，带动机床工作台和工件相对电极丝沿X、Y方向移动，完成平面形状的加工。数控装置自动控制工件和电极丝之间相对运动轨迹的同时，检测到的放电间隙大小和放电状态信息经变频后反馈给数控装置来控制进给速度，使进给速度与工件材料的蚀除速度相平衡，维持正常的稳定加工。

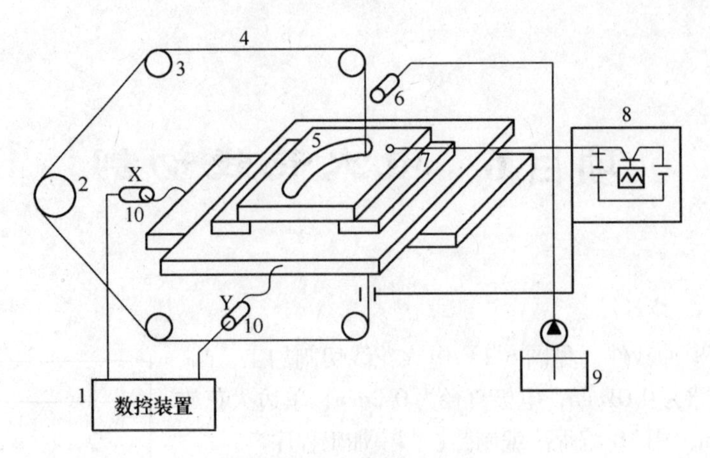

图 6-2　线切割加工原理

1—数控装置；2—储丝筒；3—导轮；4—电极丝；5—工件；6—工作液供给装置；7—工作台；8—脉冲电源；9—工作液箱；10—步进电动机

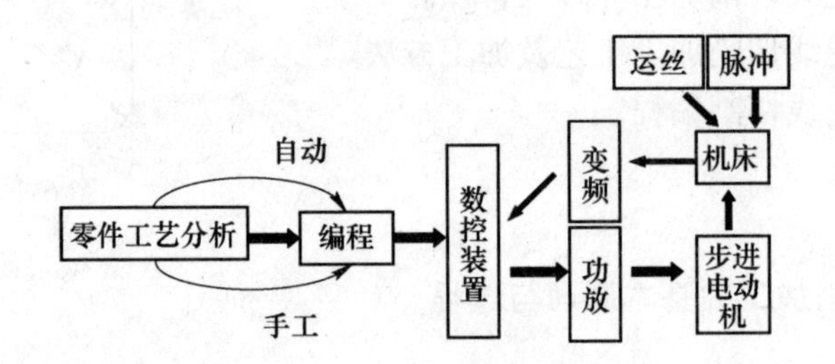

图 6-3　线切割加工流程框图

6.3.2　电火花线切割的加工特点

电火花线切割加工有以下特点：

（1）与电火花成型相比，不需要制作电极，生产准备时间短。

（2）电极丝沿长度方向运动，加工中损耗少，加工精度高，快走丝用的钼丝还可重复使用。

（3）能加工精密、形状复杂而细小的内、外形面，以及高熔点、高硬度难切削的材料，但只能加工导电材料。

（4）加工效率高，材料利用率高，成本低。

（5）自动化程度高，操作方便。

（6）不能加工母线不是直线的表面和盲孔。

6.3.3　电火花线切割的应用

（1）加工模具。线切割适用于各种形状的冲模。调整不同的间隙补偿量，只需一次编程就可以切割凸模、凸模固定板、凹模及卸料板等。模具配合间隙、加工精度通常都达到要求。此外，还可加工挤压模、粉末冶金模等通常带锥度模具。如图 6-4 及图 6-5 所示即为用线切割方法加工的模具。。

（2）加工电火花成型加工用的电极。一般穿孔加工用的电极以及带锥度型腔加工用的

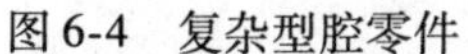
图6-4 复杂型腔零件

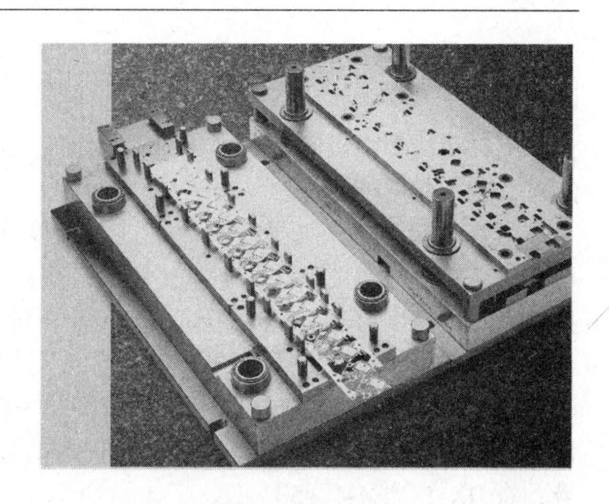

图6-5 精密级进模具

电极，以及铜钨、银钨合金之类的电极材料，用线切割加工特别经济，同时也适用于加工微细复杂形状的电极。

（3）加工高硬度材料。由于线切割主要是利用热能进行加工，在切割过程中工件与工具没有相互接触，没有相互作用力，所以可以加工一些高硬度材料，只要被加工的金属材料熔点在10000℃以下就可以。

（4）加工贵重金属。线切割是通过线状电极的“切割”完成加工过程的，而常用的线状电极的直径很小（通常在0.13～0.18mm），所以切割的缝隙也很小，这便于节约材料，因此可以用来加工一些贵重金属材料。

（5）加工试验品。在试制新产品时，用线切割加工方法在坯料上直接割出零件，例如试制切割特殊微电动机硅钢片定转子铁芯，由于不需另行制造模具，可大大缩短制造周期、降低成本。

6.3.4 数控电火花线切割加工机床

6.3.4.1 机床型号

数控电火花线切割加工机床型号说明如图6-6所示。

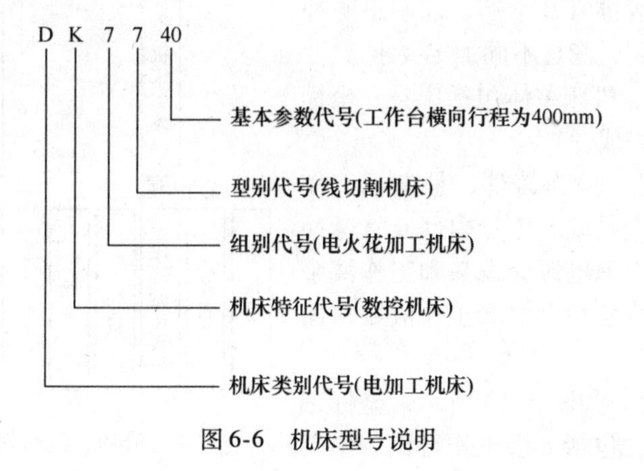

图6-6 机床型号说明

6.3.4.2　分类

电火花线切割机床是电火花加工机床的一种，根据走丝速度和加工精度不同，分为慢走丝和快走丝两种类型。

（1）慢走丝机床（见图6-7）：走丝速度是3～12m/min，电极丝广泛使用铜丝，单向移动，电极丝只使用一次，不重复使用；能自动穿电极丝和主动卸除加工废料，实现无人操作；加工精度可达到±0.001mm，表面粗糙度为R_a1.6～6.3μm；价格比快走丝高，工作液为去离子水。

（2）快走丝机床（见图6-8）：以0.08～0.22mm的钼丝作电极，往复循环使用，走丝速度为8～10m/s；加工精度为±0.01mm，表面粗糙度R_a1.6～6.3μm；工作液为乳化液；有DX-1、TM-1、502型。

图6-7　慢走丝线切割机床

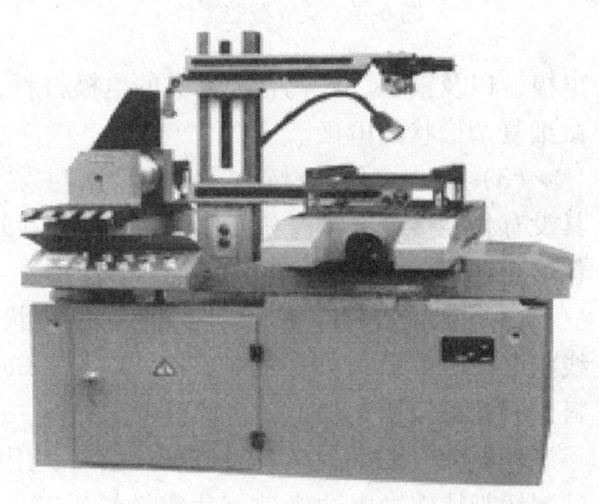

图6-8　快走丝线切割机床

6.3.4.3　机床结构

线切割机床一般由机床主体、脉冲电源、控制部分组成，如图6-9所示。

（1）脉冲电源。线切割机床采用小功率、窄脉冲、高频率、大峰值电流的高频脉冲电源。一般电源的电规准有几个挡，以调整脉冲宽度和脉冲间隙时间，满足不同加工要求。

（2）机床主体。机床主体包括床身、坐标工作台、走丝机构组成。

1）床身。床身一般为铸件，是坐标工作台、走丝机构的固定基础。床身内部安置脉冲电源和工作液箱。考虑电源会发热和工作液泵有振动，有些机床将脉冲电源和工作液箱移出床身另行安放。

2）坐标工作台。如图6-10所示，坐标工作台安置在床面上，包括上层工作台面、中层

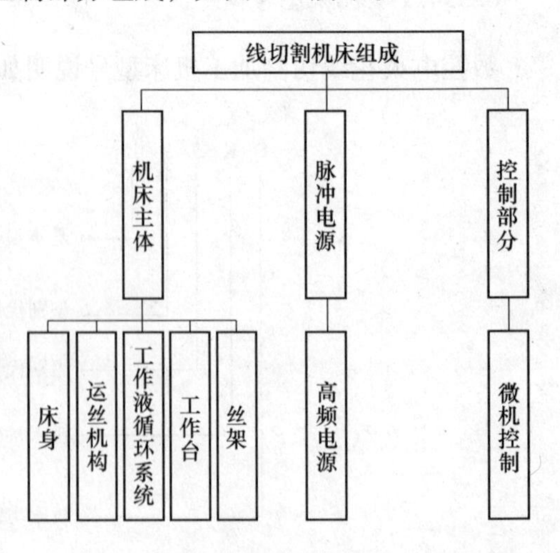

图6-9　线切割机床组成

中拖板、下层底座，还有减速齿轮和丝杠螺母等构件。两个步进电动机经过齿轮减速，带动丝杠螺母，从而驱动工作台在 XY 平面上移动。如果控制器每发出一个进给脉冲信号，工作台就移动 1μm，则称该机床的脉冲当量为 1μm/脉冲。

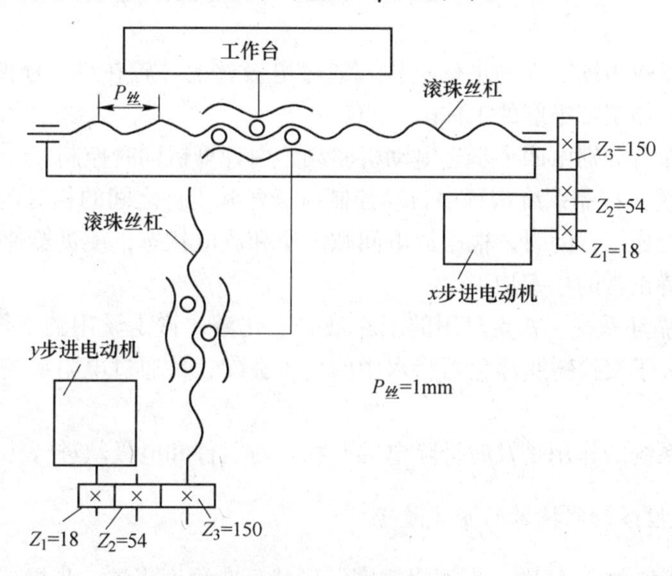

图 6-10 工作台传动原理

3）走丝机构。走丝机构有快走丝机构和慢走丝机构。

快走丝机构的作用是保证电极丝能进行往复循环的高速运行，由电动机传动储丝筒做高速正反向转动。通过齿轮副传动走丝机构拖板的丝杠螺母，使电极丝均匀地卷绕在储丝筒上，如图 6-11 所示。

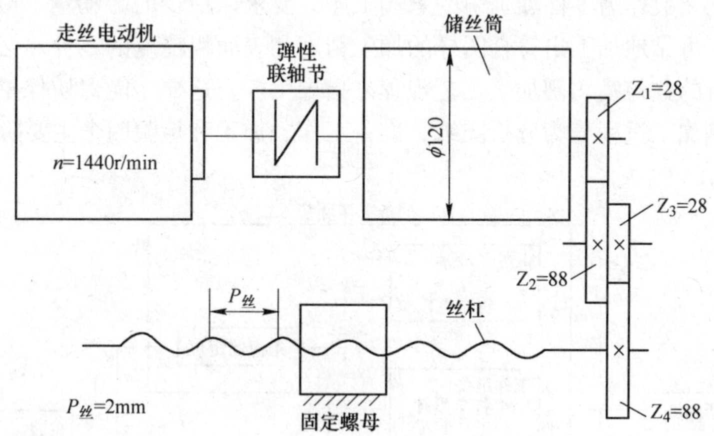

图 6-11 走丝机构传动原理

储丝筒在旋转的同时，做轴向移动，轴向移动应大于电极丝直径，使电极丝整齐排列在储丝筒上。

快速走丝能较好地将电蚀屑排出加工区，提高加工速度。电极丝换向时的减速和加速过程中，放电和进给必须停止，否则会出现断丝。由于电极丝换向时的抖动和反向停顿，加工表面出现凹凸不平的条纹。

慢走丝机构走丝速度在3～12m/s，电极丝多采用成卷的黄铜丝或镀锌黄铜丝，工作时单向运行，经放电加工后不再使用，电极丝的张力可调节。慢走丝机构的特点是：电极丝只用一次，工作平稳、均匀、抖动小、加工质量好，但加工速度低，加工成本高。

对于能切割倾斜角度零件的走丝机构，通过电极丝上导轮在纵、横两个方向的偏移，使电极丝倾斜，可加工带锥度的工件。

上导轮和工作台分别由四个步进电动机驱动，由计算机同时控制。

(3) 控制系统。控制系统按程序自动控制电极丝和工件之间的相对运动轨迹和进给速度，完成对工件的加工；同时，根据放电间隙大小和放电状态，使进给速度和工件的蚀除速度相平衡，维持正常的稳定加工。

(4) 工作液循环系统。快走丝用的工作液是乳化液，慢走丝用的工作液是去离子水。去离子水是通过离子交换树脂净化器将水中的离子去除，并通过电阻率控制装置，控制去离子水的电阻率。

工作液循环系统的作用是及时排除电蚀产物，对工件和电极丝进行冷却。

6.3.4.4　数控线切割技术的发展趋势

(1) 切割速度、加工精度、表面粗糙度、形状复杂程度将进一步提高。

(2) 线切割机床逐步形成产品的系列化、标准化和通用化，向大型、精密、高效率、多功能及自动化等方向发展。

6.3.5　电火花线切割加工工艺及方法

线切割加工一般作为零件加工中的末端工序，要求以最少的劳动量、最低的成本，在规定的时间内，可靠地加工出符合图样的加工精度和表面粗糙度的零件。必须先制定出合理的、切实可行的数控线切割加工工艺规程来指导生产，这样才能保质保量地完成生产任务。数控线切割加工过程分为分析图纸、准备工作、加工和检验四个主要阶段，如图6-12所示。

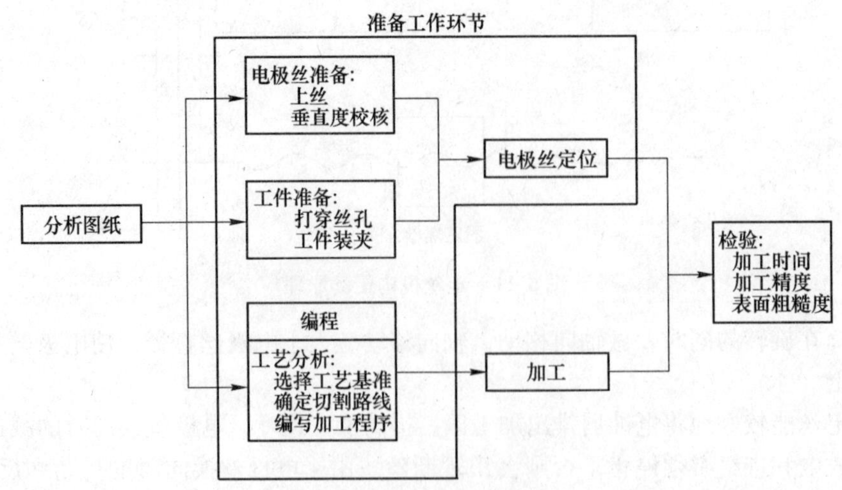

图6-12　数控线切割加工过程

6.3.5.1 分析图纸

分析图纸主要包含两个方面：

（1）分析被加工零件的形状是否可用现有的数控线切割工艺加工：

1）被加工零件必须是导体或半导体材料。

2）被加工零件的厚度必须小于丝架跨距，长宽必须在机床 X、Y 拖板的有效行程之内；

3）窄缝必须不小于电极丝直径 d 加两倍的单边放电间隙 δ 的大小。

4）加工凹、凸模零件时，必须首先确定线电极中心相对于被加工工件的位置补偿。加工凹模类零件，线电极中心轨迹要小于工件轮廓；加工凸模类零件，线电极中心轨迹要大于工件轮廓。且在工件的凹角处只能得到圆角，特别是形状复杂的精密冲模设计时，图样上必须注明拐角处过渡圆弧半径：一般凹角圆弧半径 $R_1 \geqslant d/2+\delta$，尖角圆弧半径 R_2 等于凹角圆弧半径 R_1 减去凹、凸模的配合间隙 Δ。

（2）分析被加工零件的加工精度和表面粗糙度。分析零件图样上尺寸精度和表面粗糙度要求的高低，合理确定线切割加工的有关工艺参数，特别是在确定工艺参数确保表面粗糙度要求时，注意线切割速度的影响，确保均衡。

6.3.5.2 准备工作

（1）电极丝准备。电极丝种类较多，常用的有钼丝、钨丝和铜丝等。各种电极丝由于材料不同，其特点、用途和线径等各有差异，使用时应根据加工对象、机床的要求和线电极的特点进行选择。

1）钼丝：特点是抗拉强度高，直径一般在 0.08 ~ 0.2mm 之间，常用于快速走丝机床，若加工微细、窄缝时也可用于慢走丝机床。

2）钨丝：特点是抗拉强度高，直径一般在 0.03 ~ 0.1mm 之间，价格昂贵，常用于慢走丝机床上对窄缝进行微细加工。

3）铜丝：分为紫铜丝、黄铜丝和专用黄铜丝，其抗拉强度低，均用于慢走丝机床。其中紫铜丝易断丝，但不易弯曲，直径一般在 0.1 ~ 0.25mm 之间，常用于精加工且切割速度要求不高的场合。黄铜丝直径一般在 0.1 ~ 0.3mm 之间，适用于高速加工。专用黄铜丝直径一般在 0.05 ~ 0.35mm 之间，适用于自动穿丝加工或高速、高精度加工。

另外，在慢走丝机床上还可用铁丝、专用合金丝等作为电极丝材料。

电极丝的直径与被加工工件切缝的宽窄、工件的厚度及工件切缝拐角尺寸的大小相关。如加工小拐角、尖角时，应选用较小的电极丝，加工厚度较大的工件或大电流切割时，应选用较粗的电极丝。钨丝和黄铜丝直径选择见表 6-1。

表 6-1 钨丝和黄铜丝直径、拐角半径及工件厚度关系 mm

电极丝名称	直 径	拐角半径	工件厚度
钨 丝	0.05	0.04 ~ 0.07	0 ~ 10
	0.07	0.05 ~ 0.10	0 ~ 20
	0.10	0.07 ~ 0.12	0 ~ 30
	0.15	0.10 ~ 0.16	0 ~ 50
黄铜丝	0.20	0.12 ~ 0.20	0 ~ 100 以上
	0.25	0.15 ~ 0.22	0 ~ 100 以上

（2）工件准备。作为模具加工的工件，一方面要用淬透性好、锻造性能好、热处理变形小的材料作为线切割的锻件毛坯，如常用的合金工具钢有 Cr12、CrWMn、Cr12MoV 等；另一方面，模具坯件大多数为锻件，可能会存在残余应力，故切割前应先安排淬火和回火处理释放应力，其准备流程是：下料→锻造→退火→刨平面→磨平面→划线→铣漏料孔→孔加工→淬火→磨平面→线切割。

（3）穿丝孔的准备。在模具加工中，凹模类封闭形工件为确保其完整性，必须在切割前预加工穿丝孔（穿丝孔应在淬火前加工好）。凸模类工件为防止材料切断时破坏材料内部应力的平衡，出现变形，甚至夹丝、断丝，有必要在切割前预加工穿丝孔。

在切割小孔形凹模类工件，穿丝孔一般定在凹型中心位置，以便于定位和计算。切割凸型工件或大型工件时，穿丝孔一般定在起切点位置附近，以节省无用切割的行程，若定在便于运算的已知坐标点上更好。

穿丝孔的大小必须适中，一般为 $\phi3 \sim 10$mm，若预制孔可车削，则孔径还可适当大些。穿丝孔的精度一般不低于工件精度要求，加工时可用钻铰、钻镗或钻车等方式加工。

（4）切割路线的确定。在数控线切割加工中，切割线路规划尤为重要，它直接影响加工精度。在图 6-13 中，（a）、（b）中预制穿丝孔较远，切割时会产生较大的应力及变形；（d）中零件与坯料工件的主要连接部位被过早地割离，余下的材料被夹持部分少，工件刚性大大降低，容易产生变形，从而影响加工精度。综合考虑内应力导致的变形等因素，基于预制穿丝孔的位置和切割路线可以看出（c）最好。

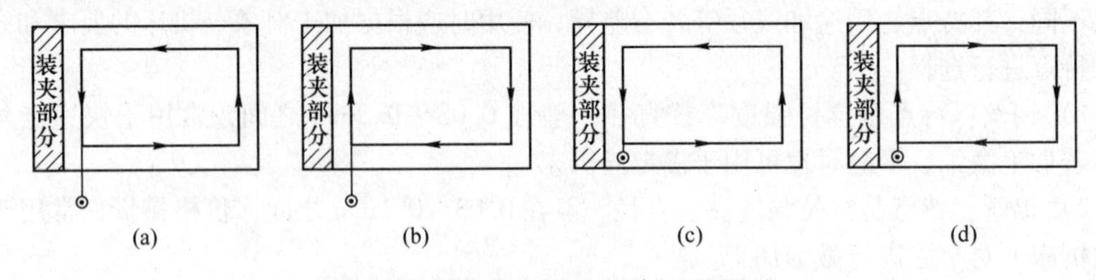

图 6-13　预制穿丝孔的位置和切割路线

（5）工作液的选配。数控线切割加工中通过工作液来改善切割速度和加工精度。工作液必须具备一定的绝缘性、较好的洗涤性和冷却性，必须对人体无害，对环境无污染，如矿物油（煤油）、乳化液、纯水（去离子水）等。快走丝线切割机床的工作液有煤油、去离子水、乳化液、洗涤剂液、酒精溶液等。但煤油、酒精溶液由于加工时加工速度低、易燃烧，现已很少采用。目前，快走丝线切割工作液广泛采用的是乳化液，其加工速度快。慢走丝线切割机床采用的工作液是去离子水和煤油。

工作液的注入方式和注入方向对线切割加工精度有较大影响。工作液的注入方式有浸泡式、喷入式和浸泡喷入复合式。在浸泡式注入方法中，线切割加工区域流动性差，加工不稳定，放电间隙大小不均匀，很难获得理想的加工精度。喷入式注入方式是目前国产快走丝线切割机床应用最广的一种，因为工作液以喷入方式强迫注入工作区域，间隙的工作液流动更快，加工较稳定。但是，由于工作液喷入时难免带进一些空气，故不时发生气体介质放电，其蚀除特性与液体介质放电不同，从而影响了加工精度。浸泡式和喷入式比较，喷入式的优点明显，所以大多数快走丝线切割机床采用这种方式。在精密电火花线切割加工中，慢走丝线切割加工普遍采用浸泡喷入复合式的工作液注入方式，它既具备喷入式的优点，又避免了喷入时带入空气的隐患。

工作液的喷入方向分单向和双向两种。无论采用哪种喷入方向，在电火花线切割加工中，因切缝狭小、放电区域介质液体的介电系数不均匀，所以放电间隙也不均匀，并且导致加工面不平、加工精度不高。

若采用单向喷入工作液，入口部分工作液纯净，出口处工作液杂质较多，这样会造成加工斜度，如图6-14（a）所示；若采用双向喷入工作液，则上下入口较为纯净，中间部位杂质较多，介电系数低，这样造成鼓形切割面，如图6-14（b）所示，工件越厚，这种现象越明显。

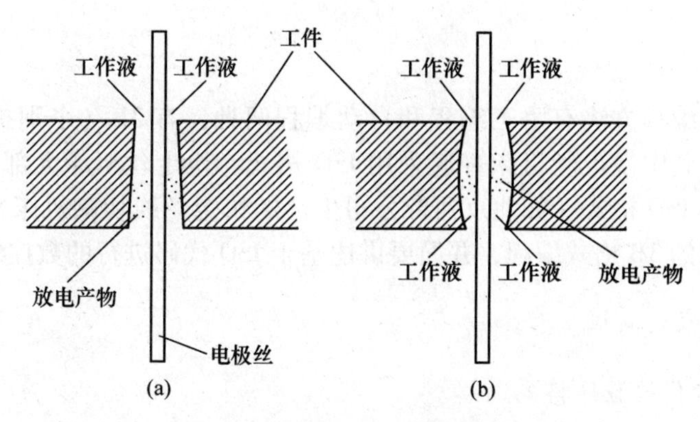

图6-14 工作液喷入方式对线切割加工精度的影响

（a）单向喷入方式；（b）双向喷入方式

（6）电参数的选择。电参数的选择直接影响切割速度和表面精度。如果选择小的电参数，可获得较高的表面精度；若选用大的电参数，使单个脉冲能量增加，可获得较高的切割速度。但单个脉冲能量不能太大，否则加工的稳定性变差，加工速度明显下降，甚至断丝。

一般情况下，脉冲宽度的选择在1～60μs间，脉冲重复频率为10～100kHz间，选择窄脉冲宽度、高重复频率，可使切割速度提高，表面粗糙度降低。快走丝切割加工电参数选择见表6-2。

表6-2 快走丝切割加工电参数选择

运　用	脉冲宽度/μs	脉冲宽度/脉冲间隙	峰值电流/A	空载电压/V
快速切割或厚工件加工	20～40		>12	
半精加工（粗糙度为2.5以下）	6～20	3～4以上（可实现稳定加工）	6～12	一般为70～90
精加工（粗糙度为1.25以下）	2～6		<4.8	

各项准备工作完成以后，可按以下具体步骤操作：

（1）启动机床电源进入系统，编制加工程序。

（2）检查系统各部分是否正常，包括高额电压、水泵、丝筒等运行情况。

（3）装夹工件，根据工件厚度调整Z轴至适当位置并锁紧。

（4）进行储丝筒上丝、穿丝和电极丝找正操作。

（5）移动X、Y轴坐标确定切割起始位置。

（6）启动走丝系统。

（7）开启工作液泵，调节喷嘴流量。

（8）运行加工程序开始加工，调整加工参数。

（9）监控运行状态，如发现工作液循环系统堵塞应及时疏通，及时清理电蚀产物，但在整个切割过程中，均不宜变动进给控制按钮。

（10）每段程序切割完毕后，一般都应检查纵、横拖板的手轮刻度是否与指令规定的坐标相符，以确保高精度零件加工的顺利进行，如出现差错，应及时处理，避免加工零件报废。

6.3.6　编程

数控线切割的编程方法有手工编程和自动编程两种，有 3B（个别扩充为 4B 或 5B）格式和 ISO 格式。其中慢走丝机床普遍采用 ISO 格式，快走丝机床大部分采用 3B 格式，其发展趋势是采用 ISO 格式（如北京阿奇公司生产的快走丝线切割机床）。下面主要讲述现今依然广泛采用的 3B 格式编程，并简要讲述基于 ISO 代码进行的数控编程和自动编程。

6.3.6.1　3B 代码编程

A　线切割 3B 代码程序格式

线切割加工轨迹图形是由直线和圆弧组成的，3B 编程的格式为：BXBYBJGZ，其含义如图 6-15 所示。

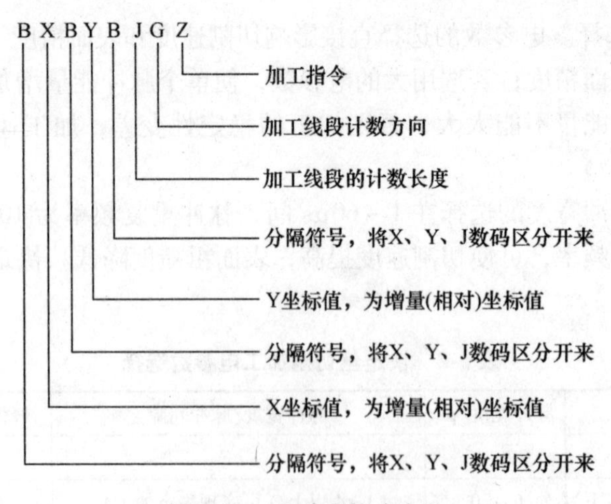

图 6-15　3B 编程格式含义

B　3B 代码编程规则

（1）确定坐标值 X、Y。

1）建立坐标系。坐标系为相对坐标系，是以工作台平面为坐标系平面，左右方向为 X 轴，前后向为 Y 轴，且坐标系的原点随线段变化而变化。

2）加工直线时，以该段直线的起点为坐标系原点，该直线终点坐标即为 X、Y。

3）加工圆弧时，以该圆弧的圆心为坐标原点，圆弧起点的坐标值即为 X、Y。

4）3B 编程时，所取数字的单位都是 μm，坐标值都取正值，坐标值为 0 时可省略不写。

（2）确定计数长度 J。计数长度是被加工直线或圆弧在计数方向坐标轴上投影的绝对值总和。例如图 6-16 中直线 AB 的计数长度 J = 5000μm，图 6-17 中圆弧 CD 的计数长度为三段圆弧分别投影到 X 轴上的绝对值总和，即 J = 8000 + 8000 + 8000 = 24000μm。

（3）确定计数方向 G。

1）加工直线时，该直线的终点在坐标系中靠近哪个轴，计数方向就取该轴，即坐标值|X| > |Y|，写为"Gx"或"x"，反之则写为"Gy"或"y"。如图 6-16 所示，直线 OA 的终点 A 的坐标值 8 > 5 即靠近 X 轴，故计数方向就取 X 轴，写为"Gx"或"x"。若被加工直线与坐标轴成 45°，则计数方向取 Y 轴或 X 轴均可。其计数方向的区域如图 6-17 所示。

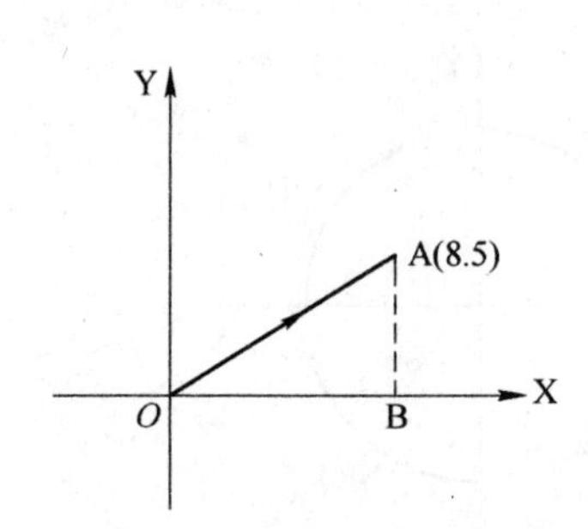

图 6-16 加工直线时 G 的确定

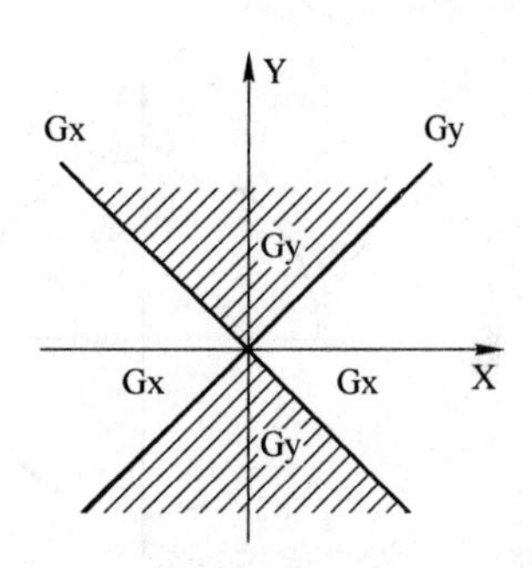

图 6-17 加工直线时计数方向 G 区域图

2）加工圆弧时，其终点靠近哪个轴，计数方向就取另一轴，即坐标值|X| > |Y|，写为"Gy"或"y"，反之则写为"Gx"，或"x"。如图 6-18 所示，其终点 D 落在 Y 轴上，写为"Gx"或"x"。若被加工圆弧的终点落在与坐标轴成 45°的直线上时，计数方向取 Y 轴或 X 轴均可。其计数方向的区域如图 6-19 所示。

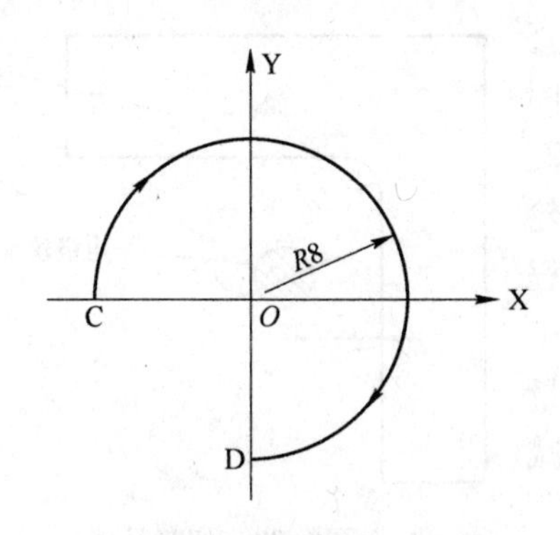

图 6-18 加工圆弧时 G 的确定

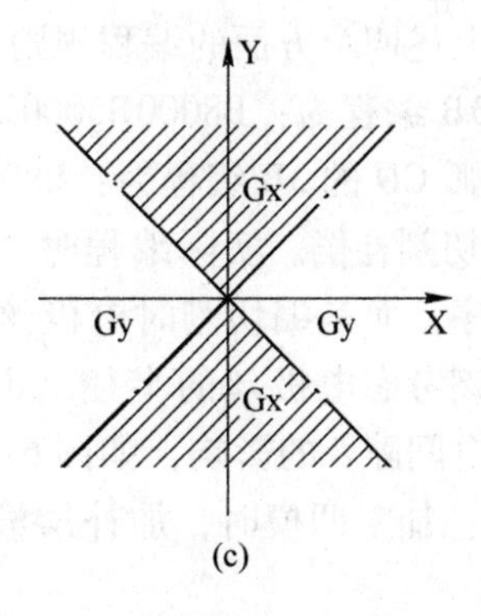

图 6-19 加工圆弧时计数方向 G 区域图

（4）确定加工指令 Z。

1）加工直线时，加工指令 Z 有 4 种：L1、L2、L3、L4，它们分别处在坐标系的第Ⅰ、第Ⅱ、第Ⅲ、第Ⅳ象限，但 L1 不包含 Y 轴，L2 不包含 X 轴，以此类推，如图 6-20 所示。

2）加工圆弧时，加工指令 Z 有 8 种，分别为加工顺时针圆弧的 SR1、SR2、SR3、SR4 和加工逆时针圆弧的 NR1、NR2、NR3、NR4，如图 6-21 所示。当被加工的顺时针圆

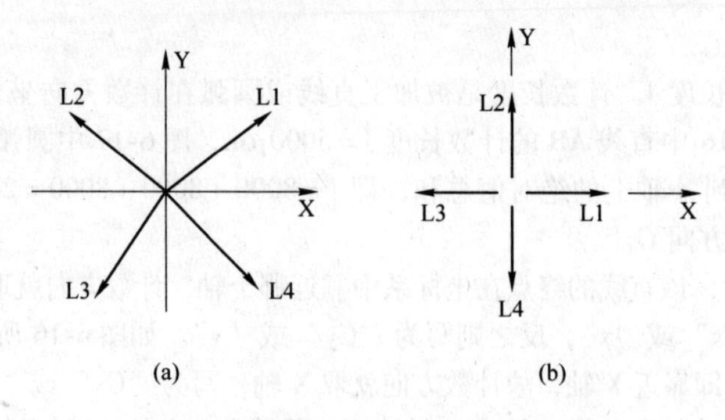

图 6-20　直线的加工指令 Z 的确定范围

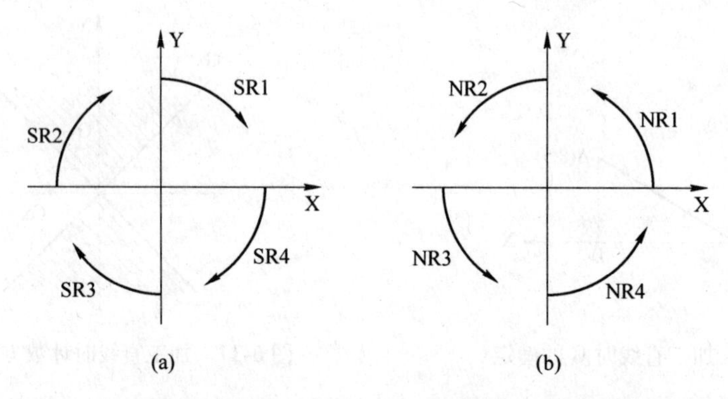

图 6-21　圆弧的加工指令 Z 的确定范围

弧的起点落在第Ⅱ象限时，写为“SR2”；当被加工的逆时针圆弧的起点落在第Ⅱ象限时，写为“NR2”，依此类推。但 SR1 不包含 X 轴，SR2 不包含 Y 轴，依此类推；NR1 不包含 Y 轴，NR2 不包含 X 轴，依此类推。

基于上述四个方面的编程规则，前面图 6-16 中直线 OA 的 3B 编程为：B8000B5000B8000GxL1；前面图 6-18 中圆弧 CD 的 3B 编程为：B8000B0B24000GxSR2。

（5）切割补偿。实际编程时，通常不是编工件轮廓线的程序，而是编切割时电极丝中心所走轨迹的程序，即应该考虑电极丝的半径（d/2）和电极丝至工件间的放电间隙 δ 的影响，如图 6-22 所示，其补偿量为 $d/2+\delta$：加工凹模时，加补偿量；加工凸模时，减补偿量。

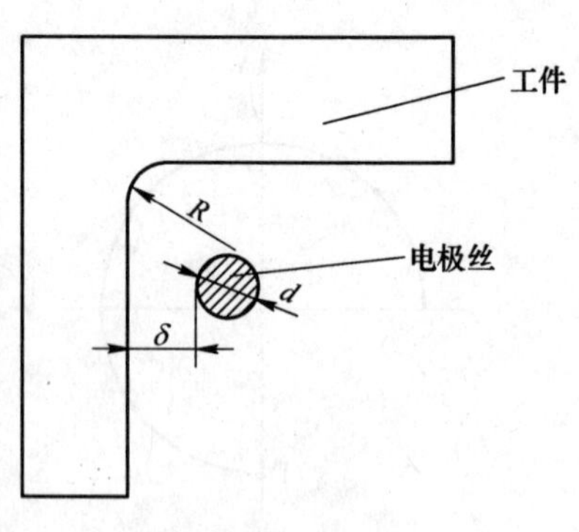

图 6-22　切割补偿

6.3.6.2　ISO 代码编程

基于 ISO 代码进行数控编程是线切割加工发展的必然趋势，目前很多厂家仍然采用 3B、4B 和 ISO 并存的方式作为过渡。

（1）程序段格式和程序格式。

1）程序格式。

P01　　　　　　　（注：程序名，由字母和数字组成）

N01 G92 X0 Y0 (注：程序主体，由若干个程序段组成)
N02 G01 X2000 Y3000
N03 G01 X4500 Y2000
N04 G01 X3000 Y2800
N05 G01 X0 Y0
N06 M02 (程序结束指令)

2）程序段格式。程序段格式如图 6-23 所示。

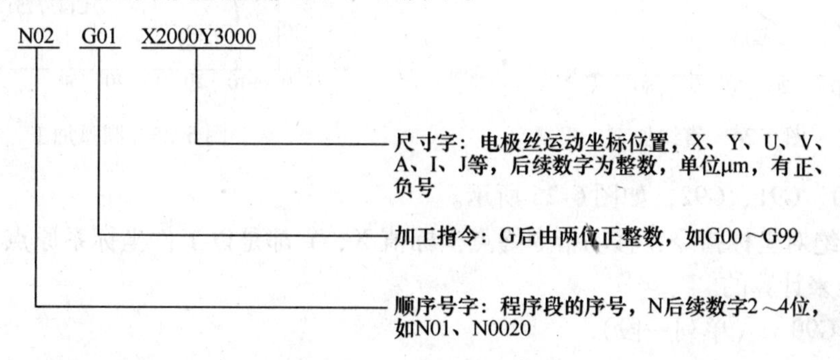

图 6-23 程序格式说明

（2）常用 ISO 指令代码。

1）G00。

名称：快速定位指令。

说明：在线切割不加工情况下，使指定的某轴以最快速度移动到指令位置。

格式：G00 X__ Y__

举例：G00 X60000 Y80000

注意：如果程序中指定了 G01、G02 指令，则 G00 无效。

2）G01。

名称：直线插补指令。

说明：在各个坐标平面内加工任意斜率直线轮廓和用直线逼近曲线轮廓。

格式：G01 X__ Y__

举例：G92 X20000 Y20000
　　　G01 X80000 Y60000

如图 6-24 所示。

注意：加工锥度的线切割机床具有 X、Y、U、V 工作台，则程序段格式为：

G01 X__ Y__ U__ V__

3）G02、G03。

名称：圆弧插补指令。

说明：G02 为顺时针插补圆弧，G03 为逆时针插补；X、Y 表示圆弧终点绝对坐标；I、J 表示圆心坐标，是圆心相对圆弧起点的增量值，I 是 X 方向坐标，J 是 Y 方向坐标。

格式：G02 X__ Y__ I__ J__
　　　G03 X__ Y__ I__ J__

举例：G02 X30000 Y30000 I20000 J0 (加工 AB 弧)

G03　X45000　Y15000　I15000　J0　（加工 BC 弧）

如图 6-25 所示。

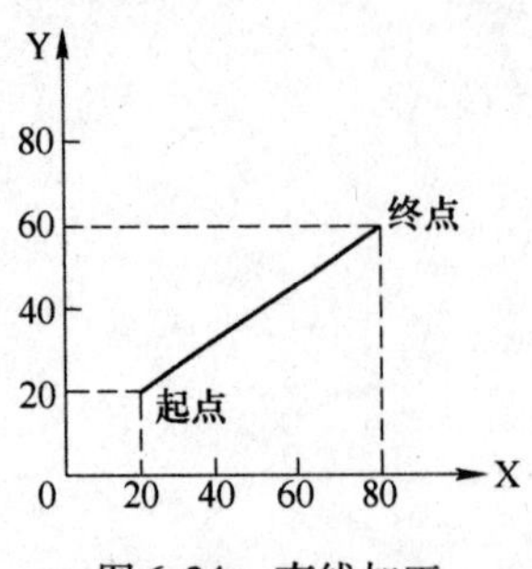

图 6-24　直线加工

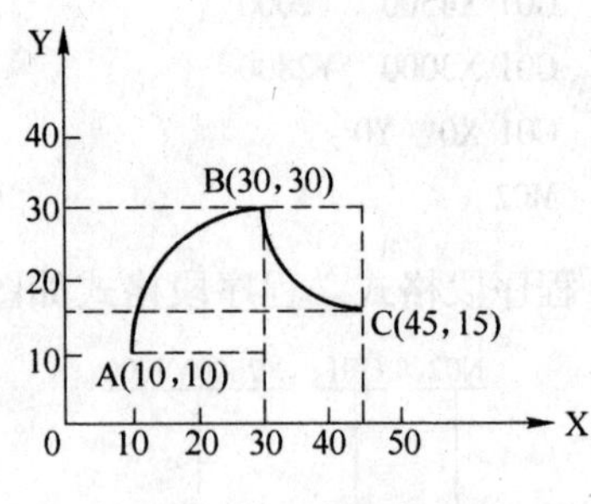

图 6-25　圆弧加工

4）G90、G91、G92，如图 6-26 所示。

①G90 绝对坐标指令：移动指令终点坐标值 X、Y 都是以工件坐标系原点（程序的零点）为基准来计算的。

格式：G90　（单列一段）

终点：80，60。

②G91 增量坐标指令：坐标值均以前一个坐标位置作为起点来计算下一点位置值。3B 格式均按此方法计算坐标点。

格式：G91（单列一段）

终点：60，40。

③G92 绝对坐标指令（定起点）。

格式：G92　X __ Y __

　　　G92　X20000　Y20000

表示电极丝当前的位置在编辑坐标系中的坐标值，即加工程序的起点。

如图 6-27 所示零件，分别采用绝对坐标和相对坐标编程。

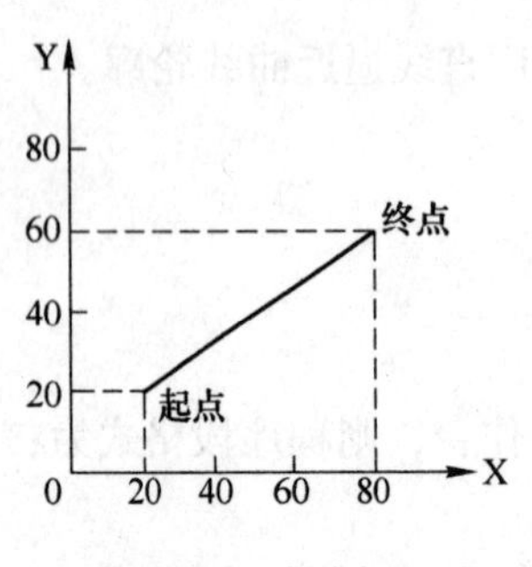

图 6-26　直线加工

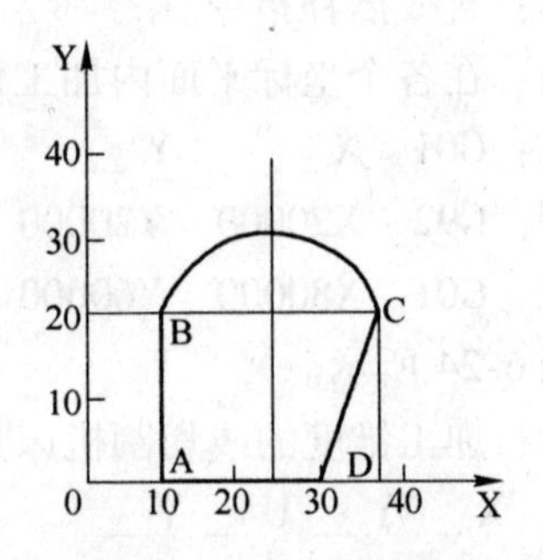

图 6-27　加工举例

（G90 绝对坐标编程）

P0010　　　　　　　　　　（程序名）

N01　G92　X0　Y0　　　　（确定加工程序起点）

N02　G01　X10000　Y0

N03　G01　X10000　Y20000

```
N04    G02  X40000   Y20000 I 15000   J0
N05    G01  X30000   Y0
N06    G01  X0       Y0
N07    M02                              （程序结束）
（G91 相对坐标编程）
P0011                                   （程序名）
N01    G92  X0       Y0                 （起点）
N02    G91                              （后面为坐标增量编程）
N03    G01  X10000   Y0
N04    G01  X0       Y20000
N05    G02  X30000   Y0   I15000   J0
N06    G01  X-10000  Y-20000
N07    G01  X-30000  Y0
N08    M02                              （程序结束）
```

5）G40、G41、G42。

名称：间隙补偿指令。

说明：G41 为左偏补偿指令，G42 为右偏补偿指令。

格式：G41　D ____

　　　G42　D ____

D 表示间隙补偿量，计算方法前面已经讲述。左偏、右偏是指沿加工方向看，轨迹在轮廓的左边或右边，如图 6-28 所示。

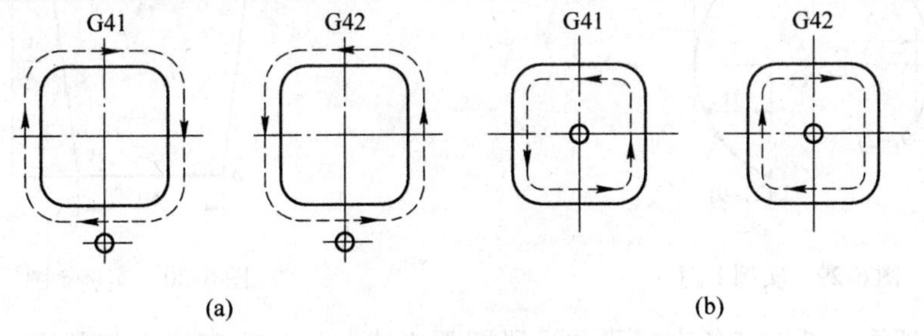

图 6-28　间隙补偿指令

（a）凸模加工；（b）凹模加工

6.3.6.3　自动编程

近些年来，随着科学技术的飞速发展和制造业的需要，出现了许多系列的线切割机床，其相应的加工指令也有了国际 ISO 和 EIA 标准。国产线切割机床因为价格便宜、维修方便、可靠性好、熟练操作人员多而在全国各地有广泛的用户。然而，国产机床广泛采用的是 3B 格式的加工指令。一般的图形化编程系统（如 UG Ⅱ、Mastercam 等）仅能生成符合 ISO 和 EIA 标准的加工代码，对于 3B 格式代码无能为力。近年来很多科研人员基于 AutoCAD 等通用专业软件开发了一些基于 3B 指令的图形化自动编程系统，它采用 AutoLisp 语言读取实体组码数据来转化成 3B 加工代码，实践证明其精确、实用、效率高。因为这些原因，本文不再讲述电火花线切割自动编程技术。

6.3.6.4　电火花线切割编程实例

A　实例 1

如图 6-29 所示圆弧 CD，编制其 3B 加工程序。

（1）由终点坐标 D（2，−9）判断 $|Y| > |X|$，故计数方向取 Gx。

（2）计算圆弧半径：

$$R = \sqrt{9000^2 + 2000^2} = 9220\mu m$$

则计数长度为：

$$J1 = 9220 - 2000 = 7220\mu m$$
$$J2 = 9220 \times 2 = 18440\mu m$$
$$J3 = 9220 - 9000 = 220\mu m$$
$$J = J1 + J2 + J3 = 7220 + 18440 + 220 = 25880\mu m$$

（3）加工指令 Z 取 SR3（起点在第三象限，顺时针切割），所以程序为：

B9000B2000B25880GxSR3

B　实例 2

如图 6-30 所示工件，编制其 3B 加工程序。

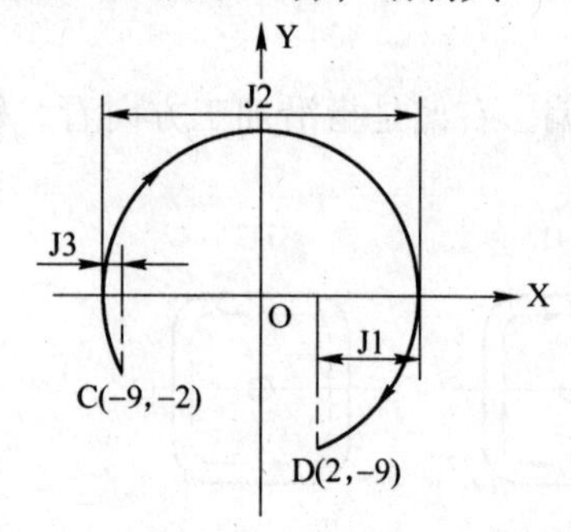

图 6-29　实例 1 图

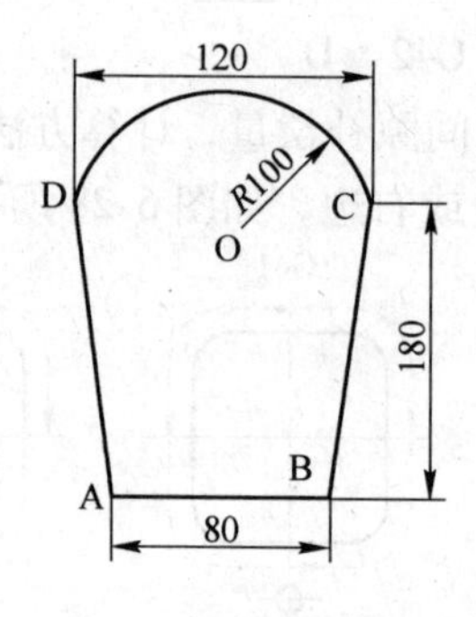

图 6-30　实例 2 图

图 6-30 所示工件由三条直线段和一段圆弧组成，故分成四段来编程序，其加工顺序为：AB→BC→CD→DA。

（1）直线 AB 段：以起点 A 为坐标原点，AB 与 X 轴重合，程序为：B80000B0B80000GXL1。

（2）直线 BC 段：以 B 点为坐标原点，终点 C 对 B 点的坐标为 X = 20mm，Y = 180mm，终点 C 在第一象限，程序为：B20000B180000B180000GYL1。

（3）圆弧 CD 段：以该圆弧圆心 O 为坐标原点，经计算圆弧起点 C 对 O 的坐标为 X = 60mm，Y = 80mm，起点 C 在第一象限，逆时针加工，程序为：B60000B80000B120000GxNR1。

（4）直线 DA 段：以 D 为坐标原点，终点 A 对 D 的坐标为 X = −20mm，Y = 180mm，终点 A 在第四象限，程序为：B20000B180000B180000GYL4。

所以，此工件的 3B 程序为：

B80000B0B80000GXL1

B20000B180000B180000GYL1

B60000B80000B120000GxNR1

B20000B180000B180000GYL4

C 实例3

如图6-31所示基于凸、凹模冲裁件，凸、凹模单边配合间隙为0.01mm，电极直径为0.2mm，单边火花放电间隙为0.01mm，用3B编程法编制凸、凹模加工程序。

（1）工艺分析。

1）在冲裁加工中凹模决定了零件的尺寸形状及精度，因此凹模加工完成后其形状尺寸必须与图纸要求吻合，而凸模则在零件图纸的基础上基于凸、凹模的配合间隙尺寸要求缩小一个配合间隙。

2）手工编程时，必须考虑切割半径补偿。凹模单面编程尺寸应在零件图尺寸基础上减去一个电极丝半径和单边火花放电间隙；凸模单面编程尺寸应在零件图尺寸基础上先减去一个单面配合间隙，然后再加上一个电极丝半径和单边火花放电间隙。

3）为防止工件切割变形，在加工凸模时，于坯料上的切割图形范围之外先预加工一个ϕ4mm的穿丝孔，基于穿丝孔为起点对工件进行封闭式切割，其切割路（直）线与图形轮廓的交点应与轮廓线段的拐点重合，这样可避免产生凸尖或凹坑，使加工表面光滑；凹模加工时，穿丝孔选在坯料的切割图形范围之内，其切割路（直）线与图形轮廓的交点应与轮廓线段的拐点重合，如图6-31所示。

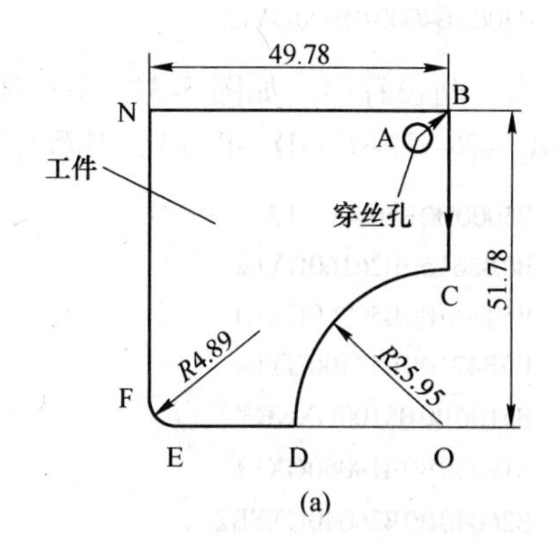

(a)

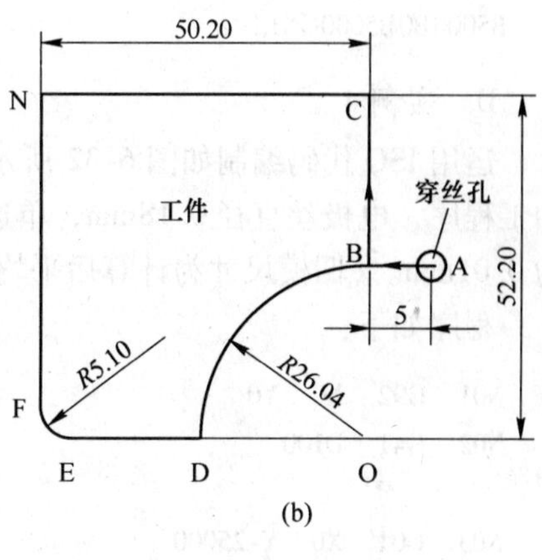

(b)

图6-31 实例3图

4）坯料切割前对基准要进行磨削加工，便于切割加工时找正，同时还要进行退磁处理。

5）快走丝速度在0.8～2.0m/s选取，可确保加工稳定。

6）凸模轮廓切割完成后立即关闭脉冲电源，避免凸模和废芯切割后脱落，被电蚀损坏。

（2）3B程序。

1）凹模程序。如图6-31（a）所示，穿丝孔中心为A，设AB＝5mm，若其水平（X方向）投影长度为3mm，则Y方向投影长度为4mm，切割路线为A→B→C→D→E→F→N→B→A，其程序如下：

B3000B4000B4000GYL1

B0B25830B25830GYL2

B0B25950B25950GYNR2

B18940B0B18940GXL3

B0B4890B4890GYSR3

B0B46890B46890GYL2

B49780B0B49780GXL1

B3000B4000B4000GYL3

2）凸模程序。如图6-31（b）所示，穿丝孔中心为A，AB＝5mm，切割路线为A→B→C→N→F→E→D→B→A，其程序如下：

B5000B0B5000GXL3

B0B26160B26160GYL2

B50200B0B50200GXL3

B0B47100B47100GYL4

B5100B0B5100GXNR3

B19060B0B19060GXL1

B26040B0B26040GXSR2

B5000B0B5000GXL1

D 实例4

运用ISO代码编制如图6-32所示落料凹模加工程序，电极丝直径0.18mm，单边放电间隙为0.01mm。（凹模尺寸为计算后平均尺寸）

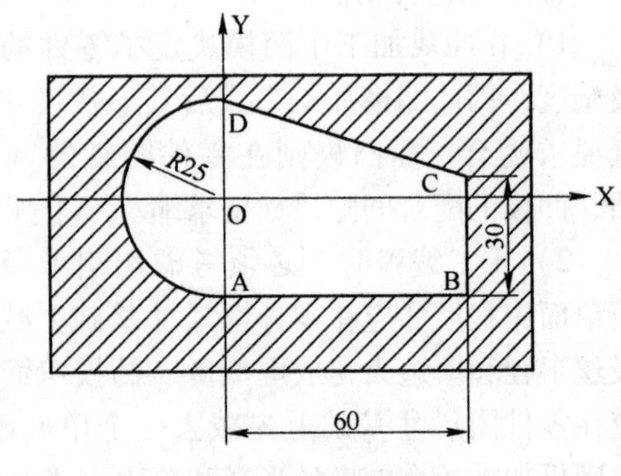

图6-32 实例4图

程序如下：

N01	G92 X0 Y0	（起点绝对坐标）
N02	G41 D100	（间隙左补偿，凹模逆时针加工，应放于切入加工之前）
N03	G01 X0 Y-25000	（加工直线OA段）
N04	G01 X60000 Y-25000	（加工直线AB段）
N05	G01 X60000 Y5000	（加工直线BC段）
N06	G01 X8456 Y23526	（加工直线CD段）
N07	G03 X0 Y-25000 I-8456 J-23526	（加工圆弧DA段，终点A坐标相对起点圆心O坐标）
N08	G40	（取消间隙补偿，放于退出加工之前）
N09	G01 X0Y0	（直线AO）
N10	M02	（程序结束）

6.4 项目小结

本项目介绍了电火花线切割加工原理及特点、电火花线切割加工工艺及加工方法、电火花线切割编程方法。通过学习，读者可以对零配件进行电火花线切割加工。

习 题

6-1 判断题。

（1）利用电火花线切割机床不仅可以加工导电材料，还可以加工不导电材料。（ ）

（2）如果线切割单边放电间隙为0.01mm，钼丝直径为0.18mm，则加工圆孔时的电极丝补偿量为0.19mm。（　　）

（3）电火花线切割加工通常采用正极性加工。（　　）

（4）脉冲宽度及脉冲能量越大，则放电间隙越小。（　　）

（5）在慢走丝线切割加工中，由于电极丝不存在损耗，所以加工精度高。（　　）

（6）在设备维修中，利用电火花线切割加工齿轮，其主要目的是为了节省材料，提高材料的利用率。（　　）

（7）电火花线切割加工属于特种加工。（　　）

（8）苏联的拉扎连柯夫妇发明了世界上第一台实用的电火花加工装置。（　　）

（9）目前我国主要生产的电火花线切割机床是慢走丝电火花线切割机床。（　　）

（10）由于电火花线切割加工速度比电火花成型加工要快许多，所以电火花线切割加工零件的周期就比较短。（　　）

（11）在电火花线切割加工中，用水基液作为工作液时，在开路状态下，加工间隙的工作液中不存在电流。（　　）

（12）在快走丝线切割加工中，由于电极丝走丝速度比较快，所以电极丝和工件间不会发生电弧放电。（　　）

（13）电火花线切割不能加工半导体材料。（　　）

（14）在型号为DK7732的数控电火花线切割机床中，其字母K属于机床特性代号，是数控的意思。（　　）

（15）在加工落料模具时，为了保证冲下零件的尺寸，应将配合间隙加在凹模上。（　　）

（16）上一程序段中有了G02指令，下一程序段如果仍是G02指令，则G02可略。（　　）

（17）机床在执行G00指令时，电极丝所走的轨迹在宏观上一定是一条直线段。（　　）

（18）机床数控精度的稳定性决定着加工零件质量的稳定性和误差的一致性。（　　）

（19）轴的定位误差可以反映机床的加工精度能力，是数控机床最关键的技术指标。（　　）

（20）工作台各坐标轴直线运动的失动量是坐标轴在进给传动链上的驱动元件反向死区和各机械传动副的反向间隙、弹性变形等误差的综合反映。（　　）

6-2　填空题。

（1）线切割加工编程时，计数长度的单位应为______μm。

（2）在型号为DK7632的数控电火花线切割机床中，D表示______________。

（3）______________又称为电离通道或等离子通道，在电火花加工中当介质击穿后电极间形成的导电的等离子体通道。

（4）如果线切割单边放电间隙为0.02mm，钼丝直径为0.18mm，则加工圆孔时的电极丝补偿量为__________mm。

（5）在电火花加工中，加到间隙两端的电压脉冲的持续时间称为__________。对于矩形波脉冲，它的值等于击穿延时间加上____________时间。

（6）在电火花加工中，连接两个脉冲电压之间的时间称为______________。

（7）电极丝的进给速度大于材料的蚀除速度，致使电极丝与工件接触，不能正常放电，称为__________。

（8）在电火花线切割加工中，被切割工件的表面上出现的相互间隔的凸凹不平或颜色不同的痕迹称为____________。

（9）在电火花线切割加工中，为了保证理论轨迹的正确，偏移量等于____________与____________之和。

（10）在加工冲孔模具时，为了保证孔的尺寸，应将配合间隙加在______________上。

(11) 在电火花线切割加工中，在保持一定的表面粗糙度前提下，单位时间内电极丝中心线在工件上切割的______总和称为切割速度，其单位为______。

(12) 电火花线切割加工过程中，电极丝的进给速度是由材料的蚀除速度和极间放电状况的好坏决定的。______能自动调节电极丝的进给速度，使电极丝根据工件的蚀除速度和极间放电状态进给或后退，保证加工顺利进行。

(13) 在火花放电作用下，电极材料被蚀除的现象称为______。

(14) 电火花线切割机床控制系统的功能包括______、______。

(15) 快走丝线切割最常用的加工波形是______。

(16) ______电源是高速走丝和低高速走丝两种线切割机床使用效果比较好的电源，比较有发展前途。

(17) 采用逐点比较法每进给一步都要经过如下四个工作节拍：______、______、______、______。

(18) 电火花线切割加工过程中，电极丝与工件之间存在着“______”式轻压放电现象。

(19) 为了防止丝杠转动方向改变时出现空程现象，造成加工误差，丝杠与螺母之间不应有传动间隙。消除丝杠与螺母之间的配合间隙，通常采取______和______。

(20) 电极丝的______，对运行时电极丝的振幅和加工稳定性有很大影响，故而在上电极丝时应采取______的措施。

6-3 选择题。

(1) 零件渗碳后，一般需要经（ ）处理，才能达到表面硬而耐磨的要求。

A. 淬火+低温回火 B. 正火 C. 调质 D. 时效

(2) 第一台实用的电火花加工装置的发明时间是（ ）。

A. 1952 年 B. 1943 年 C. 1940 年 D. 1963 年

(3) 电火花线切割加工属于（ ）。

A. 放电加工 B. 特种加工 C. 电弧加工 D. 切削加工

(4) 在快走丝线切割加工中，当其他工艺条件不变时，增大开路电压，可以（ ）。

A. 提高切割速度 B. 表面粗糙度变差

C. 增大加工间隙 D. 降低电极丝的损耗

(5) 在线切割加工中，加工穿丝孔的目的有（ ）

A. 保证零件的完整性 B. 减小零件在切割中的变形

C. 容易找到加工起点 D. 提高加工速度

(6) 在电火花线切割加工过程中如果产生的电蚀产物如金属微粒、气泡等来不及排除、扩散出去，可能产生的影响有（ ）。

A. 改变间隙介质的成分，降低绝缘强度

B. 放电时产生的热量不能及时传出，消电离过程不能充分

C. 使金属局部表面过热而使毛坯产生变形

D. 使火花放电转变为电弧放电

(7) 线切割加工时，工件的装夹方式一般采用（ ）。

A. 悬臂式支撑 B. V 形夹具装夹

C. 桥式支撑 D. 分度夹具装夹

(8) 关于电火花线切割加工，下列说法中正确的是（ ）。

A. 快走丝线切割由于电极丝反复使用，电极丝损耗大，所以和慢走丝相比加工精度低

B. 快走丝线切割电极丝运行速度快，丝运行不平稳，所以和慢走丝相比加工精度低

C. 快走丝线切割使用的电极丝直径比慢走丝线切割大，所以加工精度比慢走丝低

D. 快走丝线切割使用的电极丝材料比慢走丝线切割差，所以加工精度比慢走丝低

（9）电火花线切割机床使用的脉冲电源输出的是（　　）。

A. 固定频率的单向直流脉冲　B. 固定频率的交变脉冲电源

C. 频率可变的单向直流脉冲　D. 频率可变的交变脉冲电源

（10）在快走丝线切割加工中，当其他工艺条件不变时，增大短路峰值电流，可以（　　）。

A. 提高切割速度　B. 表面粗糙度会变好

C. 降低电极丝的损耗　D. 增大单个脉冲能量

（11）在快走丝线切割加工中，当其他工艺条件不变时，增大脉冲宽度，可以（　　）。

A. 提高切割速度　B. 表面粗糙度会变好

C. 增大电极丝的损耗　D. 增大单个脉冲能量

（12）电火花线切割加工过程中，电极丝与工件间存在的状态有（　　）。

A. 开路　B. 短路　C. 火花放电　D. 电弧放电

（13）有关线切割机床安全操作方面，下列说法正确的是（　　）。

A. 当机床电器发生火灾时，可以用水对其进行灭火

B. 当机床电器发生火灾时，应用四氯化碳灭火器灭火

C. 线切割机床在加工过程中产生的气体对操作者的健康没有影响

D. 由于线切割机床在加工过程中的放电电压不高，所以加工中可以用手接触工件或机床工作台

（14）电火花线切割机床使用的脉冲电源输出的是（　　）。

A. 固定频率的单向直流脉冲　B. 固定频率的交变脉冲电源

C. 频率可变的单向直流脉冲　D. 频率可变的交变脉冲电源

（15）在电火花线切割加工中，采用正极性接法的目的有（　　）。

A. 提高加工速度　B. 减少电极丝的损耗

C. 提高加工精度　D. 表面粗糙度变好

（16）在快走丝线切割加工中，电极丝张紧力的大小应根据（　　）的情况来确定。

A. 电极丝的直径　B. 加工工件的厚度

C. 电极丝的材料　D. 加工工件的精度要求

（17）对于快走丝线切割机床，在切割加工过程中电极丝运行速度一般为（　　）。

A. 3～5m/s　B. 8～10m/s　C. 11～15m/s　D. 4～8m/s

（18）线切割加工中，在工件装夹时一般要对工件进行找正，常用的找正方法有（　　）。

A. 拉表法　B. 划线法　C. 电极丝找正法　D. 固定基面找正法

（19）在利用3B代码编程加工斜线时，如果斜线的加工指令为L3，则该斜线与X轴正方向的夹角为（　　）。

A. $180° < \alpha < 270°$　B. $180° < \alpha \leqslant 270°$

C. $180° \leqslant \alpha < 270°$　D. $180° \leqslant \alpha \leqslant 270°$

（20）切割玻璃、石英、宝石等硬而脆的材料，最适宜的加工方法是（　　）。

A. 电火花线切割　B. 超声加工　C. 激光加工　D. 电子束加工

6-4　简答题。

（1）简述对电火花线切割脉冲电源的基本要求。

（2）什么是电极丝的偏移？它对于电火花线切割来说有何意义？在G代码编程中分别用哪几个代码表示？

（3）电火花线切割机床有哪些常用的功能？

（4）说说在什么情况下需要加工穿丝孔？为什么？

（5）电火花线切割加工的主要工艺指标有哪些？影响表面粗糙度的主要因素有哪些？

（6）什么是极性效应？它在电火花线切割加工中是怎样应用的？

（7）在ISO代码编程中，常用的数控功能指令有哪些（写出五个以上）？并简述其功能。

（8）什么是放电间隙？它对线切割加工的工件尺寸有何影响？通常情况下放电间隙取多大？

6-5　编程题。

（1）用3B代码编写加工如图6-32所示零件的凸模和凹模程序。此模具为落料模，已知该模具要求单边配合间隙为$\delta_{配}=0.02$mm，电极丝在加工中单边放电间隙$\delta_{电}=0.01$mm，所用钼丝直径为0.18mm。要求写出计算间隙补偿量的过程，并在给定的计算用图上作出坐标系、用虚线作出电极丝中心轨迹，以及写出所用各坐标点的值和主要计算式子。

（2）如图6-33所示模板中，已知AB＝30mm，试计算B、C两孔及A、C两孔的中心距。

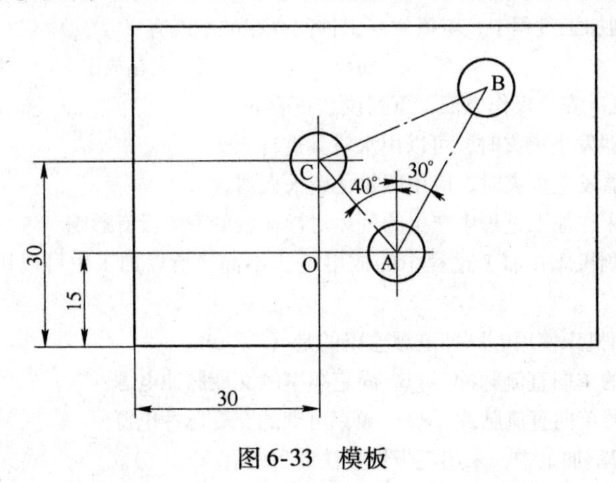

图6-33　模板

（3）如图6-34所示ϕ50mm的圆凸模，切入长度为5mm，间隙补偿量$f=0.1$，用ISO格式编制其线切割程序。

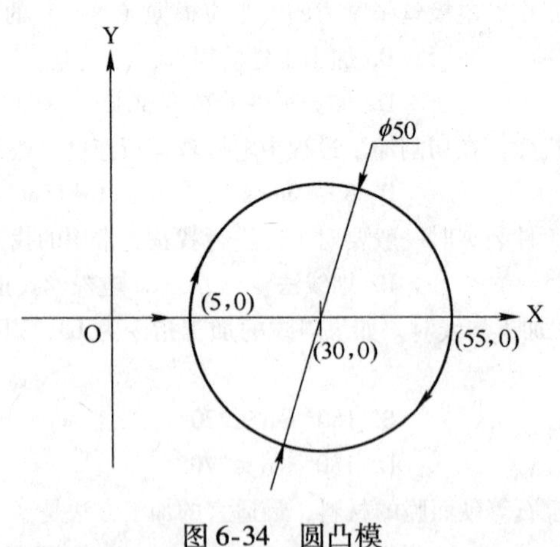

图6-34　圆凸模

（4）已知一步进电动机有三相定子绕组，电动机转子的齿数为50，问在三相三拍和三相六拍两种通电方式下步进电动机的步距角分别为多大？

参 考 文 献

[1] 陈红江，庄文玮．Mastercam X 实用教程［M］．北京：人民邮电出版社，2009.
[2] 张灶法，陆斐，尚洪光．Mastercam X 实用教程［M］．北京：清华大学出版社，2006.
[3] 胡如夫，巫如海．Mastercam 中文版教程［M］．北京：人民邮电出版社，2008.
[4] 徐伟．CAM 技术支持的零件加工［M］．北京：高等教育出版社，2010.
[5] 王卫兵．Mastercam X2 三维造型与数控编程入门视频教程［M］．北京：清华大学出版社，2007.

冶金工业出版社部分图书推荐

书 名	作 者	定价(元)
现代企业管理(第2版)(高职高专教材)	李 鹰	42.00
Pro/Engineer Wildfire 4.0(中文版)钣金设计与焊接设计教程(高职高专教材)	王新江	40.00
Pro/Engineer Wildfire 4.0(中文版)钣金设计与焊接设计教程实训指导(高职高专教材)	王新江	25.00
应用心理学基础(高职高专教材)	许丽遐	40.00
建筑力学(高职高专教材)	王 铁	38.00
建筑 CAD(高职高专教材)	田春德	28.00
冶金生产计算机控制(高职高专教材)	郭爱民	30.00
冶金过程检测与控制(第3版)(高职高专教材)	郭爱民	48.00
天车工培训教程(高职高专教材)	时彦林	33.00
机械制图(高职高专教材)	阎 霞	30.00
机械制图习题集(高职高专教材)	阎 霞	28.00
冶金通用机械与冶炼设备(第2版)(高职高专教材)	王庆春	56.00
矿山提升与运输(第2版)(高职高专教材)	陈国山	39.00
高职院校学生职业安全教育(高职高专教材)	邹红艳	22.00
煤矿安全监测监控技术实训指导(高职高专教材)	姚向荣	22.00
冶金企业安全生产与环境保护(高职高专教材)	贾继华	29.00
液压气动技术与实践(高职高专教材)	胡运林	39.00
数控技术与应用(高职高专教材)	胡运林	32.00
洁净煤技术(高职高专教材)	李桂芬	30.00
单片机及其控制技术(高职高专教材)	吴 南	35.00
焊接技能实训(高职高专教材)	任晓光	39.00
心理健康教育(中职教材)	郭兴民	22.00
起重与运输机械(高等学校教材)	纪 宏	35.00
控制工程基础(高等学校教材)	王晓梅	24.00
固体废物处置与处理(本科教材)	王 黎	34.00
环境工程学(本科教材)	罗 琳	39.00
机械优化设计方法(第4版)	陈立周	42.00
自动检测和过程控制(第4版)(本科国规教材)	刘玉长	50.00
金属材料工程认识实习指导书(本科教材)	张景进	15.00
电工与电子技术(第2版)(本科教材)	荣西林	49.00
计算机网络实验教程(本科教材)	白 淳	26.00
FORGE 塑性成型有限元模拟教程(本科教材)	黄东男	32.00